KB179108

분자가 만드는 나노의 불가사의

〈옮긴이 소개〉

이승우(李丞祐)

일본 키타큐슈 시립대학 국제환경공학부 환경화학 프로세스공학과 전임강사. 공학박사.
1989년 충북대학교 사범대학 과학교육과 졸업, 91년 동 대학 대학원 화학과 석사졸업, 99년 일본 큐슈대학 응용물질화학과 박사졸업, 일본 이화학연구소(RIKEN) 프론티어 연구원을 거쳐, 2000년부터 현직.
전문은 분자인식, 분자 초박막, 마이크로・나노 분리재료.
e-mail : leesw@env.kitakyu-u.ac.jp
Tel : +81-93-695-3293

이치한(李致漢)

(주)우리컴테크 중앙연구소 소장. 공학박사.
1991년 충북대학교 공과대학 화학공학과 졸업, 94년 일본 큐슈대학 응용물질화학과 석사졸업, 97년 동 대학원 박사졸업, 97년 미국 Texas A&M대학 화학과 박사연구원, 98년 한국과학기술원(KAIST) 화학과 박사연구원, 99년 일본 학술진흥회(JSPS) 외국인 특별연구원, 토쿄 공업대학 자원화학연구소 객원연구원을 거쳐, 2001년부터 현직.
전문은 액정, 기능성 고분자, 유기합성.
e-mail : chihanlee@hanmail.net
Tel : 031-676-1159

분자가 만드는 나노의 불가사의

일본 문부성 후원 제14회「대학과 과학」공개 심포지엄 조직위원회 편집
이승우 · 이치한 옮김

전파과학사

분자가 만드는 나노의 불가사의

2002년 9월 20일 초판 인쇄

2002년 9월 30일 초판 발행

편집 일본 문부성 후원 제14회 「대학과 과학」 공개 심포지엄 조직위원회

옮긴이 이승우 · 이치한

펴낸이 손영일

펴낸곳 전파과학사

출판 등록 1956. 7. 23(제10-89호)

120-112 서울 서대문구 연희2동 92-18

전화 02-333-8877 · 8855

팩시밀리 02-334-8092

Website www.s-wave.co.kr

E-mail s-wave@s-wave.co.kr

ISBN 89-7044-227-8 03400

조직위원회 인사말

제14회 「대학과 과학」 공개 심포지엄의 개최에 즈음하여 조직위원회를 대표해서 인사말씀을 드립니다.

다 알다시피 오늘날 우리는 나라의 장래 발전과 국제사회에 공헌을 위해서 첨단 과학기술과, 그 기반이 되는 기초연구를 포함하여 문화의 발전을 초래하는 학술연구를 폭넓게 추진하려고 노력하고 있습니다. 이들 학술연구의 기초적인 부분을 떠맡고 있는 것이 대학 또는 연구소 등의 연구기관이며, 거기서 지금까지도 수많은 첨단적·독창적인 연구성과가 만들어지고 있습니다. 이 「대학과 과학」 공개 심포지엄은 대학을 중심으로 해서 추진되어 온 최첨단 연구성과를 산업계를 비롯하여 사회일반의 여러분에게 이해하기 쉽게 공개·발표하고, 이 정보의 공개를 통해서 연구성과의 보급과 그로 인한 발전을 꾀하는 것을 목적으로 1986년부터 시작하여 벌써 14회를 맞이했습니다.

물질은 모두 원자, 분자를 최소단위로하여 이루어졌습니다. 최근 개발된 새로운 형태의 현미경을 사용하여 분자 하나하나, 또 원자 1개를 보거나 움직일 수 있고, 인공적으로 분자를 조작하거나 배치·조직화해서 설계대로의 분자조직을 만드는 것이 가능해졌습니다. 이러한 수법에 의해 만들어지는 분자조직은 100만분의 1m, 즉 나노미터(nanometer)의 크기를 갖습니다. 이러한 크기의 미세구조를 이용하면 종래에 없는 재료를 만들어 낼 수 있습니다.

에너지, 정보, 식료 또는 의료와 함께 우리들이 살아가기 위해서 불가결한 것이 물질입니다. 그렇지만 자연계에 존재하는 분자의 종류는 지극히 한정되어 있습니다. 그러나 현대과학의 힘을 이용하면 다양한 새로운 분자를 원하는 대로 만들어낼 수 있습니다. 전혀 새로운 분자를 인공적으로 합성하고, 그것을 정확히 배열하여 집적체를 형성함으로써, 지금까지 없었던 새로운 기능과 성질을 가진 물질을 만들 수 있습니다. 저도 화학자의 한사람으로서 쿠니타케(國武) 교수가 이끄는 이 연구영역의 발전을 유심히, 그리고 큰 기대를 갖고 지켜보아 왔습니다. 실제로 그 수준은 국제적으로 탁월하다고 하겠습니다. 물질과학의 새로운 조류를 만들 수 있을 것으로 기대하고 있으며, 많은 연구자들의 노력에 대하여 경의를 표합니다.

이 심포지엄에서는 21세기의 과학기술을 이끌어 갈 것으로 기대되는 나노과학의 현상에 대한 최신의 연구성과를 일선의 연구자들이 이해하기 쉽게 소개하고 있습니다. 이 심포지엄을 통하여 이처럼 비약적으로 발전하고 있는 연구영역의 숨결과 그것을 떠맡은 연구자들의 열의를 느껴 주시길 바랍니다. 또한 참가자 여러분에게는 이 기회를 통해서 대학 등에서 행해지고 있는 기초 연구의 중요성을 이해해 주시길 바라며, 더 한층의 지원을 부탁드립니다. 특히 산업계의 여러분에게는 이것을 기회로 대학과 밀접한 연계를 통해 새로운 세기에 세계를 선도할 수 있는 기술을 확립시켜 주시길 간절히 부탁드립니다.

마지막으로 이 심포지엄의 개최에 즈음하여 전력을 다해 주신 모든 선생님들에게 조직위원회를 대표해서 감사의 뜻을 전합니다. 동시에 이 심포지엄이 좋은 결실을 맺을 수 있기를 기원하면서 저의 인사를 대신합니다.

제14회「대학과 과학」공개 심포지엄 조직위원
노요리 료우지(野依 良治)

옮긴이의 말

영화 『코드명 J』를 보면 사람의 뇌에 심어진 칩을 통해 방대한 정보를 다운로드 받는 장면이 나온다. 또 다른 영화 『이너 스페이스』와 『바디 캡슐』에서는 사람의 몸에 주사기를 통해 아주 작은 잠수정을 투입하여 인체의 구석구석을 항해하는 장면을 볼 수 있다. 옮긴이는 이러한 환상적인 이야기들이 단지 영화적 상상력이 만들어 낸 허구에 지나지 않는다고 생각하지 않는다. 21세기를 맞이한 지금 그러한 장면들은 공상과학의 허구가 아니라 머지 않은 장래에 실현될 가능성 높은 현실이라고 생각한다. 초소형화와 집적화가 급속도로 진행되고 있기 때문에 가능하리라고 본다. 그 가능성에 대한 해답은 이 책에서 설명하고 있는 나노(nano)기술에서 찾을 수 있다.

나노기술이란 '나노미터(10억분의 1 미터) 크기의 물질들이 갖는 독특한 성질과 현상을 찾아내고 이러한 성질을 갖는 나노 물질을 정렬시키고 조합하여 매우 유용한 성질의 소재, 디바이스 그리고 시스템을 생산하는 과학과 기술'을 통칭한다고 말할 수 있다. 노벨 화학상 수상자인 코넬대학의 Roald Hoffmann 교수는 "나노기술은 매우 섬세한 성질을 지닌 매우 작은 축조물들을 천재적인 능력으로 매우 정밀하면서도 우아하게, 그리고 환경 친화적으로 축조하는 방법이며, 이 방법을 통해서만 인류의 미래가 있다."고 말하고 있다.

그런데 나노미터 크기의 물질들은 바로 원자 또는 분자들이 가지고 있는 크기이기도 하다. 콜럼비아대학의 노벨 물리학상 수상자인 Horst Stromer 교수는 "나노기술은 원자와 분자로 구성된 자연이라 불리는 멋진 장난감을 다루는 핵심 기술이며, 인류는 이것을 통해서 무한히 새로운 것들을 창조할 수 있다."라고 나노기술을 정의하고 있다. 두말할 필요도 없이 나노기술이 지금까지의 과학기술과 다른 점은 크기가 작다고 하는 것이다. 작은 것은 정보로 말하면 정보밀도가 높아지는 것이고, 재료로서 사용한다고 하면 재료의 사용량이 적다고 하는 것이다. 그러나 크기가 작은 것이라고 해서 모두 나노기술로 설명되는 것은 아니다. 왜냐하면 원자 1개로 기능을 발휘할 수 있는 기계 시스템은 생각할 수 없기 때문이다. 기능을 발휘하기 위해서는 최소한 분자상태가 되어야 한다. 또한 나노 레벨로 분자를 모아서 분자 집합체를 만듦으로써 1개의 분자에서는 기대할 수 없었던 새로운 성질이 나타날 수 있는데, 나노기술은 바로 이러한 점에서 큰 의미가 있다고 할 수 있다. 이 책의 가장 큰 특징 중의 하나도 바로 이것이다. 「나노분자를 만든다」, 「분자를 모은다」, 「분자를 움직인다」라고 하는 소제목에서도 알 수 있듯이 분자를 하나의 조립식 장난감처럼 자유자재로 움직이고 배열할 수 있는 나노기술은 새로운 기능 창조의 열쇠가 될 것이다.

나노기술의 필요성은 신소재, 전자통신, 의료, 농업의 생명공학, 항공우주, 에너지, 환경 등 산업전반에 포괄적인 파급효과가 커져, 앞으로 국가 산업기술 경쟁력에 결정적인 척도가 될 것이다. 또한 나노기술은 현재 활발한 관심을 받고 있는 정보기술(IT)과 생명기술(BT)을 발전시키는 중추적인, 그리고 핵심적인 역할을 할 것이다. 이러한 나노기술에는 학문간의 경계는 뚜렷하지 않다. 나노기술 연구는 정보기술이나 생명공학 기술과는 달리 여러 과학기술이 긴밀하게 융합하는 독특한 방식으로 진행되고 있다. 물리, 화학, 전자, 생물, 의학, 재료, 기계 등의 과학 기술자들이 하나의 나노 프로젝트에 공동 참여하는 것은 흔한 일이 되고 있다. 이러한 나노기술 발달을 위해서는 화학은 물론이고 물리, 생명과학과 같은 기초과학의 발전이 가장 근간이 된다. 이와 더불어 나노기술을 발전시키기 위해서는 전자공학, 컴퓨터공학, 재료공학, 화학공학, 생명공학과 같은 다양한 공학분야의 참여가 동시에 이루어져야 한다고 생각한다. 이러한 면에서 우리 나라의 모든 과학기술자들이 힘을 합하여 나노기술 발전에 동참하여야 하고 정부와 기업도 지속적이고 체계적인 투자와 지원을 아끼지 말아야 할 것이다. 또한 정부와 학교는 미래의 나노기술을 계속적으로 발전시켜 나갈 수 있도록 인재양성에 많은 노력을 기울여야 할 것이다.

최근 신문이나 방송 등의 매스컴을 통해 나노기술에 관련한 보고가 급증하고 있는 것을 보고, 미국이나 일본 등 선진국에서 일고 있는 일종의 연구 붐으로 지나쳐 버릴 수도 있지만, 자세히 들여다보면 지금까지의 과학이나 문명을 한순간에 바꿀 수 있는 새로운 도전이 아닌가 하는 생각이 든다. 모든 과학기술의 발전이 양면성을 갖고 있듯이, 엄청난 변화를 가져올 나노기술 역시 두 얼굴을 하고 있다. 축복일 수도 있고 저주일 수도 있는 꿈의 과학기술, 이미 그 나노기술의 세계가 우리의 일상 속으로 빠르게 다가오고 있다.

이 책을 출판함에 있어서 적극적으로 수고를 아끼지 않은 전파과학사 손영일 대표와 담당 직원 여러분께 진심으로 감사드린다.

2002년 8월

옮긴이

차례

A 세션

나노분자를 만든다

고분자가 만드는 나노의 세계
—마이크로 상분리

나카하마 세이이치
토쿄 공업대학 대학원 이공학연구과 교수

고분자가 만드는 마이크로 상분리 구조는 10~100nm 레벨의 구조로 블록(block) 공중합체가 만드는 고분자 특유의 세계입니다. 우선 새로운 분야를 개척하는 블록공중합체로서 어떤 것들이 합성 가능한지를 살펴보고, 그 다음으로 그것들이 형성하는 마이크로 상분리 구조에 관해서 알아보겠습니다. 이러한 마이크로 상분리 구조는 벌크(bulk)상에서도 일어나지만, 물질표면에서도 매우 흥미로운 거동을 나타냅니다. 또한 고분자의 한쪽 또는 양쪽 말단에만 작용기를 가지는 텔레케릭 고분자(telechelic polymer)에서처럼 작은 기능을 부여하는 것만으로도 자기집합이 가능한 현상에 대해서 소개하겠습니다.

블록공중합체의 구조와 특징

고분자는 작은 분자가 연결된 사슬모양의 구조를 가지고 있습니다. 그 중에서 A, B 2종의 반복단위를 갖는 공중합체는 그것들의 결합양식에 따라 랜덤공중합체, 교대공중합체, 블록공중합체로 분류됩니다(그림 1 A). 블록공중합체에서는 각각의 세그먼트 사슬길이와 부피비에 따라 마이크로 상분리가 일어나며(그림 1 B), 나노미터 크기의 구(球), 실린더, 라멜라 등의 구조체가 형성됩니다(그림 1 C).

이들 마이크로 상분리 구조는 합성고분자의 전형적인 나노 고차구조의 하나로, 중합반응 중의 구조제어에 의해 더욱더 다양한 나노 구조체가 만들어질 수 있습니다. 지금까지 주로 2종류의 다른 세그먼트로 이루어진 블록공중합체가 보고되어 왔지만, 최근 들어 3종류의 세그먼트로 이루어진 블록공중합체도 계산대로 만들어질 수 있다는 사실이 밝혀졌습니다. 이들 블록공중합체는 2종류 또는 3종류의 세그먼트가 서로 혼합하는 것을 피하기 위해서 특정의 구조를 취하게 됩니다. 즉 앞에서 설명한 것처럼 A, B의 부피가 거의 똑같은 경우는 라멜라상, 즉 샌드위치와 같은 구조로 분리됩니다. 반대로 한쪽의 부피가 작으면 실린더상이나 구상으로 분리되며, 그 중간영역에서는 복잡한 혼합구조가 형성됩니다.

폴리스티렌-폴리이소프렌-폴리스티렌 트리 블록공중합체의 구조와 특성

잘 알려진 것으로 폴리스티렌(S)-폴리이소프렌(I)-폴리스티렌(S)으로부터 만들

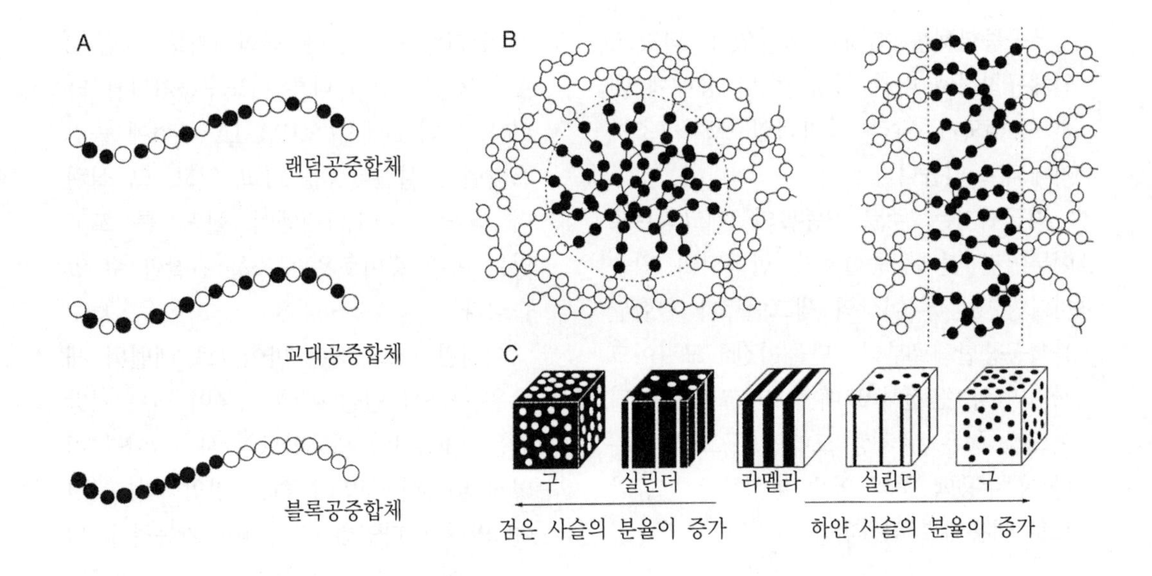

그림 1 블록공중합체가 형성하는 마이크로 상분리 구조
A : 공중합체의 사슬 구조, B : 마이크로 상분리 구조의 발현, C : 마이크로 상분리 구조의 형태

어지는 트리 블록공중합체가 있습니다. S-I-S의 블록시퀀스(block sequence)로 이루어진 이 화합물은 폴리스티렌이 구상을 하고 있고(그림 1 C), 열가소성 에라스토머로서 공업적으로 대량 생산되고 있으며, 현재 그 수요가 더욱더 증대되고 있습니다. 이러한 블록공중합체의 마이크로 상분리 구조는 부드러운 폴리이소프렌의 매트릭스 위에 단단한 폴리스티렌이 물리적으로 가교점을 형성하여 에라스토머를 만듭니다.

그러나 이소프렌과 스티렌을 역으로 연결한 I-S-I에서는 이와 같은 네트워크구조가 형성되지 않고, 기계적인 강도도 충분하지 않아 실용적인 가치가 없습니다. 또한 S-I-S의 부피비가 변하여 다른 나노구조를 나타내는 경우나, 구상의 나노구조에서도 S-I 디 블록공중합체나 I-S-I 트리 블록공중합체의 경우는 역학적 성질이 떨어지기 때문에 실용적이지 못합니다. 이처럼 열가소성 에라스토머는 고분자의 1차 구조와 나노구조 및 벌크물성의 관계를 해명할 수 있는 좋은 예입니다.

블록공중합체의 합성

최근 각종의 리빙 중합계가 개발되어 종래의 음이온 리빙중합과 더불어 라디칼, 양이온, 배위, GTP, ROMP 등의 리빙중합반응을 이용한 새로운 조합의 다양한 블록공중합체를 합성할 수 있게 되었습니다. 또한 한 종류의 리빙중합반응만으로는 합성할 수 없는 것도 중합 활성종을 변환시킴으로써 합성이 가능해졌습니다. 더욱이 이들 블록공중합반응 중에서는 분자량이나 분자량 분포 뿐만 아니라 입체구조를 제어할 수 있는 중합반응계가 보고되고 있습니다. 그 결과 반복단위의 화학구조는 똑같고 입체구조가 다른 스테레오 블록공중합체를 합성할 수 있게 되었고, 입체규칙성에 따라 결정성이나 용매에 대한 용해도가 달라 독자적인 고차구조가 기대되고 있습니다.

지금까지는 주로 2종류의 세그먼트로 이루어진 블록공중합체가 합성되어 왔습니다만, 3종류 이상의 세그먼트가 결합된 블록공중합체로부터 만들어진 모자이크 하전막(양, 음전하 도메인 및 그것들을 떨어뜨려 놓은 무극성 도메인 구조를 갖는다)이 수용액 중의 염을 분리하는 기능막으로 이용되고 있습니다.

ABC 트리 블록공중합체의 상분리 구조와 특성

3종류의 세그먼트로 이루어진 트리 블록공중합체는 2종류의 세그먼트로 이루어진 블록공중합체보다 복잡한 현상을 나타냅니다. 즉 A-B-C 블록시퀀스를 이용하여 서로 접촉이 적은 마이크로 도메인을 만드는 경우 블록공중합체의 형태는 더욱 복잡해집니다.

예를 들면 폴리스티렌, 폴리부타디엔 그리고 폴리메틸메타아크릴레이트(PMMA)라는 3종류의 성분을 순서를 바꿔 연결하기도 하고, 각각의 사슬길이를 바꿀 수가 있습니다. 그 예로서 독일의 Stadler 교수는 앞의 3종의 세그먼트 사슬길이를 달리하는 블록공중합체를 합성하여 많은 종류의 새로운 마이크로 상분리 구조를 발견하였습니다. Stadler 교수가 발견한 여러 가지 상분리 구조 중에서 두 가지 예를 그림 2에 나타내었습니다. 하얀 부분이 폴리스티렌, 회색 부분이 폴리부타디엔, 검은 부분이 PMMA입니다. 각각의 세그먼트 분자량을 조금만 변화시켜도 그림 2 A나 B처럼 전혀 다른 나노구조가 나타납니다. 특히 B에서는 PMMA 주위에 폴리스티렌이 실린더상을 하고 있고, 그 실린더 벽을 폴리부타디엔이 헬릭스를 꼬고 있는 아주 흥미로운 구조를 관찰할 수 있습니다.

이처럼 나노 또는 마이크로 레벨의 새로운 구조를 만들 때에 기본이 되는 처방전은, 이 3개의 세그먼트의 사슬길이를 어떻게 배분할 것인가 하는 것입니다. 그것에 의해서 다양한 디자인이 가능하게 됩니다. 이제 막 시작된 이 분야의 연구는 아직 실용화 단계는 아니지만 나노구조를 구축하는 수단으로서 크게 기대되고 있습

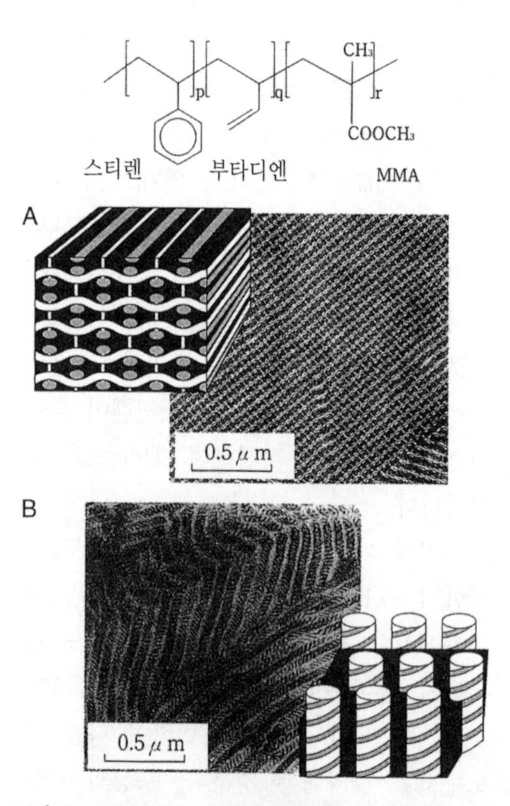

그림 2 ABC 트리 블록공중합체가 형성하는 새로운 마이크로 상분리 구조
(R. Stadler 외, *Polymers*, BASF, 1995로부터)

니다.

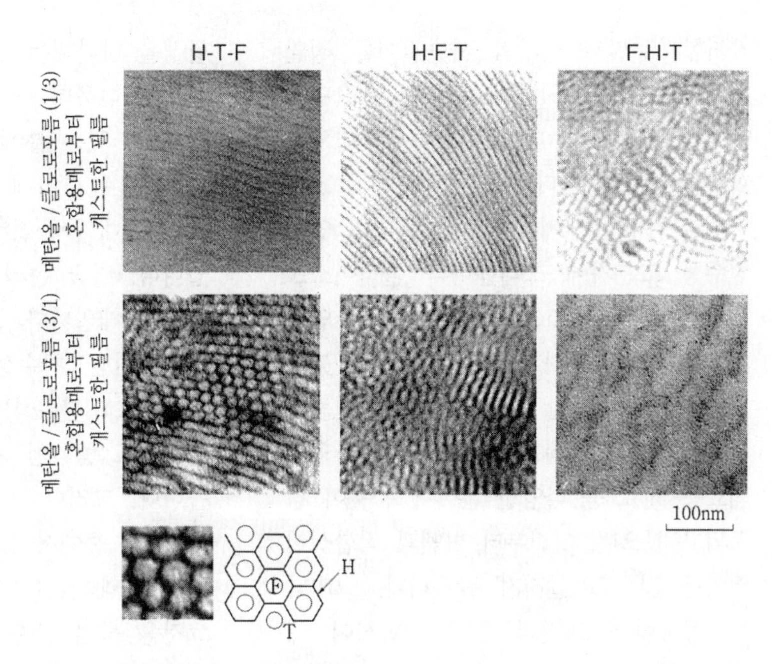

그림 3 ABC 트리 블록공중합체(H/T/F)의 마이크로 상분리 구조와 블록시퀀스, 캐스트 용매의 관계

이처럼 블록공중합체의 세그먼트의 결합순서나 상분리가 일어나는 순서, 사슬길이 등을 제어함으로써 복잡한 나노구조를 형성할 수 있습니다. 그 예로 저희들은 친수성기, 친유성기, 퍼플루오르알킬기를 곁사슬로 하는 3종류의 폴리메타아크릴산에스테르의 블록공중합체(ABC, ACB, BAC)를 합성하여, 블록시퀀스나 캐스트 용매에 의해 각각의 새로운 마이크로 상분리 구조가 나타나는 것을 발견하였습니다. 이것에 대해서 좀더 상세하게 설명하겠습니다.

위의 3종류의 세그먼트 곁사슬에는 친수성의 수산기(H), 친유성의 *tert*-부틸기(T) 및 소수성이면서 소유성의 퍼플루오르알킬기(F)가 결합하고 있습니다. 그리고 각각이 거의 같은 부피를 가지면서 H-T-F, H-F-T, F-H-T의 결합순서가 다른 3종류의 블록공중합체를 합성할 수 있었습니다. 이들 고분자를 여러 용매에 녹여서 막을 만든 후 발생된 구조를 관찰하였습니다(그림 3). 연결 순서가 다른 물질을 클로로포름과 메탄올의 3 : 1 혼합용매에 녹여 캐스트한 필름과, 역으로 1 : 3 혼합용매에 녹여 캐스트한 필름을 전자현미경으로 관찰하면 전혀 다른 구조가 만들어지는 것을 알 수 있습니다.

필름이 형성되는 과정과 결합순서를 변화시켜 전혀 다른 구조를 만들 수 있습니다. 전형적인 예로 메탄올과 클로로포름 혼합용매에서 F-T-H는 불소를 포함하는 세그먼트가 용해되기 어렵기 때문에 처음에 F 부위가 단단해지고, 그 다음으로 바깥쪽의 T와 H 부위가 단단해져 벌집 모양과 같은 나노 상분리 구조를 나타냅니다. 또한 부피비나 순서를 바꾸면 더욱 다양한 구조가 형성됩니다.

HEMA/스티렌 블록공중합체의 특징

앞에서 설명한 수산기를 가진 메타아크릴산에스테르는 HEMA라고 부르고 있습니다. 이 HEMA의 수산기에 보호기를 붙여 리빙중합법으로 블록공중합체를 합성합니다. HEMA 이외에 2개의 수산기를 갖는 것도 유기화학적으로 보호해서 리빙중합시킬 수 있습니다. 중합 후 보호기를 제거함으로써 수산기의 사슬길이를 정밀하게 제어할 수 있습니다. 또한 세그먼트 순서를 제어하여 다양한 블록공중합체를 합성할 수 있습니다.

친수성의 수산기를 많이 가지고 있는 친수성 고분자에 스티렌이나 폴리이소프렌 등의 소수성 고분자를 조합시켜 연결해 가면 성질이 다른 친수성/소수성 블록공중합체를 합성할 수 있습니다. 그 중에서 HEMA/스티렌 블록공중합체는 최근 의료용 재료 등 다양한 분야에 응용이 검토되고 있으며, 이전부터 혈액과 적합성이 뛰어난 것으로 알려져 왔습니다. 그러나 블록공중합체 표면의 혈액 적합성이 왜 뛰어난지는 아직 충분히 알려지지 않고 있습니다. 나노구조 자체가 혈액세포의 표면에 있는 단백질과 상호작용하여 혈액적합성을 나타내는 것으로 추측하고 있지만, 앞으로 더욱더 연구를 발전시켜 나아가야 할 흥미 있는 분야라고 생각합니다.

HEMA/스티렌 블록공중합체 필름의 표면은 대기에 접촉된 상태에서는 소수성입니다. 결국 폴리스티렌 표면과 거의 똑같은 상태입니다. 그런데 이 필름을 물에 접촉시키면 친수성으로 변하고(그림 4), 다음에 그 친수성의 필름을 대기 중에 노출시켜도 좀처럼 소수성으로 돌아오지 않습니다. 그러나 일단 소수성으로 된 표면을 공기 중에서 100℃로 30분 정도 가열하면 원래의 소수성 표면으로 돌아오고, 그것을 물에 접촉시키면 친수성으로 다시 변합니다.

왜 이 같은 변화를 반복할까요? 그 원인이 전자현미경 관찰로 명백해졌습니다.

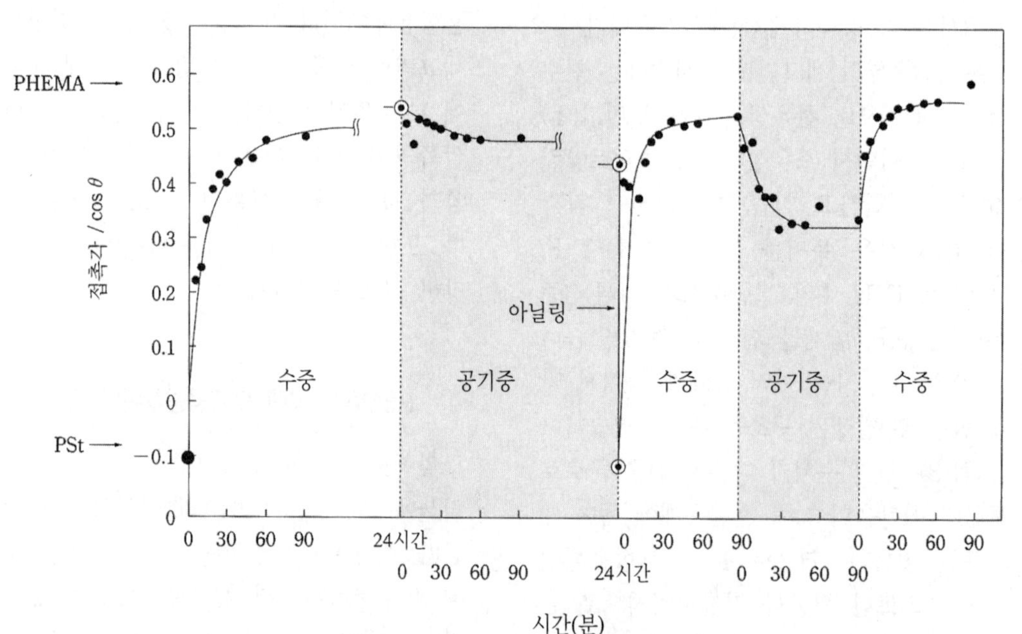

그림 4 HEMA/스티렌 블록공중합체 필름 표면의 물에 대한 건조시와 습윤시의 접촉각

10nm 크기의 마이크로 상분리 구조를 가진 필름 표면의 전자현미경상을 그림 5에 나타내었습니다. 공기와 접하고 있는 표면쪽에 약 10nm의 폴리스티렌의 얇은 껍질층이 형성되어 있습니다(그림 5 A). 그 아래쪽에 PHEMA층이 있고, 그 밑에 폴리스티렌을 섬 모양으로 감싼 PHEMA가 있습니다. 이처럼 내부층과 제일 위의 표면층 구조가 다른 이유는 표면과 대기의 상호작용에 의해 표면 에너지가 더욱더 낮아지는 형태로 폴리스티렌이 집합하기 때문입니다.

이것을 물에 적셔 젖은 상태의 표면을 전자현미경으로 관찰하는 데 성공하였습니다. 그 결과 조금 전의 표면 10nm 폴리스티렌의 껍질층이 모두 벗겨져 친수성의 PHEMA가 표면에 노출되는 것을 알았습니다(그림 5 B). 이것은 필름의 최상층이 물과의 접촉에 의해 미셀상 구조로 변했기 때문이라고 생각할 수 있습니다. 이것을 열처리해서 건조시키면 원래의 구조로 되돌아옵니다.

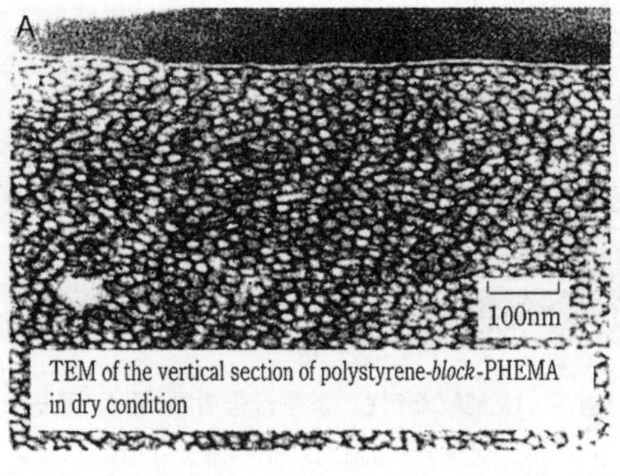

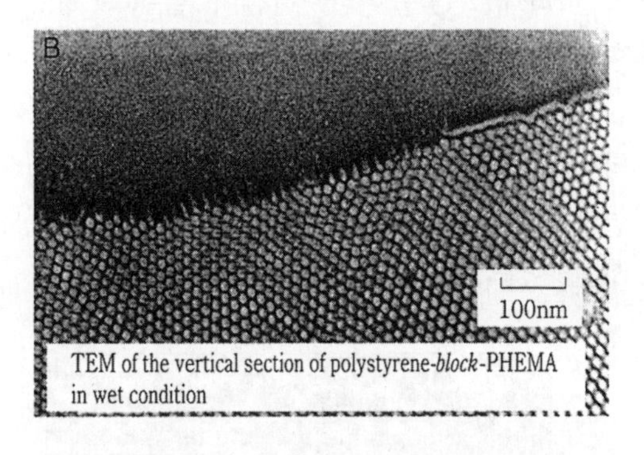

그림 5 HEMA/스티렌 블록공중합체 필름의 단면 전자현미경 관찰

A : 건조시, B : 습윤시

HEMA/스티렌 블록공중합체의 항혈전성과 표면구조

이 HEMA/스티렌 블록공중합체가 뛰어난 항혈전성을 나타내는 사실이 20년 전에 현재의 토쿄 여자 의과대학의 오까노(岡野) 교수에 의해 발견되었습니다. 그림 6은 인공혈관의

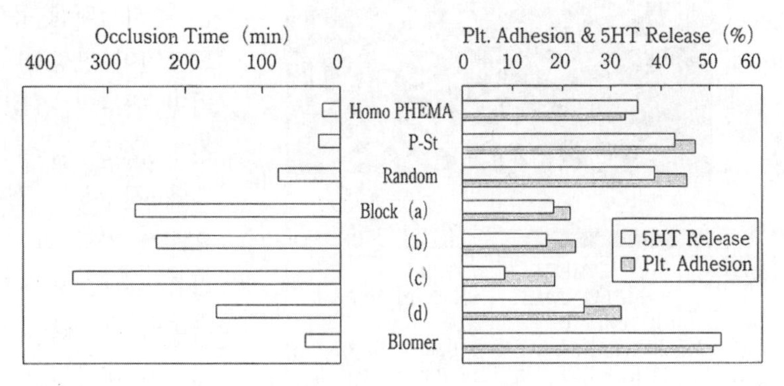

Blood Compatibility of Polymers
MW of PHEMA-PSt-PHEMA,
(a)140,000, (b)66,000, (c)17,000, (d)11,000,

그림 6 HEMA/스티렌 블록공중합체의 혈액 적합성

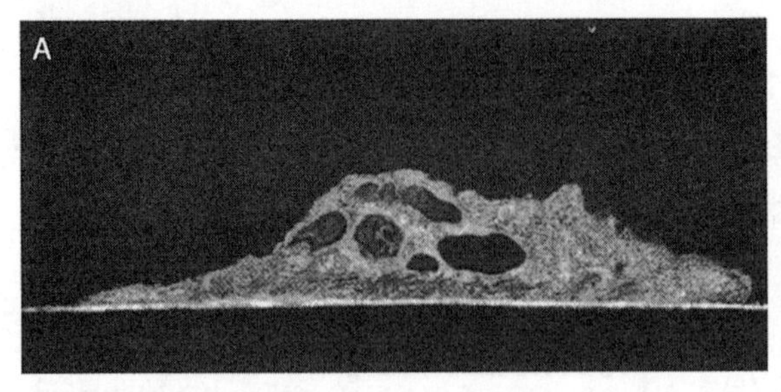

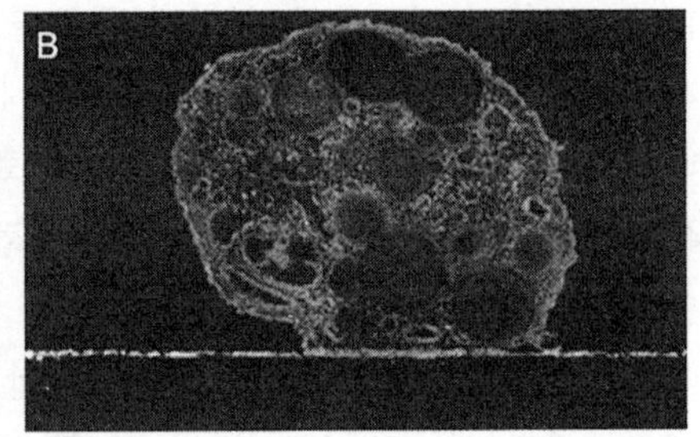

그림 7 HEMA/스티렌 블록공중합체 필름 표면에서의 혈소판 세포의 상태
A : 랜덤공중합체, B : 블록공중합체

안쪽에 각종 고분자를 코팅한 다음, 혈액을 흘려 혈전이 되어 뭉칠 때까지의 시간을 나타내고 있습니다. 시간이 길수록 항혈전성이 뛰어난 재료라는 것을 나타냅니다. 블록공중합체는 뛰어난 항혈전성을 나타내지만, 랜덤공중합체에서는 짧은 시간 안에 혈전이 형성됩니다. 현재 자주 이용하고 있는 폴리우레탄계의 의료용재료도 항혈전성이 좋지 않습니다.

0 2 4 6 8 10
0 2 4 6 8
124.78nm

ACTIVE

FILE NAME	: TE140
SAMPLE NAME	: NON-ANNEAL
COMMENT	: 140
SCAN AREA	: $10.002 \times 10.002\ \mu m$
FORCE REF	: -0.021×10^{-9}N
BIAS	: 0.000 V

그림 8 HEMA/이소프렌 블록공중합체 필름의 수중에서의 AFM관찰(물에 침적 후 약 1 시간)

HEMA/스티렌 블록공중합체의 항혈전성을 현미경으로 관찰할 수 있습니다. 스티렌과 HEMA의 랜덤공중합체 표면에서는 혈액 중의 혈소판 세포가 강하게 흡착하여 혈전을 형성합니다(그림 7). 그것과는 반대로 HEMA/스티렌 블록공중합체의 표면에서는 혈소판 세포가 살아있는 자연스런 상태로 접촉하고 있습니다.

표면은 환경에 응답하여 어떻게 변화할까요? 현재의 의료용 재료와 직접적인 관계가 없을 수도 있지만 여러 가지 응용을 생각할 수 있습니다. 먼저 전자현미경을 사용하여 그 변화과정을 조사해 보았습니다. 앞에서 설명한 것처럼 건조한 표면에는 폴리스티렌 유도체의 소수성 마이크로 도메인이 형성됩니다. 그것을 물에 접촉시키면 내부의 PHEMA가 표면에 노출되어 친수성으로 역전하게 됩니다.

왜 친수성과 소수성의 고분자가 바뀔까요? 한 가닥 한 가닥의 고분자 사슬이 플립플롭으로 역전하는 것은 열역학적으로 설명하기는 어렵고, 이불의 끝이 뒤집히는 것처럼 변화한다고 생각하는 것이 합리적이라고 생각합니다. 이러한 상태를 AFM으로 관찰해 보았습니다. 이소프렌과 HEMA 블록공중합체의 표면을 물에 접촉시켜 AFM으로 관찰하면, 잠시 후에 균열이 생기는 것을 알 수 있습니다. 그 균열은 시간과 함께 늘어나 최종적으로는 막 전체로 퍼져, 표면에 있던 폴리스티렌 유도체의 도메인이 내부의 친수성 PHEMA 도메인과 바뀌는 모양을 관찰할 수 있습니다(그림 8).

텔레케릭 고분자의 이용

텔레케릭 고분자는 사슬의 말단에 작용기를 가지고 있습니다. 예를 들어 폴리스티렌의 양 말단 또는 한쪽 말단에 카르복실기를 갖는 것이 시판되고 있습니다. 이 같은 텔레케릭 고분자는 이 밖에도 많이 있습니다. 이것들은 리빙중합에 의해 계산대로 합성될 수 있습니다. 이 재료를 이용하여 다양한 분자집합체를 만들 수 있습니다.

사슬의 말단에 아미노기를 가진 10^4 정도 분자량의 폴리스티렌과 말단에 카르복실기를 가지고 있는 폴리(에틸렌옥시드)(PEO)의 예를 들어보겠습니다. 둘 다 원래의 상태로는 규칙적인 구조를 가지지 않기 때문에 X선 소각산란 피크가 관찰되지 않습니다. 그러나 두 물질을 혼합하면 블록공중합체와 같은 나노크기의 규칙적인 상분리 구조가 나타납니다(그림 9).

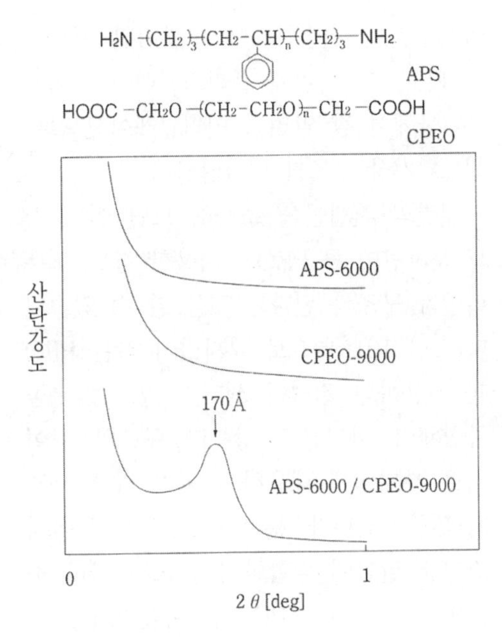

그림 9 텔레케릭 고분자 혼합물의 SAXS

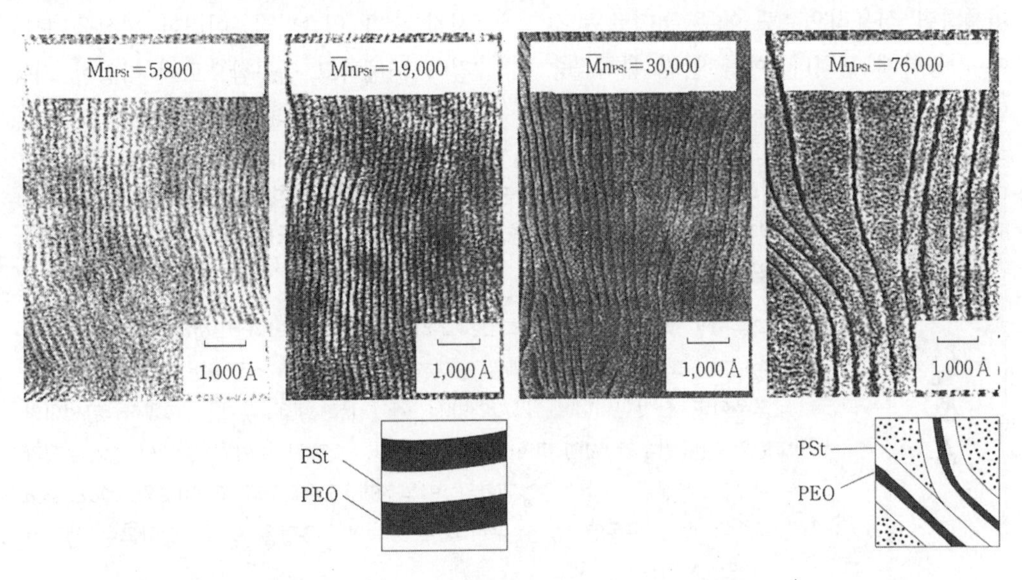

그림 10 APS와 CPEO 혼합물의 투과형 전자현미경 관찰(CPEO-9000)

PEO부분이 결정화되어 구부러진 시트상이 되고, 그 사이에 폴리스티렌이 들어가 무기물에서 잘 알려진 인터칼레이션 같은 샌드위치상 구조가 나타납니다.

일련의 혼합물을 조사해 보면 어느 정도 분자량이 큰 PEO를 사용한 경우, 모두 라멜라 구조가 된다는 것을 알 수 있습니다(그림 10). 역으로 분자량이 작은 PEO를 사용하면 결정이 생기지 않고 블록공중합체의 마이크로 상분리 구조와 같이 서로 부피비에 대응하여 여러 가지 구조가 만들어집니다. 분자량(수만)이 큰 폴리스티렌 말단에 결합한 1개 또는 극히 소수의 아미노기와 PEO카르복실기의 상호작용에 의해 규칙구조가 발생하는 것입니다. 여기서는 산과 염기 사이의 쿨롬력이 상호작용하고 있지만, PEO의 수산기와 폴리스티렌의 아미노기 사이의 약한 수소결합으로도 규칙적인 구조가 만들어집니다.

블록공중합체의 분자설계를 향하여

이와 같은 고분자 사슬간의 상호작용을 이용하면 실용적으로도 아주 흥미로운 것이 가능하게 됩니다. 예를 들면 블록공중합체를 이용하여 고분자 알로이라는 잘게 분산시킨 재료를 만들 수 있습니다. 그러나 별도로 블록공중합체를 만들어 호모고분자와 혼합하여 고분자 알로이를 만드는 방법은 공정이 번거롭습니다.

그런 번거로운 과정을 거치지 않고 블록공중합체의 원료만을 혼합하여 성형·가공 과정에서 한 번에 블록공중합체를 합성하여 고분자 알로이를 합성하는 방법을 생각할 수 있습니다. 이른바 반응공정이 가능합니다. 예를 들어 말단에 산무수물을 결합시킨 폴리이소프렌과 말단에 아미노기를 가진 폴리스티렌을 혼합해 수십 분 가열하는 것만으로 양 말단끼리의 반응이 가능합니다. 고분자와 고분자의 반응이기 때문에 말단기가 아주 조금밖에 없지만, 블록공중합체로의 반응효율이 좋고 쉽게 고분자 알로이를 만들 수 있습니다. 이것은 일반적으로 종류가 다른 고분자간의 배타적인 성질과 말단끼리의 상보적 상호작용이 맞아서 말단끼리 접근하기 때문입니다.

이처럼 블록공중합체는 나노미터 크기의 독특한 구조를 표면이나 내부에 발생시킬 수가 있습니다. 이러한 현상을 보다 깊이 이해하고 연구함으로써 다양한 기능을 끌어낼 수 있다고 생각합니다.

Q
&
A

■Q■ 텔레케릭 고분자가 형성하는 규칙구조를 반응공정에 이용할 수 있다고 설명하셨는데, 누구라도 반응공정을 실행할 수 있도록 하기 위해서는 어떠한 방법이 있을까요?

●A● 고분자는 기본적으로 유기화학, 물리화학, 재료분야와 밀접하게 연결되어 있습니다. 그러나 화학분야에서 연구한 것이 그대로 재료개발에 연결되는 것은 드물다고 생각합니다. 이 강연에서 이야기한 내용 중에는 고분자 합성시의 번거로운 반응이 몇몇 포함되어 있습니다. 소개한 이야기 중에서 반응공정과 관계된 부분은 토쿄 공업대학의 이노우에 교수, 그리고 미국의 Macosko 교수와 행한 공동연구로 누구라도 곧바로 반응공정을 할 수 있다고는 생각하지 않습니다.

나선형을 한 고분자

야시마 에이지
나고야대학 대학원 공학연구과 교수

나선이란

나선형을 한 고분자의 명명법과 기능에 대하여 소개하겠습니다. 우리들 주변에는 실제로 다양한 구조가 존재하고 있습니다. 나선계단이나 용수철, 나사못, 전화 코드 등 수없이 많습니다. 타래난초, 나팔꽃의 덩굴 및 소라 등 자연계에도 수많은 나선이 존재합니다. 나고야의 한 마을에 많이 군생하는 타래난초는 오른쪽 감기와 왼쪽 감기가 있습니다. 나팔꽃의 덩굴이나 소라 등은 오른쪽 감기라고 알려져 있습니다.

그림 1 오른쪽 감기 나선과 왼쪽 감기 나선

분자가 만드는 나노 세계에서도 단백질이나 핵산으로 대표되는 훌륭한 구조를 가지는 고분자나 그것들로부터 만들어지는 나선상의 집합체(초분자)가 다수 존재하며, 생명 활동에 불가결한 기능을 발현하고 있습니다. DNA는 오른쪽 감기이며 단백질의 α-헬릭스 또한 오른쪽 감기로, 왼쪽 감기 나선은 거의 존재하지 않습니다.

오른쪽 감기 나선과 왼쪽 감기 나선

나선에는 오른쪽 감기와 왼쪽 감기가 있습니다. 양자의 관계는 오른손을 거울에 비추면 왼손으로 보이는 것과 똑같은 것입니다(그림 1). 즉 오른쪽 감기 나선과 왼쪽 감기 나선은 형태는 비슷해도 서로 겹쳐질 수 없습니다. 이처럼 거울상 이성질체의 관계에 있는 분자를 그리스어의 '손바닥'이라고 하는 의미에서 '키랄(부제) 분자'라고 부릅니다. 우리들의 주변이나 체내에는 키랄분자가 수없이 많이 존재하고 있습니다. 키랄분자는 빛의 편광면을 좌우 역방향으로 회전시키는 광학활성을 나타내어 광학이성체 혹은 거울이성체라고도 부르고 있습니다.

폴리메타아크릴산에스테르(PTrMA) 폴리크로랄 폴리이소시아니드

폴리(2,3-키녹살린) 폴리이소시아네이트 폴리시란 폴리아세틸렌

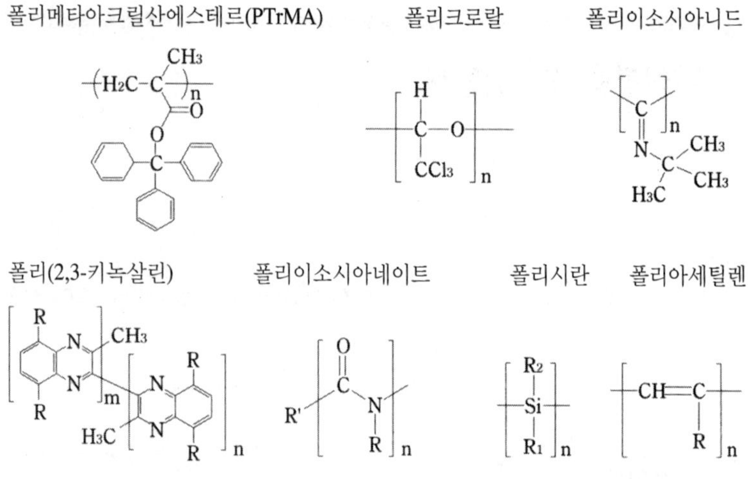

그림 2 대표적인 나선고분자

DNA나 단백질 구조처럼 아름다운 나선에 매혹되어 나선구조를 가지는 고분자를 인공적으로 합성해 보려는 연구가 1950년경부터 활발하게 진행되어 왔습니다. 단, 우리들 주위에 있는 대부분의 고분자는 용액 중에서 불규칙한 구조를 하고 있어 나선구조의 고분자를 합성하기 위해서는 어떤 새로운 방법을 고안할 필요가 있습니다.

나선고분자의 구조

작은 분자(단량체)가 수없이 많이 연결되어 고분자가 됩니다. 일반적으로 이들 긴 끈 모양의 고분자는 용액 중에서 랜덤한 구조를 하고 있고, 나선구조를 갖는 고분자를 인공적으로 합성하는 것은 쉽지 않습니다. 그러나 현재의 부제촉매나 합성기술의 눈부신 진보와 함께 나선구조에만 근거한 광학활성을 명확히 나타내는 고분자를 인공적으로 합성할 수 있게 되었습니다.

지금까지 합성된 대표적인 나선고분자의 구조를 그림 2에 나타내었습니다. 부피가 큰 치환기를 가지는 폴리메타아크릴산에스테르(PTrMA), 폴리크로랄, 폴리이소시아니드, 폴리(2,3-키녹살린), 폴리이소시아네이트, 규소가 연결되어 이루어진 폴리시란, 이중결합이 교대로 연결된 폴리아세틸렌 등이 있습니다. 이들 나선고분자는 그 나선의 특징, 성질에 따라 다음의 3가지로 분류될 수 있습니다.

① 안정한 나선고분자
② 동적인 나선고분자
③ 유발된 나선고분자

PTrMA 같은 '안정한 나선고분자'는 나선구조가 용액 중에서도 풀리지 않고 안정하게 존재하지만, 안정적으로 유지하기 위하여 곁사슬의 부피를 크게 할 필요가 있습니다. 또한 '동적인 나선고분자'로 대표되는 폴리이소시아네이트는 나선구조를 가지고 있기는 하지만, 용액 중에서 좌우 나선의 반전이 빠른 속도로 일어나기 때문에 좌우 나선의 혼합물로 존재합니다. 그러나 나선의 지속거리(나선의 반전에서 반전에 이르는 거리로 가정한다)가 길기 때문에 극히 적은 광학활성 부위를 도입하는 것만으로도 고분자 전체를 한쪽 방향의 나선고분자로 바꾸는 것이 가능합니다.

한편 폴리아세틸렌에서 볼 수 있는 '유발된 나선고분자'는 위에서 설명한 2종류

의 고분자와는 달리, 원래의 고분자가 나선구조일 필요는 없고 나중에 고분자와 상호작용하는 광학활성 분자를 첨가함으로써 나선이 유발되는 고분자를 의미합니다. 이들 3종류의 나선고분자의 합성법과 성질에 관해서 계속해서 소개하겠습니다.

안정한 나선고분자

용액 중에서도 안정한 고분자의 대표적인 합성법을 그림 3에 나타내었습니다. 이것은 나고야대학 오카모토(岡本) 교수에 의해서 약 20년 전에 발견된 방법입니다. 플루오레닐리튬과 광학활성 배위자인 (−)-스팔테인의 착화합물을 사용하여 메타아크릴산에스테르(TrMA)를 저온에서 중합하여 완전히 한쪽 방향 감기의 나선고분자(PTrMA)를 선택적으로 합성할 수 있습니다. 중합 반응이 진행하는 동안에 성장 말단에는 반드시 광학활성인 (−)-스팔테인이 존재합니다. 이 배위자의 작용과 단량체의 부피가 큰 영향으로 나선의 감기 방향이 제어됩니다. 이렇게 해서 얻어진 나선고분자는 다양한 광학활성이성체를 분리하기 위한 재료로서 매우 유용하게 이용될 수 있습니다.

TrMA　광학활성 촉매　플루오레닐 리튬-(−)-스팔테인 착화합물　PTrMA:비선광도([α]D~350°)

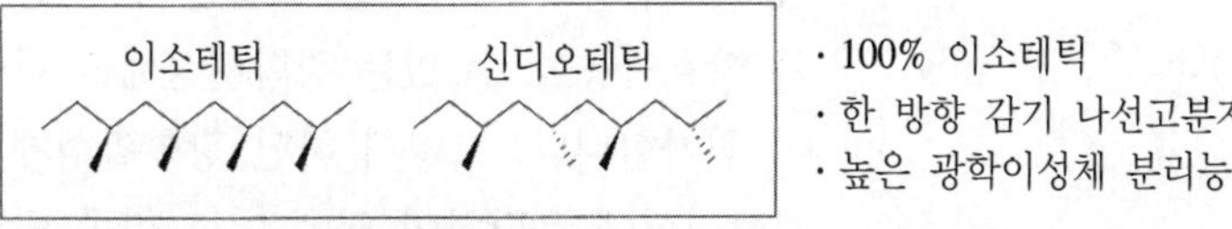

그림 3 용액 중에서도 안정한 나선고분자(PTrMA)**의 합성례**
(Y. Okamoto et al., *JACS*, **101**, 4768, 1979).

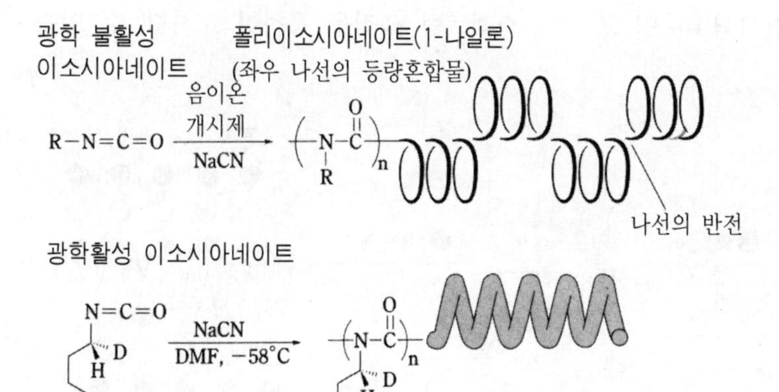

그림 4 동적인 나선고분자(폴리이소시아네이트)**의 합성**
(아래 : M. M. Green et al., *JACS*, **110**, 4063, 1988)

동적인 나선고분자

약 10년 전에 미국의 그린 교수는 R-N=C=O의 이소시아네이트를 중합하여 얻은 아미드 결합만으로 이루어진 폴리이소시아네이트(1-나이론에 해당한다)가 용액 중에서 재미있는 거동을 나타내는 것을 발견하였습니다. 조금 전에 설명한 것과 같이 나선의 반전이 빈번하게 일어나기 때문에 광학불활성인 이소시아네이트로부터 얻어진 고분자는 좌우 나선의 등량혼합물로 존재하고 있습니다(그림 4).

그런데 광학활성인 이소시아네이트를 똑같이 중합하면 도입한 키랄리티의 영향으로 고분자 전체가 한쪽 방향을 한 나선 고분자가 만들어집니다. 따라서 빛의 편광면을 회전시키는 척도인 선광도([α])가 단량체는 극히 작은 값을 나타내는 데 비해 고분자는 단량체의 수백 배에 달하는 큰 값을 갖습니다.

매우 재미있는 사실은 극소량의 광학활성 단량체를 광학불활성인 단량체와 중합하는 것으로도 고분자 전체를 한쪽 방향의 나선으로 만들 수 있다는 것입니다(그림 5). 이 현상은 한 명의 호랑이 하사관이 99명의 병사에게 “우향우”라고 호령하면 그것에 익숙한 99명의 병사가 일제히 오른쪽으로 향하는 것과 비슷한 것으로, 그린 교수는 ‘호랑이 하사관과 병사의 법칙’이라고 명명하였습니다.

나선을 유발한다

앞에서 말씀드렸듯이 폴리페닐아세틸렌 유도체 같은 고분자를 이용하면 나선을 나중에 유발시킬 수 있습니다(그림 6). 이 고

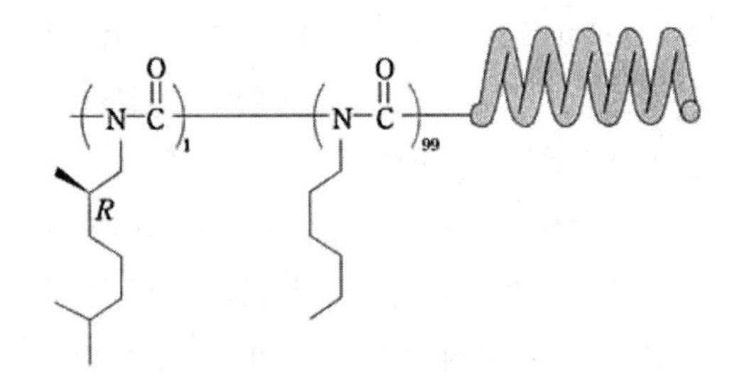

광학활성 단량체(하사관) << 광학불활성 단량체(사병)

그림 5 광학활성 폴리이소시아네이트의 합성
(M. M. Green et al., *Science*, **268**, 1860, 1995)

분자는 3중결합을 가지는 아세틸렌 단량체를 로듐 촉매를 이용하여 중합하면 쉽게 합성할 수 있습니다.

이 고분자 자체는 나선구조를 가지지 않기 때문에 나선을 유발시키는 수단이 필요한데, 먼저 곁사슬에 카르본산이나 보론산, 아미노기 등의 작용기를 도입한 후 작용기와 상호작용할 수 있는 광학활성체를 나중에 첨가합니다. 그렇게 하면 광학활성체의 키랄리티에 응답하여 좌우 어느 한쪽 방향의 나선이 만들어지게 됩니다.

나선의 형태 여부는 원편광이색성(CD) 스펙트럼 측정을 통하여 조사할 수 있습

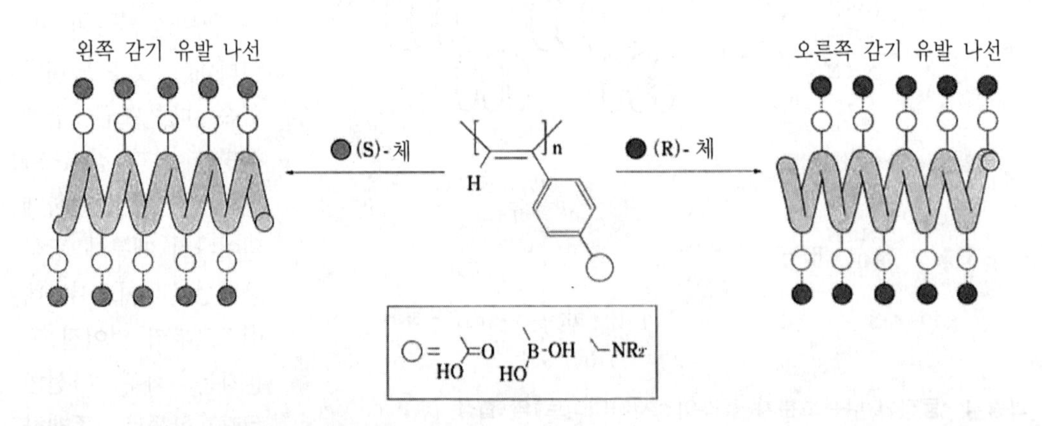

그림 6 폴리페닐아세틸렌 유도체의 나선 유발의 모식도

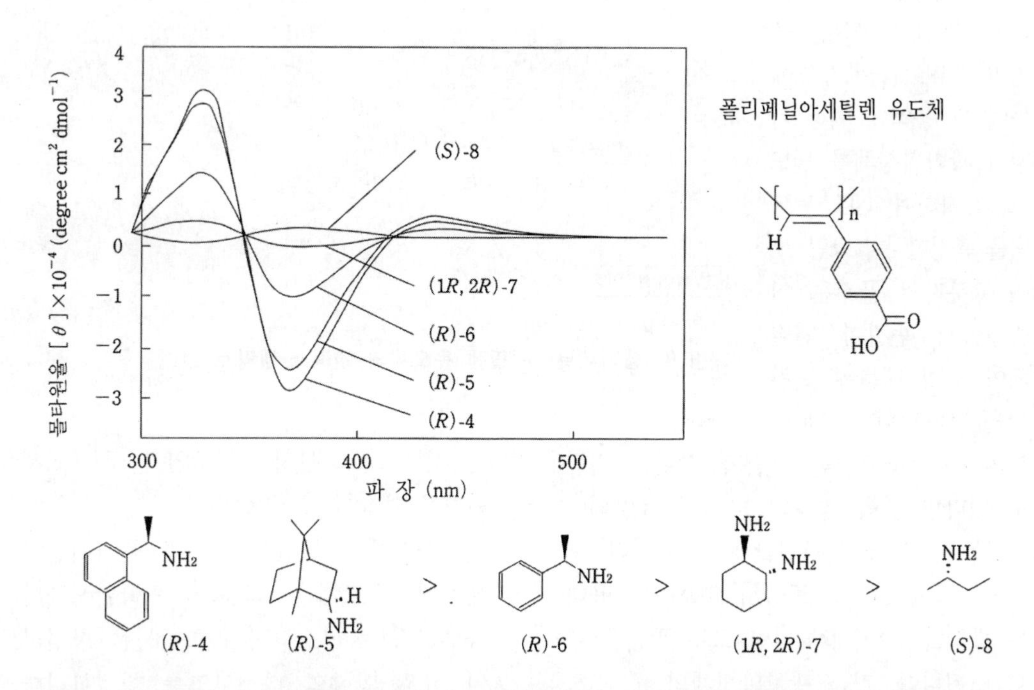

그림 7 광학활성 아민의 존재 하에서 카르본산을 가지는 폴리페닐아세틸렌 유도체의 CD스펙트럼

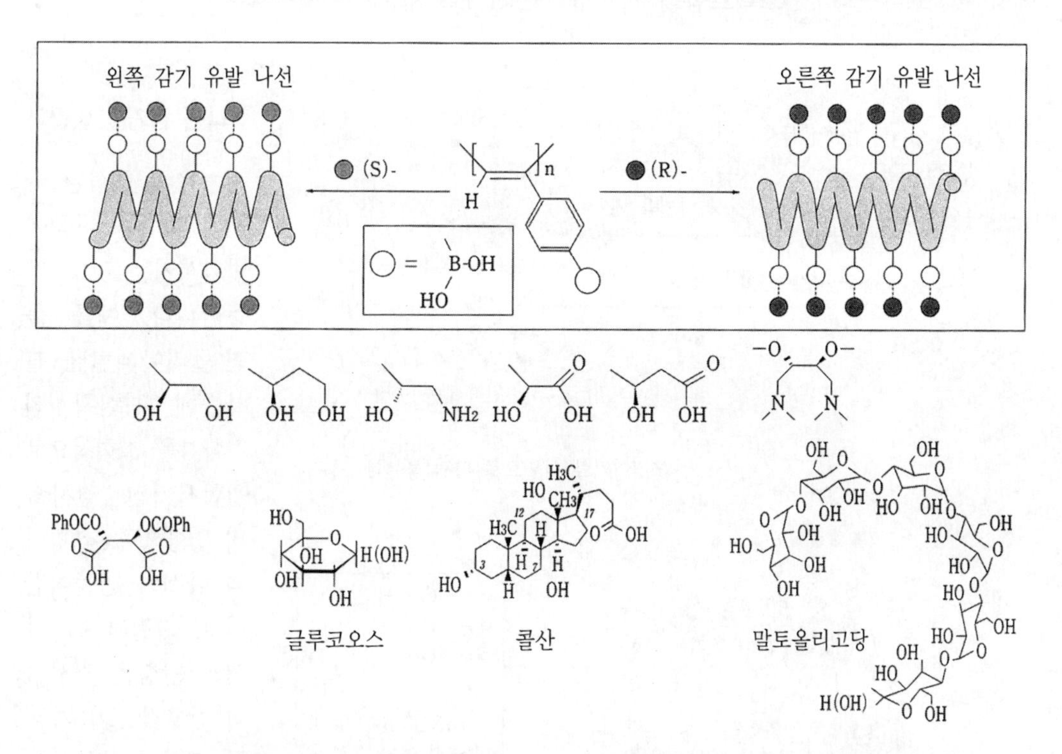

그림 8 광학활성체 존재 하에서 보론산을 가지는 폴리페닐아세틸렌 유도체의 나선 유발

니다. 결사슬에 카르본산을 가지는 고분자를 미리 디메틸술폭시드에 녹여 그 용액에 여러 가지의 광학활성체를 별도로 첨가하여 CD스펙트럼을 측정합니다(그림 7). 이 고분자의 골격은 이중결합이 번갈아 연결되어 있기 때문에 노란색을 나타냅니다. 이 부분의 CD스펙트럼을 그림과 같이 측정할 수 있다면 한쪽 방향의 나선이 유발되어 있다는 것을 쉽게 확인할 수 있습니다.

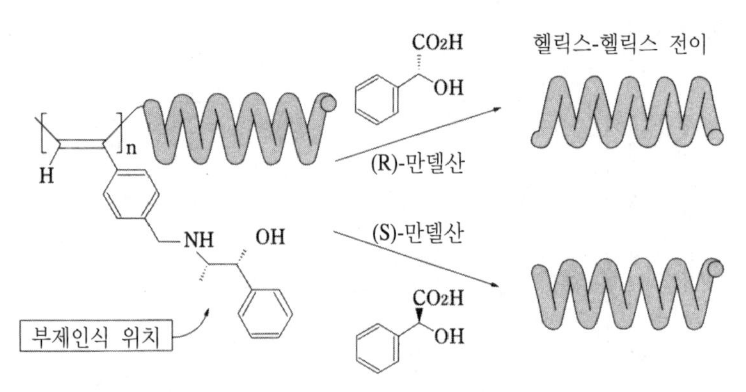

그림 9 폴리페닐아세틸렌 유도체의 헬릭스-헬릭스 전이

덧붙여서 CD스펙트럼의 부호는 이용하는 광학활성체가 R체이면 모두 똑같은 부호가 됩니다. 결국 광학활성체의 존재 하에서 이 고분자의 CD스펙트럼을 측정하는 것으로 그 분자가 R체인가 또는 S체인가를 예상할 수 있습니다.

결사슬에 보론산을 도입한 폴리페닐아세틸렌 유도체는 각종의 광학활성체나 글루코스, 올리고당과 착화합물을 형성하여 한쪽 방향의 나선구조를 형성합니다(그림 8).

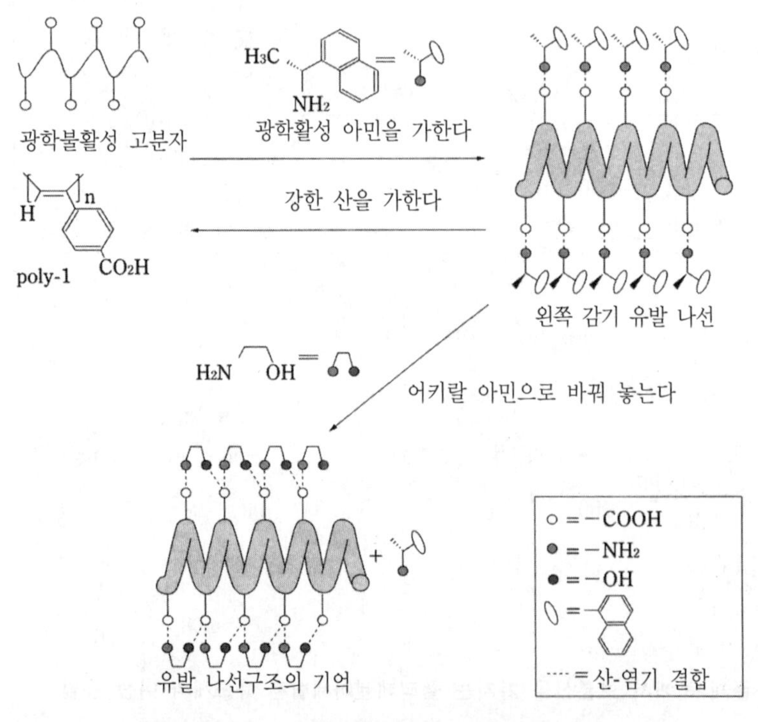

그림 10 폴리페닐아세틸렌 유도체에서의 나선 유발과 기억 모식도

나선 감기를 바꾼다

처음에 형성된 나선의 방향을 나중에 변화시키는 것도 가능합니다. 예를 들면 폴리아세틸렌 결사슬에 광학활성인 치환기를 화학적으로 결합시키면 결사슬의 영향으로 한 방향의 나선이 만들어집니다. 그런데 이 나선의 방향은 결사슬과 상호작용이 가능한 광학활성의 산을 첨가하면 그 산의

키랄리티에 응답하여 반전합니다(그림 9). 헬릭스-헬릭스 전이라고 하는 것으로 한 쪽의 광학이성체(이 경우는 R 만델산)를 첨가했을 경우에만 나선이 반전합니다. 결국 이 고분자는 만델산의 광학이성체를 식별할 수 있습니다.

나선의 형태를 기억한다

유발된 나선의 형태를 잠시 기억해서 멈추게 할 수 있습니다.

앞에서 설명한 것처럼 카르본산을 가진 폴리페닐아세틸렌 유도체에 광학활성의 아민을 첨가하면 한쪽 방향의 나선이 유발됩니다. 이것은 광학활성의 아민이 고분자와 상호작용하기 때문에 이루어진 유발 나선이며, 강한 산을 첨가하여 아민분자를 떨어뜨리면 나선은 한순간에 풀려버립니다.

광학활성의 아민을 보다 염기성이 강한 광학불활성의 아민으로 치환시키면 나선의 형태가 보존되지 않을까 하고 생각하였습니다(그림 10). 먼저 고분자를 광학활성의 아민과 섞어서 나선을 유발시킵니다. 거기에 광학불활성의 아민을 과량으로 첨가하여 그 용액을 겔 여과 크로마토그래피를 사용하여, 나선을 유발시키기 위하여 사용한 과량의 아민으로부터 완전히 분리합니다. 분리 후 고분자의 CD스펙트럼을 측정하였습니다.

광학활성의 아민을 광학불활성의 아민으로 치환시킬 때에 나선이 풀리면 CD스펙트럼은 없어질 것입니다. 그러나 실제로는 겔 여과 크로마토그래피로 고분자를 분리한 전후의 CD 강도는 거의 변하지 않았습니다. 다시 말해서 나선구조를 기억

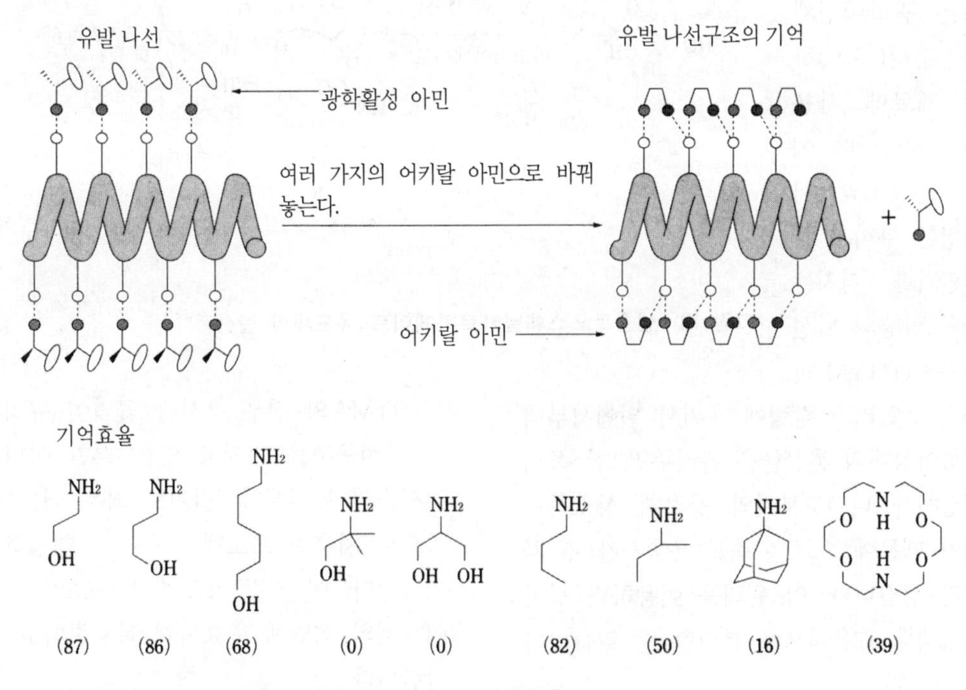

그림 11 여러 가지 아민에 의한 나선구조의 기억효율

하고 있는 것입니다. 또한 아민의 구조를 여러 가지로 바꿔가면서 기억효율을 조사하였습니다(그림 11). 그 결과 아민구조의 미묘한 차이에 의해서 기억효율이 크게 변화하는 것을 알았습니다.

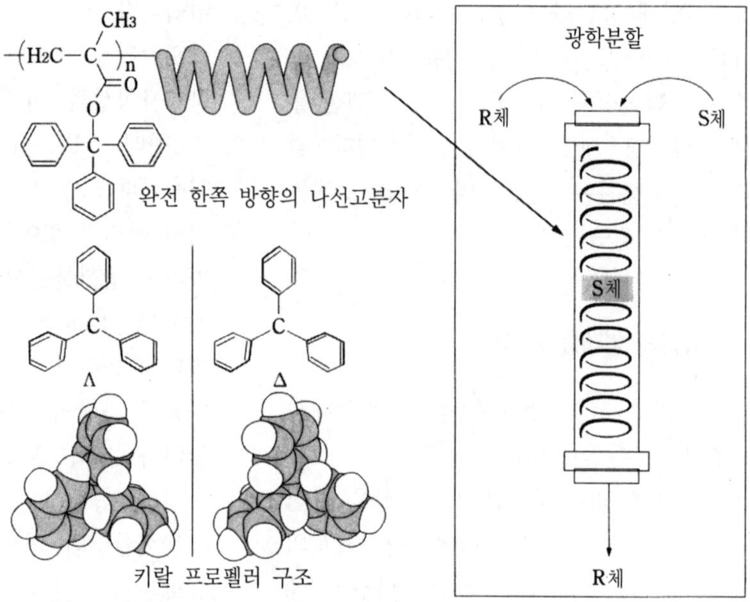

그림 12 PTrMA에 의한 광학분할 모식도
(Y. Okamoto et al., *Chem Rev*, **94**, 349, 1994)

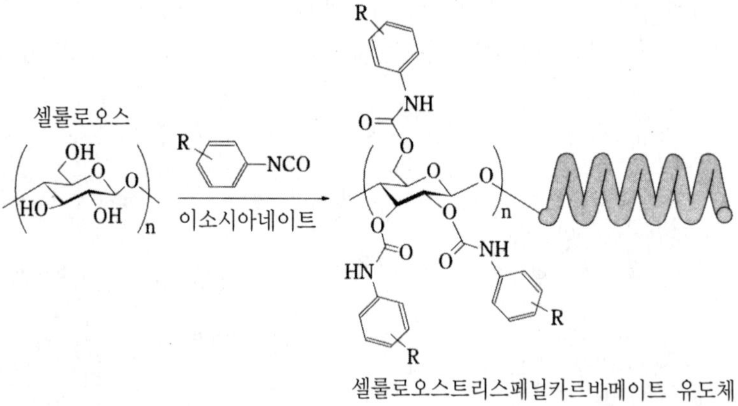

그림 13 셀룰로오스페닐카르바메이트 유도체의 합성

나선고분자에 의한 광학분할

나선고분자에는 어떠한 기능이 있을까요? 더욱더 유용한 기능은 광학이성체를 분리(분할)하는 재료에 사용하는 것입니다. 예를 들면 앞에서 설명한 부피가 큰 치환기를 가지는 한쪽 방향의 나선고분자(PTrMA)를 스텐인리스 칼럼에 채워서 위에서부터 광학이성체의 혼합물을 흘려주면, 한 쪽의 이성체가 나선고분자와 강하게 상호작용하기 때문에 흐르는 속도(용출시간)에 차이가 생깁니다. 이 원리를 이용하면 광학이성체를 효율적으로 분리할 수 있습니다(그림 12).

PTrMA의 경우 주사슬 골격이 규칙적인 나선구조를 가지고 있을 뿐만 아니라 곁사슬의 트리페닐메틸기도 좌우 어느 한쪽으로 치우친 프로펠러 구조를 형성하고 있습니다. 이 키랄 프로펠러 구조가 광학이성체의 식별에 중요하게 작용한다고 생각합니다.

지구상에 가장 많이 존재하는 광학활성 고분자인 셀룰로오스도 나선고분자를 만들 수 있습니다. 셀룰로오스 자체는 평면상 고분자로 나선구조를 가지고 있지 않지만 페닐이소시아네이트 등과 반응시켜 활성인 수산기를 페닐카르바메이트로 변환시키면 한쪽 방향 나선고분자를 간단하게 합성할 수 있습니다(그림 13). 이렇게 하여 얻어진 셀룰로오스 유도체를 실리카겔 등에 흡착시켜 칼럼에 채워 의약품을 포함한 수많은 광학이성체의 분리에 이용할 수 있으며, 현재 전세계적으로 사용되고 있습니다.

나선구조의 제어와 기능 발현

서두에서도 설명한 것처럼 나선구조를 가지는 고분자를 자유자재로 합성하는 것은 아직 쉬운 일이 아닙니다. 그러나 오른쪽 감기 나선이나 왼쪽 감기 나선의 어느 한쪽 방향으로 선택적으로 합성할 수 있다면 광학이성체를 효율적으로 분리하는 재료로도 사용할 수 있습니다. 현재는 고분자의 나선 방향을 겨우 제어할 수 있게 된 단계입니다. 앞으로는 나선고분자를 똑같은 방향으로 배열하기도 하고, 겹쳐 쌓는 자기조직화 기술을 사용하여 보다 고도의 기능을 갖는 재료를 만들 수 있을 것으로 기대합니다.

Q & A

■Q■ DNA 등의 생체고분자는 나선구조를 유지하기 위해서 수소결합을 이용합니다. 교수님께서 합성한 나선고분자는 어떠한 메커니즘으로 나선구조를 유지하고 있습니까? 또한 아민 구조를 바꾸는 것에 대하여 자세히 설명해 주십시오.

●A● DNA나 단백질은 나선구조를 유지하기 위해서 수소결합을 주로 사용합니다. 그러나 저희들이 나선고분자를 만들 때에는 입체적인 반발력을 이용하는 경우가 많다고 생각합니다. 일반적으로 고분자는 평면으로 존재하기는 어렵고 어느 한쪽으로 꼬인 편이 안정하며, 그때 어느 쪽인가 한 방향으로 꼬이면 나선이 됩니다.

다른 하나는 기억에 관한 것이라고 생각합니다. 광학활성의 아민을 사용하여 나선을 유발시키고 그것을 어키랄 아민으로 치환하여 나선구조를 유지시킬 수 있습니다. 거기서 이용되는 어키랄 아민은 될 수 있는 한 빨리 광학활성의 아민을 치환하여 고분자와 보다 강하게 상호작용을 할 필요가 있습니다.

나노 머리카락을 기른 마이크로 입자

카와구찌 하루마
케이오 기주쿠대학 이공학부 교수

지름 400~500nm, 즉 0.4~0.5㎛의 미립자가 표면에 머리카락을 기름으로써, 마이크로 입자의 성질이 개선될 수 있습니다. 예를 들어 그림 1에 나타낸 나노 머리카락을 기른 마이크로 입자는 저온영역에서 나노 머리카락이 늘어나고, 고온이 되면 그것이 축소됩니다. 이 나노 머리카락의 구조를 약간 변화시키면 하한임계온도(LCST)에서 특성이 불연속적으로 바뀌게 되는데, 이 강연에서는 그런 현상이 일어나는 이유와 그 현상을 어떻게 이용할지에 대해서 설명하겠습니다.

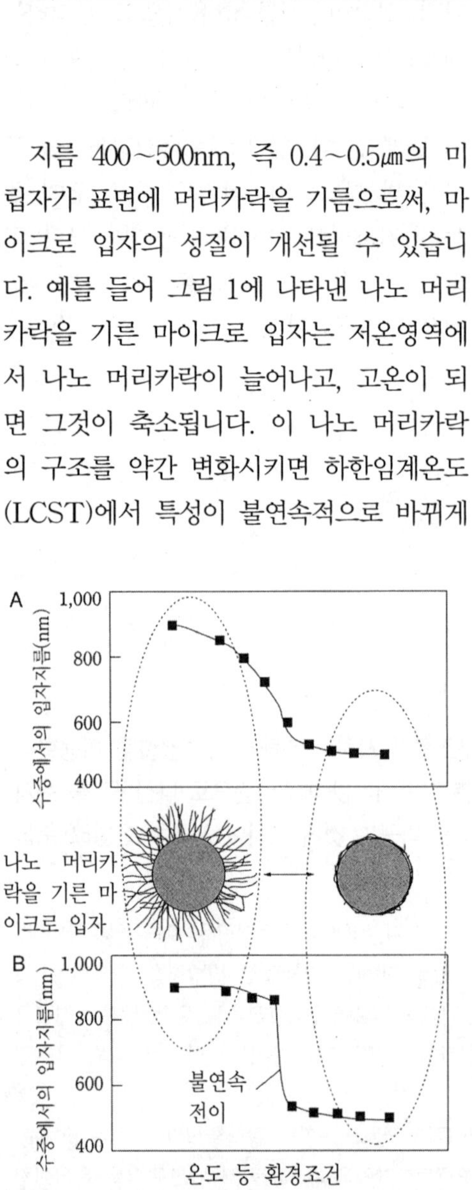

그림 1 나노 머리카락 입자의 환경 응답 모드. A 상태의 머리카락 입자를 B상태로 변화시키려면?

폴리(N-이소프로필아크릴아미드)의 특징

온도 응답성 고분자로서 연구자들 사이에서 인기가 높은 폴리(N-이소프로필아크릴아미드, PNIPAM)에서 소수성 이소프로필기는 재미있는 특성을 나타냅니다(그림 2). 이러한 소수부는 물 속에서 소수성 수화(水和) 상태로 존재합니다. 즉 주변의 물과 불편한 관계를 유지하면서도 인접한 물분자와 수소결합을 형성합니다.

그런데 온도를 올리면 이소프로필기와 주위의 물이 활발하게 운동하게 되고

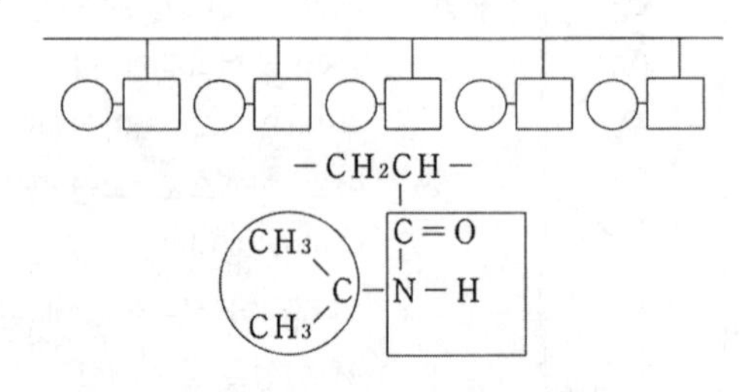

그림 2 폴리(N-이소프로필아크릴아미드)의 분자구조
○ : 이소프로필기, □ : 아미드기

32℃ 부근에서 순식간에 상태가 흐트러져 물이 떨어지고 이소프로필기끼리 소수성 상호작용을 하게 됩니다.

이러한 종류의 고분자 재료는 PNIPAM에 한정되지 않고 많은 아크릴아미드 유도체에서도 비슷한 특성을 나타내지만, 구조에 따라서 전이온도가 5~80℃까지 큰 차이를 보입니다. 셀룰로오스나 폴리에틸렌글리콜 유도체도 특정 온도에서 갑자기 상변화를 일으킵니다.

감온성 하이드로겔 입자의 특성

미립자를 만드는 한 예로 소수성의 스티렌을 물 속에 기름방울로 분산시켜, 여기에 물에 녹는 NIPAM 단량체를 넣어 중합시키면 희한하게도 400nm 정도의 미립자가 만들어집니다. 이 미립자는 물 속에서의 중합과정에서 물에 접하는 바깥쪽에 친수성 성분이 농축된 구조가 자연적으로 만들어져, 조성에 약간 불균형이 생깁니다.

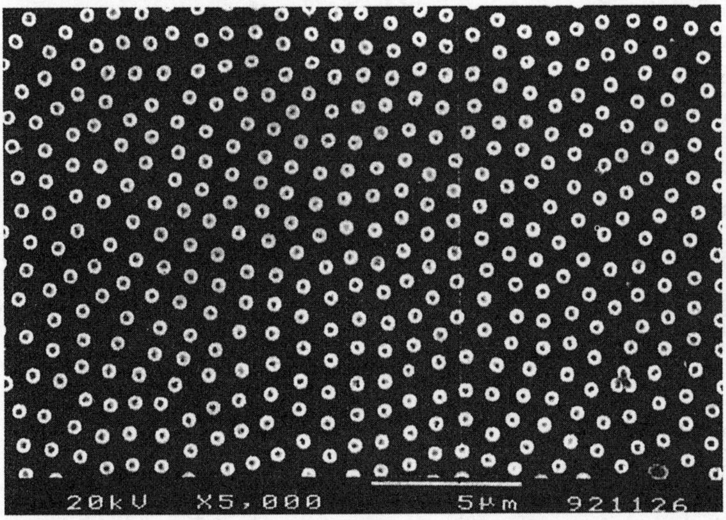

그림 3 폴리(N-이소프로필아크릴아미드) 쉘을 가진 코어/쉘 입자의 전자현미경 사진

이 PNIPAM 껍질층을 보강하기 위하여 추가로 NIPAM을 가하고, 가교제를 첨가하면 온도 감응성을 나타내는 매우 두꺼운 층이 만들어집니다. 이 층은 가교제를 첨가하여 만들었기 때문에 머리카락형이 아닌 그물구조를 갖습니다.

입자의 크기가 균일해지면 부위에 따라서는 정연한 배열을 나타내기도 하는데(그림 3), 이처럼 입자가 일정 간격으로 배열하는 것도 중요한 점입니다.

그림 3은 PNIPAM 입자를 건조시킨 상태입니다. 건조 전에는 입자들이 서로 수화층을 형성한 상태로 존재하지만, 건조시키면 수화로 팽윤되었던 층이 탈수화-수축되면서 코어와 바깥쪽의 얇은 쉘층이 생깁니다. 그리고 입자와 입자의 간격이 벌어지게 되는데, 이 입자와 입자의 간격은 쉘층 두께의 약 2배가 됩니다.

이러한 미립자는 온도에 따라 성질이 변합니다(그림 4). 구체적으로는 수화 미립자가 온도의 상승과 함께 탈수화합니다. 입자가 팽윤상태에서 수축상태로 변화하면 입자의 지름이나 함수량(含水量)이 변하고, 더불어 입자 외관의 표면전위나 분산파의 안정성 등도 변합니다.

또한 고온 탈수화의 경우에는 입자표면이 소수성으로 변화하는데, 형광물질을 첨가한 경우에 파장이 변하거나 여러 가지 단백질이나 저분자 화합물의 흡착성 등이 변하게 됩니다. 친수성, 소수성의 변화는 세포의 작용에도 커다란 영향을 미치기 때문에 온도에 따라 세포가 받는 자극도 변하게 됩니다. 그런 의미에서 이 온도 감응성 미립자는 여러 분야에 응용될 수 있다고 생각합니다.

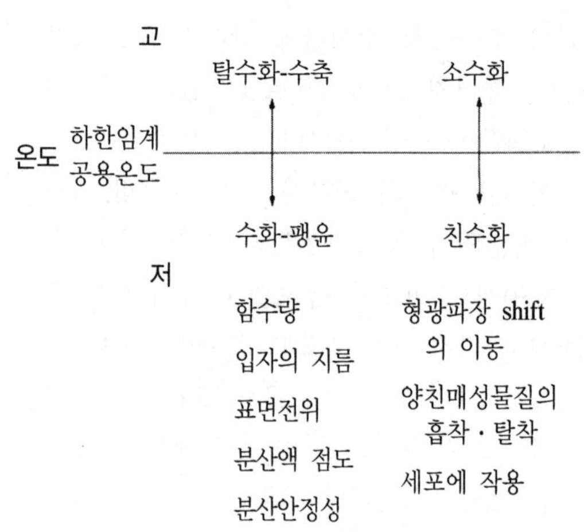

그림 4 온도 감응성 하이드로겔 입자의 특성

PNIPAM 입자의 전기영동 이동도의 온도제어

구체적으로 그물구조가 쉘층을 형성하고 있는 입자에 관해서 설명하겠습니다. 그림 5는 PNIPAM 입자가 저온에서는 수화-팽윤하고, 고온에서는 탈수화-수축하는 것을 나타냅니다. 중합반응에 이용하는 이온성 중합개시제의 미반응 이온기가 쉘층에 존재하는데, 이 이온기는 팽윤상태에서 수화층 안에 희석되거나 수화층 안쪽에 깊숙이 파묻혀 있습니다.

그리고 입자가 분산된 용액에 전압을 걸면 입자는 그에 응답하지 않고 마치 무전하 입자와 같이 유동합니다. 그러나 온도를 올려서 수화층을 수축시키면 속에 파묻혀 있던 이온기가 표면에 노출되어 표면전위에 100% 응답할 수 있게 됩니다. 그 결과 입자는 일반적인 하전입자가 나타내는 유동성을 나타내며, 상당히 큰 전기영동 이동도로 전기장을 움직여 나갑니다. 그림 5에 나타낸 것같이 32℃ 부근에서 완만하게 변화합니다.

그림 6은 아크릴로일피롤리딘(acryloyl pyrollidine, APR)과 아크릴로일피페리딘(acryloyl piperidine, APP) 2종의 단량체를 여러 가지 혼합비로 공중합시켜서 만든 각종의 감온성 미립자 분산액의 안정상태와 응집상태의 경계를 온도와 NaCl 농도의 함수로 나타내고 있습니다. 낮은 온도에서는 입자가 분산 안정상태를 유지하지만 특정 온도 이상에서는 응집합니다. 또한 낮은 염 농도에서는 입자가 안정하게 분산하지만, 특정 염 농도 이상에서는 응집합니다.

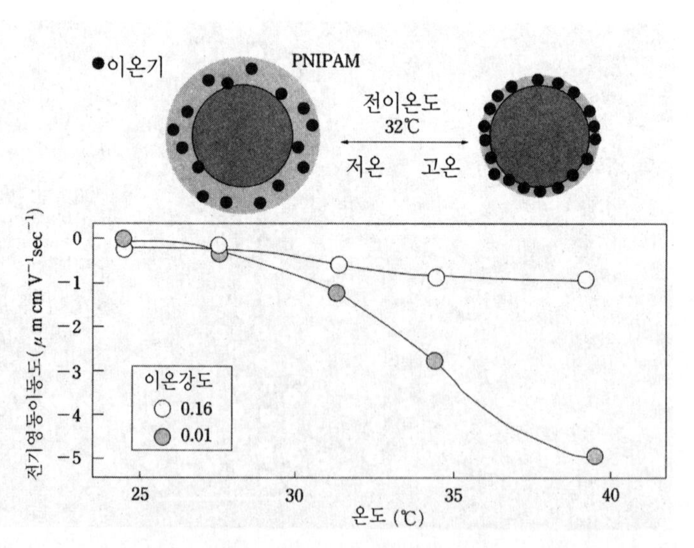

그림 5 폴리(N-이소프로필아크릴아미드) **입자의 전기영동 이동도의 온도제어**

이 분산과 응집의 경계선에서 조건을 바꾸면 분산과 응집상태가 가역적으로 변하는 것을 알 수 있습니다.

미립자 표면의 온도 감응성

이런 현상이 일어나는 원인을 생각해보면 낮은 온도에서는 미립자 표면이 수화된 두꺼운 팽윤층을 가지고 있어, 이 팽윤층이 입자가 서로 접근하여 응집하는 것을 막아줍니다. 그런데 온도를 올리면 입자표면의 팽윤층이 수축해서 입자를 안정하게 유지시켜 주는 수화층이 없어지고, 그로 인해 입자들 사이의 응집이 일어나기 시작합니다.

한편 이온농도가 낮은 계에서는 온도가 상승해서 수화층이 수축되면 정전기적인 특성이 더 강해지게 됩니다. 즉 노출되어 있던 이온기가 입자들 사이에 정전기적인 척력을 형성시키고, 이 정전기적인 척력에 의해 입자는 안정한 상태를 유지하게 됩니다. 그런데 정전기적인 척력은 전해질 농도가 높으면 전기 이중층이 압축되어 효과가 없어지게 되며, 어느 이상의 온도를 넘으면 응집물이 만들어집니다.

이처럼 미립자 표면에 생성된 온도 응답성층의 팽윤·압축은 분산액의 안정성을 제어할 수 있는 중요한 요인이 됩니다. 재미있는 예로 종이나 섬유를 분산액에 담근 후 분산액의 온도나 이온강도를 변화시켜 표면에 미립자를 침착시킬 수 있습니다.

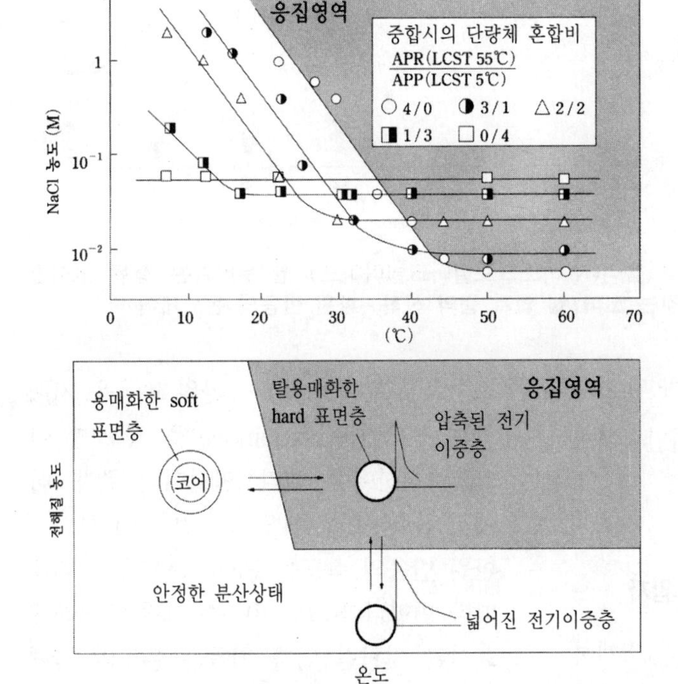

그림 6 폴리(N-이소프로필아크릴아미드) 쉘을 가진 코어/쉘 입자의 분산 안정성

단백질의 흡착·탈착의 온도제어

쉘 입자에 단백질을 적용한 경우의 특성을 소개하겠습니다. 저온에서 수화된 층과 고온에서 수축된 층이 있으면, 많은 단백질은 일반적으로 친수성 층을 싫어하고 소수성 층을 좋아하기 때문에 고온에서는 단백질을 흡착하고 저온에서는 어느 정도 탈착하게 됩니다.

물론 단백질의 흡착은 친/소수성만으로 결정되는 것은 아니고, 입자의 전하특성이나 단백질의 특성과도 관계됩니다. 여기서는 친/소수성과 단백질의 흡착을 알아보기 위하여 흡착온도를 조사하였습니다(그림 7). 우선 PNIPAM의 전이온도보다 높은 37℃의 소수화된 상태에서 단백질의 흡착을 알아보았습니다. 그림 7의 왼쪽은 임무노글로불린 G(immunoglobulin G, IgG), 가운데가 사람의 혈청 알부민(albumin, HSA)입니다. HSA는 37℃에서 흡착하지만 전이온도 이하인 25℃가 되면 탈착합니다. 많은 단백질을 이러한 온도 변화를 이용하여 떼어내는 것이 가능합니다.

그림 7에서 막대그래프 중의 진한 색 영역이 0에 달하면 이상적으로 단백질을 흡착하거나 탈착하는 시스템을 만들 수 있습니다. 표면전하나 수화층의 구조를 변화시켜 그 영역을 넓히는 것도 가능합니다. 이처럼 단백질의 흡착·탈착을 온도로 제어할 수 있는 이 방법은 단백질에 한정되지 않고 각종의 저분자 화합물에도 적용될 수 있습니다.

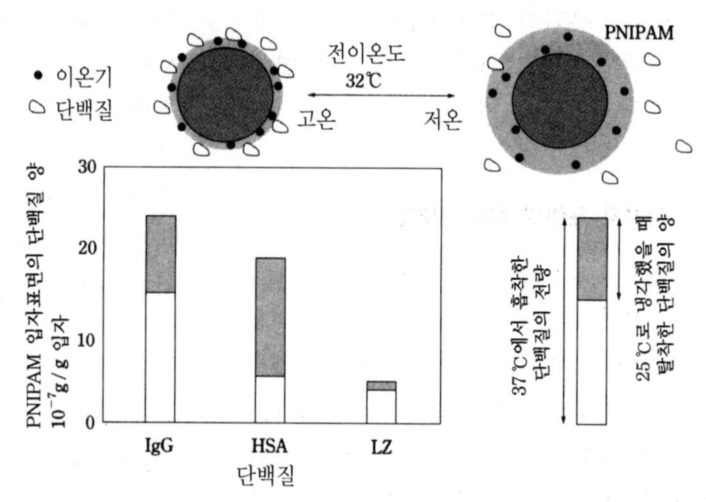

그림 7 폴리(N-이소프로필아크릴아미드) 입자의 단백질 흡착의 온도제어

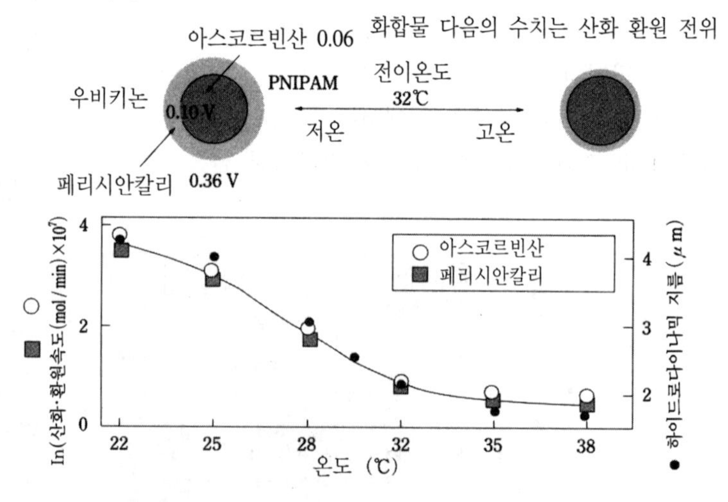

그림 8 폴리(N-이소프로필아크릴아미드) 쉘/우비키논 함유 코어를 갖는 코어/쉘 입자 중의 산화·환원 반응의 온도제어

가교구조에 의한 온도 감응성 입자

이 미립자의 또 다른 사용례를 소개하겠습니다. 이 미립자 안쪽의 소수성 폴리스티렌이 존재하는 부분에 세포 지질의 소수성 부분에서 산화·환원 반응을 지배하는 우비키논(ubiquinone)을 넣으면, 아스코르빈산이나 페리시안칼리의 존재 하에서 산화·환원을 일으킵니다. 이 산화·환원 반응의 속도는 PNIPAM 층 상태에 따라 변합니다(그림 8). 즉 그림 8 아래에 표시된 것처럼 입자 지름은 온도와 함께 변하고, 그에 따라 산화·환원 반응도 변합니다. 저온에서는 수용성 성분이 PNIPAM

층을 자유롭게 왕래하지만, 고온에서는 PNIPAM 층이 수축되어 통로가 차단되어 왕래가 멈춥니다. 온도로 조절이 가능한 마이크로 반응기로서 활용할 수 있습니다.

친수성 고분자를 미립자 상태로 물 속에 분산시키려고 할 때 용해를 방지하기 위한 방법으로 보통 가교구조를 이용합니다. 별도의 방법으로 친수성 고분자 사슬을 다발로 묶어 그것들을 소수성 코어에 고정시키는 방법이 있습니다. 전자는 겔 입자, 후자는 코어(소수성)/쉘(친수성) 입자입니다. 후자의 경우 쉘이 가교를 형성할 필요는 없지만 두꺼운 쉘층의 입자 형태를 유지하기 위해서 가교구조를 부여하는 경우가 많습니다.

이른바 온도 감응성 입자도 일반적으로 가교층을 가지고 팽윤·수축, 흡수·방출, 흡착·탈착, 입자내 확산의 on·off, 전기영동의 on·off, 공유물질의 전자상태 제어 등의 기능을 발휘하게 됩니다(그림 9).

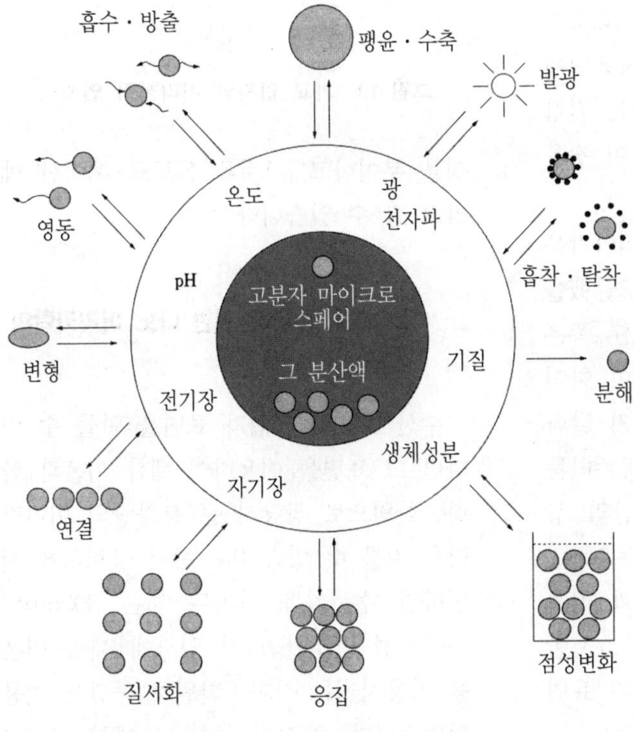

가교구조로부터 나노 머리카락 미립자로

그러나 이러한 특성들이 온도 감응성 고분자의 특성을 나타내는 하한임계 공용온도에서 불연속으로 바뀌는 것은 매우 드뭅니다. 그 원인은 다음 세 가지로 생각할 수 있습니다.

① 전이온도보다도 낮은 온도영역에서 세그멘트의 완만한 회합이 일어난다.

② 가교점간의 거리에 분포가 존재하여 전이온도의 폭이 넓다.

③ 전이온도에 도달해도 가교에 의한 속박 때문에 응답이 느리다.

여기서 ①은 클러스터링(clustering)으로, 전이온도의 10℃ 정도 아래에서 일어납니다. ②의 가교점간의 거리에 대해서는 중합도 100 이하의 경우에 영향이 나타납니다. 합성과정에서 자연적으로 형성되는 가교의 소밀구조를 생각하면, 소한 부분에서는 ②에 대해 고려할 필요가 없지만, 밀한 부분에서는 어느 정도의 영향을 생각할 수 있습니다. ③은 화학 가교에 한정되지 않고 분자가 뒤얽힌 계에서도 일어날 수 있습니다.

이 세 가지 원인의 해결책으로서 온도 감응성층에 비가교사슬을 붙이는 방법을 생각

그림 9 고분자 미립자와 그 분산액의 환경응답

할 수 있습니다. 즉 가교를 가지지 않은 분자 사슬을 표면에 붙여 머리카락의 입자를 만드는 방법입니다(그림 10). 그 전에 저희들은 그물구조를 줄이는 방법과 분자 사슬에 척력을 부여하는 방법을 검토해 보았지만, 그것만으로는 충분한 특성을 얻을 수 없었습니다. 최후의 수단으로서 머리카락의 구조를 갖는 쉘을 만들어 거기에 전하를 띠게 해보았습니다.

전이온도 이하에서 완만한 회합이 생긴다.
그물구조가 원활한 수축을 방해한다.

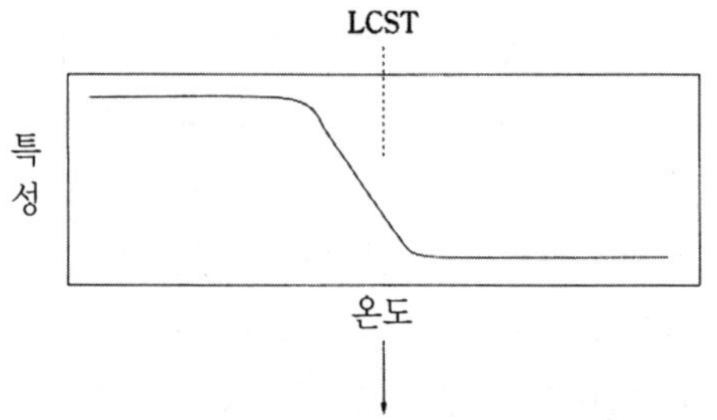

분자사슬에 척력을 부여하거나 그물구조를 줄이거나, 그물구조를 없애고자 한다.

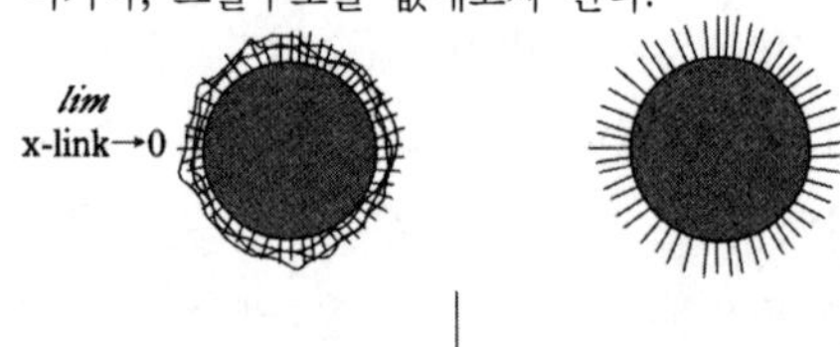

머리카락 구조의 쉘을 만들고 거기에 전하를 띠게 하면 어떨까?

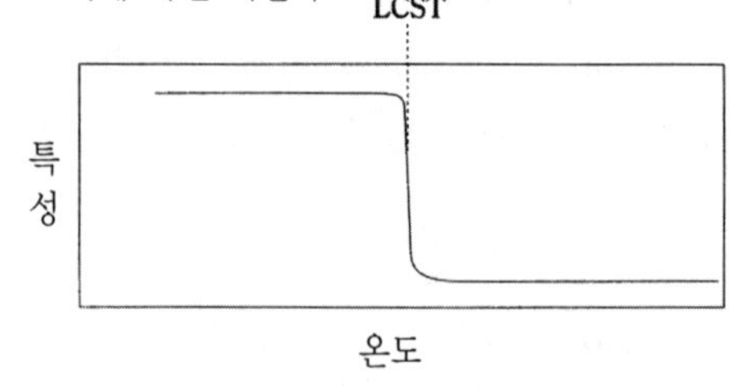

그림 10 가교 입자와 머리카락 입자

나노 머리카락 미립자의 제작법

머리카락 구조의 입자를 만드는 방법으로 2가지를 생각할 수 있는데, 하나는 머리카락을 입자 표면에 심는 방법[植毛法]이며, 다른 하나는 그라프트 중합으로 조금씩 성장시켜 가는 방법[育毛法]입니다.

그림 11에 저희들이 시도한 연구를 나타내었습니다. PNIPAM 그 자체, 그리고 PNIPAM 말단에 트립신이라는 효소가 존재하는 2종류의 머리카락을 입자표면에 붙였습니다. 이 고분자의 전이온도는 결합한 효소의 특성에 따라 변합니다. 이 경우 전이온도가 5℃ 정도 상승합니다.

전이온도가 다른 2종류의 머리카락은 온도가 낮은 쪽의 전이온도에 도달했을 때 PNIPAM은 수축하고, 다른 한 쪽은 아직 늘어난 상태로 존재합니다. 이 차이로 인해 효소와 기질의 접촉 기회가 달라집니다. 저온 상태에서는 공존하는 PNIPAM에 의해서 효소와 기질간의 상호작용이 방해되지만, 방해자가 수축하면 효소는 저항이 작은 상태로 기질과 접촉하게 되고, 어떤 온도에 도달하면 효소반응이 비약적으로 진행됩니다. 미립자 표면에 머리카락을 붙여 지금까지 없었던 특성을 부여하고, 그것을 온도로 제어한 예라고 할 수 있습니다.

그라프트 중합에 의한 나노 머리카락의 제작

수산기를 가진 입자 표면을 만들 수 있다면 그 표면을 이용하여 세륨 이온과 산화·환원으로 상당히 큰 분자량의 머리카락을 기를 수 있습니다. 좀더 상세하게 설명하면 수산기를 가지는 지름 300nm의 음이온성 단분산 코어 입자에 세륨 이온을 작용시키는 산화·환원계 중합을 이용하였습니다. 25℃의 중합온도에서 24시간 동안 그라프트 중합반응을 하였습니다. 그리고 아크릴산을 단량체 중에 0.02~1.0%의 범위 안에서 변화시켜 가면서 첨가하였습니다. 생성된 코어/쉘 입자의 하이드로 다이나믹 지름(HD)을 광자상관분광법(光子相關分光法)을 이용하여 20~45℃의 온도영역에서 측정하였습니다. 또한 전기영동 이동도를 온도함수로서 구했습니다. 단, 결과를 비교하기 위해서 PNIPAM로 가교된 코어/쉘을 이용하였고, 표면으로부터 절단한 PNIPAM 머리카락의 분자량을 겔 여과 크로마토그래피를 이용하여 측정하였습니다.

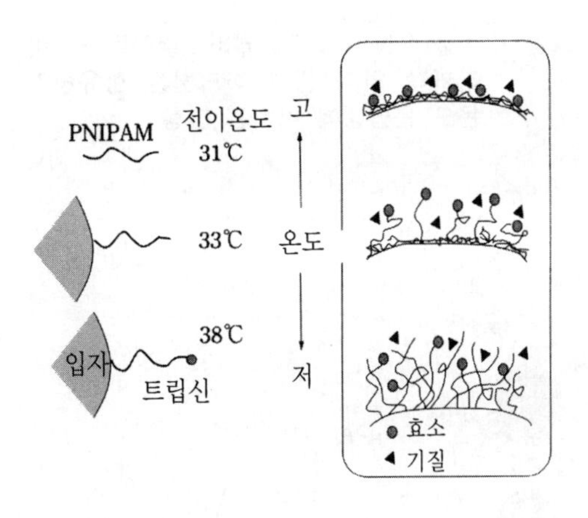

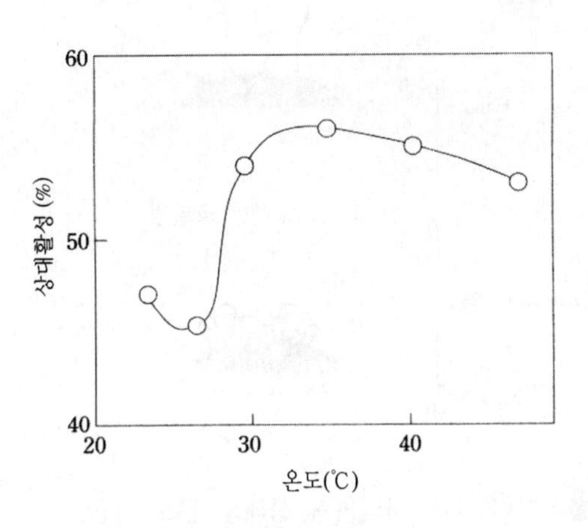

그림 11 말단에 효소를 붙인 머리카락 입자의 특성과 반응제어

가교 PNIPAM 쉘 입자의 특성

가교 PNIPAM 쉘 입자는 가교제의 첨가량을 감소시키면 시킬수록 온도의존성이 증가하는 특성을 나타내지만, 가교제를 감소시켜도 결코 불연속적으로는 되지 않습니다. 또한 그라프트 중합의 경우, PNIPAM 사슬이 이온기를 가지지 않는 경우는 콤팩트한 공간구조를 가지며, 온도의존성이 작게 나타납니다. 이것은 분자 사슬끼리, 그리고 분자 사슬-입자간에 정전기적인 척력이 작용하지 않고 코일상의 분자 사슬이 서로 뒤엉켜 샤프한 응답이 생기지 않기 때문입니다.

그러나 아크릴산(acrylic acid, ACC)을 PNIPAM 사슬 안에 첨가하면 상황이 바뀌어, 아크릴산을 1% 첨가하면 저온에서 크게 팽창하고 고온에서 수축합니다. 이것들의 중간 과정을 조사하면 pH에 따라서 변화의 양상이 다르다는 것을 알 수 있습니다(그림 12). 그것은 당연한 것으로 4~

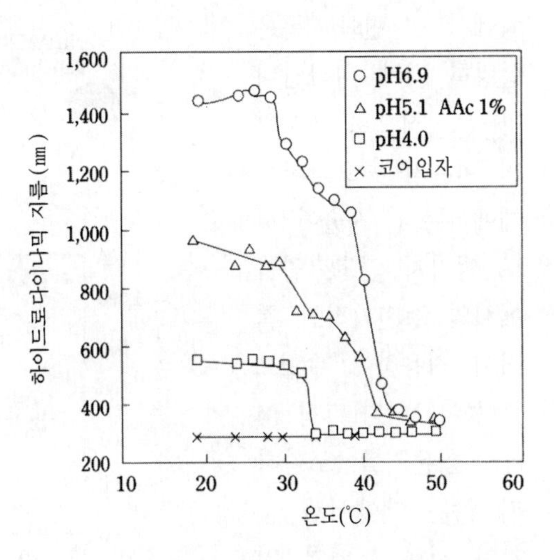

그림 12 아크릴산을 1% 포함하는 폴리(N-이소프로필아크릴아미드) **머리카락 입자의 하이드로다이나믹 지름.** 높은 pH에서는 변화가 크지만 변칙적, 낮은 pH에서는 역으로 변화가 작지만 불연속전이.

6의 pH영역에서 해리도가 다르기 때문입니다. 해리가 진행되고 있는 계에서는 변화가 크게 일어나지만 해리가 거의 없는 경우에는 천천히 진행합니다. 아크릴산을 1% 함유하고 있는 계에서는 높은 pH영역에서 변화 폭이 크지만, 그렇다고 불연속은 아닙니다. 그 이유는 분자의 길이를 늘리는 쪽에 공헌하는 이온기가 수축하는 단계에서는 분자의 반발을 크게 유도하여 서로가 접근하여 전체가 수축되는 것을 방해하기 때문으로 해석할 수 있습니다.

그러나 이온기의 양이 적으면 그 변화 폭이 작고 상당히 불연속적으로 입자의 지름이 변하게 됩니다(그림 13). 더욱 이온기가 적은 입자를 만들면, 중성 부근에서도 샤프한 응답을 나타내는 것을 알 수 있는데, 실제로 0.02%의 아크릴산밖에 포함되어 있지 않음에도 불구하고 32℃ 부근에서 샤프하게 전이가 일어납니다. 한편 이온기가 없는 머리카락에서의 변화 폭은 상당히 작게 나타납니다. 모식적으로 표시하면 이온기를 포함하는 계에서는 긴 사슬이 서로 엉키지 않고, 입자에서의 정전기적인 척력이 작용하여 수평으로 늘어납니다(그림 14 A). 이온기를 포함하지 않는 계에서는 분자가 서로 뒤엉켜 입자 표면에 찰싹 달라붙은 상태(그림 14 B)가 됩니다. 0.02% 정

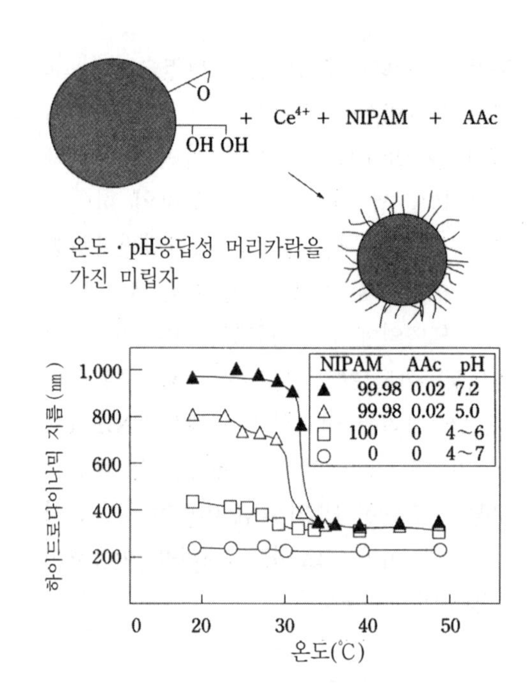

그림 13 폴리(N-이소프로필아크릴아미드) 머리카락 입자 중의 아크릴산 함유량이 온도 응답성에 미치는 영향

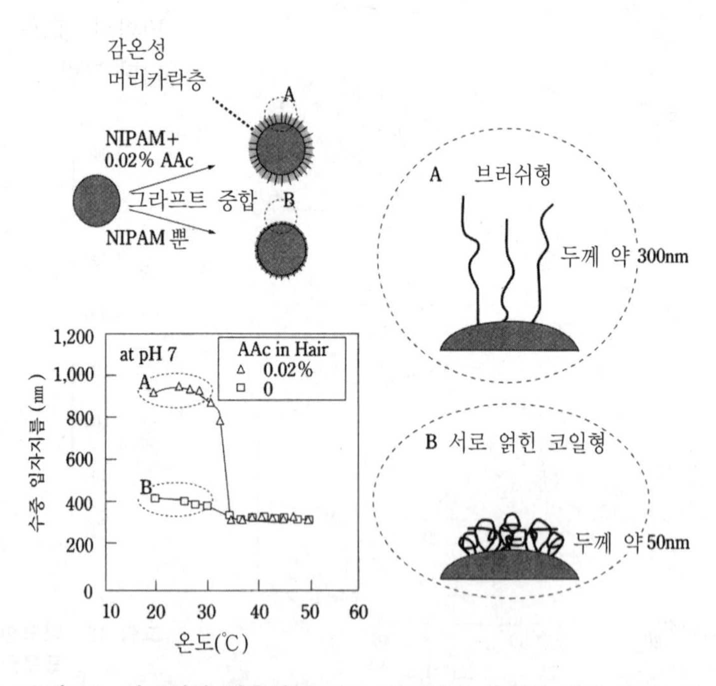

그림 14 아크릴산 함유량이 다른 머리카락 상태와 온도 응답. 감온성 그라프트 사슬에 0.02% 이온성 단량체를 첨가함으로써 머리카락 입자의 온도 응답성이 격변.

도의 이온기가 적당량이라는 것을 명백히 알 수 있습니다.

용매조성 변화에 의한 체적 상전이의 유인

PNIPAM의 특성은 온도에 의해서만 변하는 것일까요? 겔의 체적 상전이는 팽윤도와 환산온도의 함수로 설명할 수 있습니다. 환산온도는 온도와 더불어 용매와 고분자간의 상호작용 파라미터의 지배를 받습니다. 따라서 용매조성을 바꿈으로써 체적 상전이를 일으킬 수 있을 것으로 추측됩니다. 실제로 표면층이 겔상으로 되어 있는, 즉 그물구조의 표면층을 갖는 입자를 이용하여 조사한 결과를 그림 15에 나타내었습니다. 100%의 물에 알코올의 조성을 늘리면 온도를 올렸을 때와 똑같은 곡선이 얻어집니다. 결국 에탄올을 첨가하는 것은 고분자에서 물을 제거한다는 점에서 온도를 올리는 것과 같은 효과를 기대할 수 있습니다. 에탄올을 더 첨가하면 에탄올은 고분자에 직접 작용하여 용매로서 기능하고, 다시 수축한 입자 표면층을 팽윤시키는 데 도움이 된다는 사실이 확인되었습니다.

이러한 변화는 보통 원활하게 일어나지만, 아크릴산을 포함한 머리카락 구조의 경우에서는 0.02% 이온기를 도입하는 것으로 입자의 표면 특성을 극적으로 바꿀 수 있습니다(그림 16).

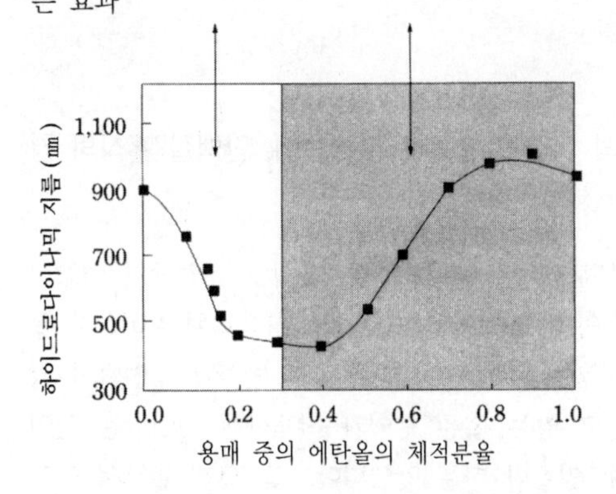

그림 15 분산매의 조성을 변화시켰을 경우의 PNIPAM 입자의 팽윤·수축

결론

음전하를 갖는 미립자 표면에 이온기를 포함한 폴리(N-이소프로필아크릴아미드) 머리카락을 합성할 경우, 약간의 아크릴산을 첨가하는 것으로 표면은 비이온성의 머리카락을 갖게 됩니다. 겔 구조의 고분자로 이루어진 경우와는 다르게 어떤 온도, 어떤 용매조성에서 불연속적인 전이를 일으킬 수 있습니다.

분자량 50만 정도의 고분자 사슬이 자연스럽게 코일상을 형성하고 있을 경우

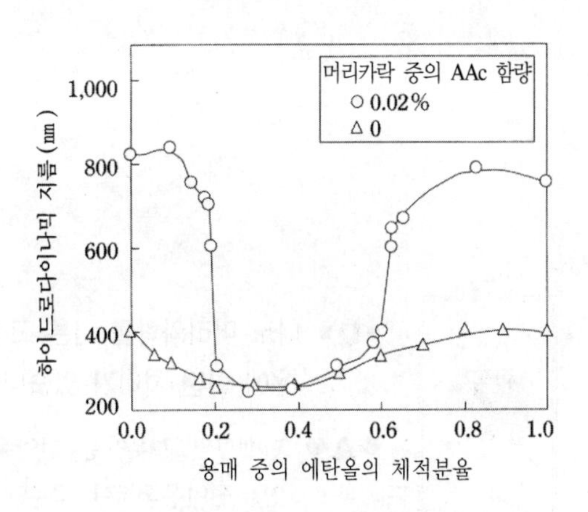

그림 16 물/에탄올 중의 폴리(N-이소프로필아크릴아미드) **머리카락 입자의 하이드로 다이나믹 지름.** PNIPAM 머리카락 중에 약간의 아크릴산을 첨가하는 것으로 용매변화계에서도 불연속전이가 가능.

15nm 정도의 관성 반지름을 가지지만, 그 고분자 사슬이 완전히 늘어나면 길이가 약 1,000nm가 됩니다. 아크릴산을 포함하지 않는 계의 사슬과 아크릴산을 0.02% 정도 포함한 고분자 사슬의 길이는 각각 50nm와 300nm가 됩니다. 여기서 300nm는 분자가 완전히 늘어난 상태는 아니지만, 상당히 퍼져 있는 구조를 나타냅니다. 그것이 좁은 온도영역에서 한번에 수축하는 것이 이 구조가 갖는 하나의 특징입니다. 현재 여러 가지 기능을 발현시키는 재료로서 검토하고 있습니다.

Q & A

■Q■ 나노 머리카락을 기른 고분자의 이점을 말씀해 주셨는데, 단백질 흡착의 경우에 어떤 차이가 있습니까?

●A● 단백질의 경우에는 전이온도보다 상당히 저온에서는 흡착이 일어나기 어렵지만, 전이온도보다 고온에서는 쉽게 흡착이 일어납니다. 20℃와 40℃의 동떨어진 온도에서 비교하면 머리카락층과 겔층 모두 크게 변화가 일어나지 않습니다. 제가 매우 관심을 갖고 있는 점은 전이가 샤프하게 일어나는 것이 단백질의 흡착에 이점이 될 수 있을까 하는 것입니다. 그 점에 관해서 아직 데이터가 없습니다. 앞으로의 검토 과제라고 생각합니다.

실리콘으로 고분자를 만든다

카와카미 유우스케
호쿠리쿠 첨단과학기술대학원대학 재료과학연구과 교수

머리말

실리콘은 고무와 같은 탄성을 나타내는 것이 특징입니다. 예를 들어 콘택트렌즈는 단단한 고분자 사슬에 유연한 실록산 결합(실리콘과 산소의 결합)을 도입하여 만들어집니다. 또한 스페이서로서 유연한 실록산 결합을 이용하여 액정구조를 만든 결과 액정 디스플레이가 개발되었고, 폴리카르복시실란의 열분해에 의해 규소와 탄소로 된 실리콘카바이드가 합성되어 가위 등에 사용되고 있습니다.

각종 재료의 기능이나 성능을 생각할 때 우리들은 기본적인 화학구조의 관계에 흥미를 갖습니다. 실리콘을 포함하는 고분자는 탄소 고분자와는 약간 다른 성질을 보입니다. 그 이유는 실리콘 원자의 결합 길이가 탄소보다 30% 정도 길고, d전자가 존재하기 때문입니다. 예를 들면 실록산 결합이 반복되어 만들어진 폴리실록산은 실리콘오일이나 고무에 사용되고 있습니다(그림 1). 그 결합 길이는 약 1.5Å, 즉 0.1~0.2nm 정도로 앞으로 어떠한 특성을 나타낼지 흥미롭습니다.

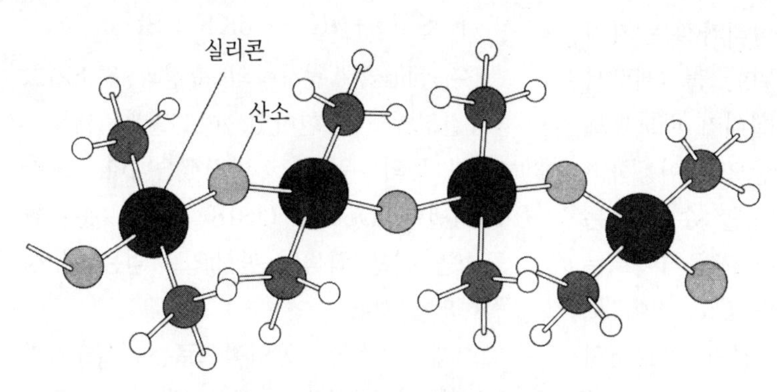

그림 1 실록산 결합의 반복에 의한 고분자, 폴리실록산.

규소화합물의 특징과 용도

규소와 산소를 주성분으로 하고 있는 돌은 옛날부터 재료로 사용되고 있으며, 그것의 특징은 단단함입니다. 인류의 역사를 돌이켜 보면 최초의 도구는 석기였습니다. 동물을 수렵하기 위해서 석기 등을 사용하였으며, 점토를 구운 토기는 기원전부터 사용되었습니다. 근래에는 유리가 사용되고 있고, 단단하고 깨지기 쉬운 성질을 보강한 안전유리도 개발되고 있습니다.

규소원자는 탄소와 같이 4개의 결합을 형

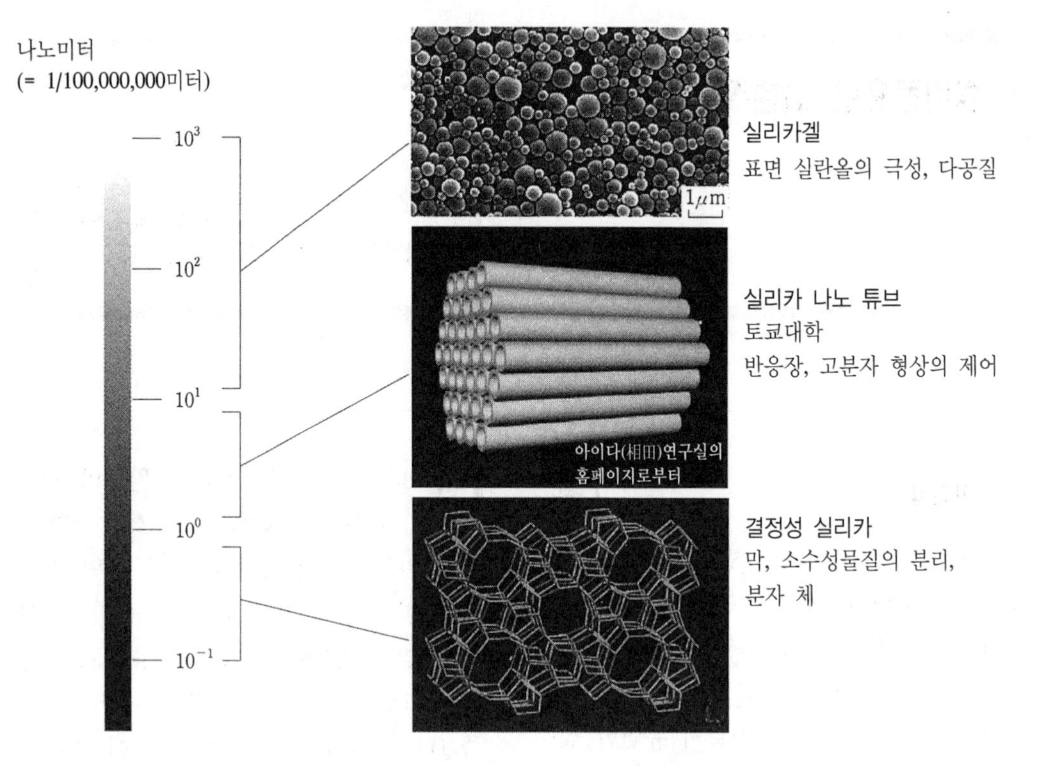

그림 2 3차원 무기규소 고분자의 용도

성하고 있지만 크기가 조금 큽니다. 산소 원자는 2개의 결합을 형성하기 때문에 4개의 결합을 형성하는 규소와 결합하면 3차원 그물구조를 형성하게 됩니다.

실록산 결합을 주결합으로 한 고분자를 최근 들어 다양하게 제어할 수 있게 되었고, 그 용도도 급속히 확대되고 있습니다(그림 2). 예를 들면 다공질이면서 표면에 극성의 실란올기를 가진 실리카겔은 가지각색의 물질을 분리하기 위한 충진제로서 사용되고 있습니다. 또한 실리카 나노튜브가 개발되어 그것을 반응장으로 이용하면 긴 폴리에틸렌 사슬을 생성할 수 있다는 것이 밝혀졌습니다. 더욱이 제올라이트는 0.1~0.2nm 정도의 구멍을 갖고 있어 소수성물질의 분리나 촉매, 분자 체로서의 기능을 하고 있습니다.

규소의 발견과 분리법

이처럼 옛날부터 무의식적으로 사용한 규소화합물은 18세기가 되면서 비교적 의식적으로 사용되기 시작하였습니다. Berzelius(1779~1848)는 1824년에 다음 식으로 표시한 반응식을 이용하여 규소불화칼륨의 환원에 의한 규소원소의 분리에 성공하였습니다.

$$K_2SiF_6 + 4K \rightarrow 6KF + Si$$

Berzelius는 원자량의 측정과 원소기호의 결정에도 공헌하였으며, 셀렌·세륨·탄탈 등의 원소도 발견했습니다. 또한 1854년에 DeVille(1818~81)은 순수한 규소를 검은 회색의 판상으로 얻는 데 성공하였습니다.

현재 규소는 공업적으로는 실리카를 3,000℃의 전기로 속에서 탄소로 환원시켜(다음 식), 연간 수십만 톤의 규모로 제조하고 있습니다.

$$SiO_2 + C \rightarrow Si + CO_2$$

그런데 이 규소는 현대사회에 없어서는 안될 재료입니다. 1947년에 미국의 벨 연구소에서 발견된 트랜지스터가 1950년대부터 진공관 대용으로 사용되고 있습니다. 초기에는 규소와 동족인 게르마늄이 사용되었지만, 근래에는 성능이 좀더 우수한 규소가 사용되고 있으며, 현재는 반도체 회로를 비롯하여 여러 가지 전자 디바이스에 사용하고 있습니다.

유기규소 고분자의 특성

저희들이 흥미를 가지고 있는 유기규소 고분자는 20세기 초반에 Kipping이 그리냐드 반응을 이용하여 탄소-규소 결합을 가진 화합물을 합성한 것이 처음입니다. 1945년에 Rochow가 앞에서 설명한 환원법과 똑같은 형태로 탄소-규소 결합을 가진 화합물의 직접 합성법을 개발하여 20세기 후반 이후에 크게 발달하였습니다(그림 3).

폴리카르보실란은 실리콘, 규소 그리고 탄소의 결합을 반복하여 얻어진 고분자입니다. 이것은 산소와 비교적 쉽게 반응하고, 산소의 존재 하에서 열을 가하면 이성화됩니다. 이런 이성화한 것을 태우면, 앞에서 언급한 실리콘카바노이드를 고효율로 얻을 수 있다는 것이 토우후쿠대학의 야시마(八島) 교수에 의해서 보고되었습니다.

Kipping이 최초로 합성한 실록산 결합을 가진 직선 사슬 상의 폴리디메틸실록산은 실온에서는 액체로서, 현재 실리콘 오일로 이용되고 있습니다. 그러

유기규소 화학의 막이 열림

20세기 초　F. S. Kipping (57편의 유기규소 화학에 관한 논문)

$$SiCl_4 + RMgBr \rightarrow R_nSiCl_{4-n}$$

1945년　E. G. Rochow (*J. Am. Chem. Soc.*, **67**, 963)

$$SiO_2 + 2C + 2CH_4 + 2Cl_2 \rightarrow Me_2SiCl_2 + 2HCl + 2CO$$

열이나 공기(산소)와의 반응에 의한 무기고분자화

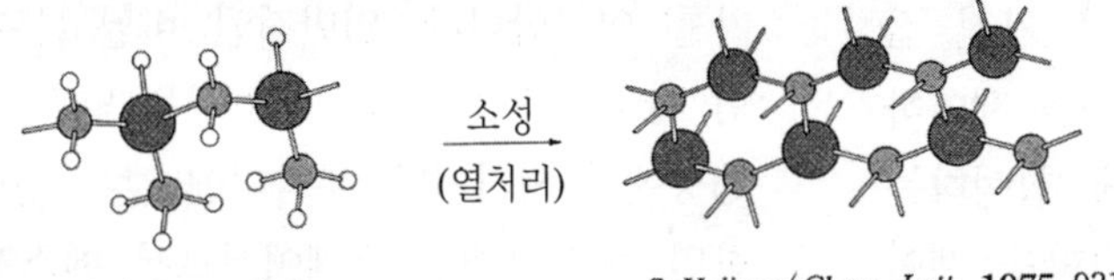

규소-산소(실록산 결합)의 유연성

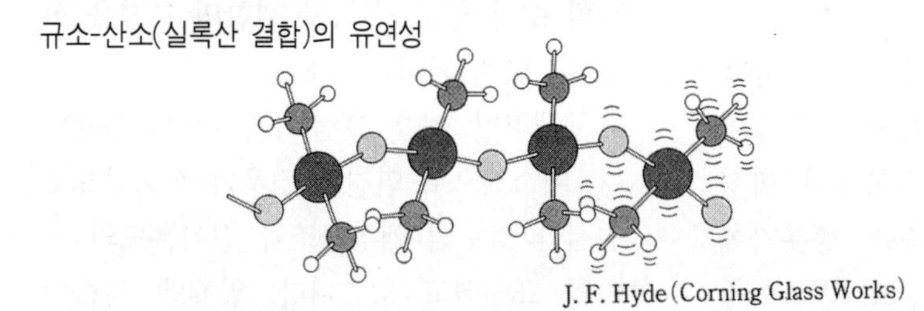

사슬간에 나노미터 크기의 공극

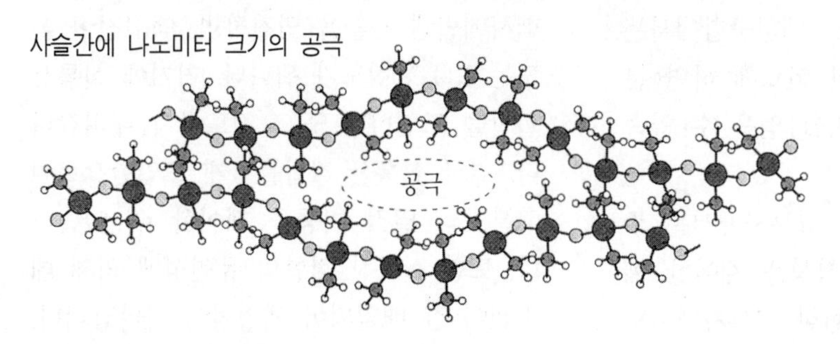

그림 3　유기규소 고분자의 특성

나 그 당시에는 액체를 사용하지 않았기 때문에 별다른 주목을 받지 못했지만, 코닝사의 Hyde가 에틸기 또는 페닐기를 붙일 경우에 내열성과 저온 특성이 좋은 전기 절연재료가 될 수 있다는 것을 발견한 이후, 폴리실록산은 널리 이용되고 있습니다.

디메틸로 치환된 실록산 결합을 가진 고분자의 특징은 고분자의 사슬 사이에 나노미터 크기의 동적인 공간이 존재합니다. 이와 같은 공간은 고분자 사슬을 움직이기 쉽게 합니다. 실록산 결합이 유연하며 회전 장벽 에너지가 작은 것을 이용하여 다양한 기능을 설계하는 것이 저희들의 연구 목적입니다.

유기규소 고분자의 입체규칙성 제어

고분자는 여러 가지 분자량을 가진 집합으로 이루어져 있습니다. 물성을 제어하기 위하여 고분자를 정밀하게 합성하는 것은 화학구조, 분자량, 입체화학을 제어하여 고분자의 성능을 최대한 발휘하는 것입니다.

규소를 포함한 고분자의 합성에는 중축합, 중부가 그리고 개환중합이 있습니다. 중축합 반응은 폴리디메틸실록산의 합성 등에 이용되고 있지만, 중축합·중부가에서는 고리화합물이 부생성물로 만들어지는 문제점이 있습니다. 개환중합에서는 개시반응을 성장반응보다 빠르게 하면 분자량 분포가 좁은 고분자를 얻을 수 있습니다.

그런데 규소를 포함한 고분자에서는 주사슬에 대하여 입체 규칙성을 제어한 예가 없습니다. 규소를 포함한 고분자에서도 2개의 곁사슬이 다르게 배열하기 때문에 입체 규칙성이 변화하면 고분자가 나타내는 특성이 변화합니다. 저희들은 입체 규칙성 고분자에서의 규소의 전자구조 특성이나 곁사슬간의 상호작용을 제어함으로써 고분자의 기능설계가 가능하다고 생각하고 있습니다.

실록산 결합의 0.1~1nm 정도의 거리로 형성되는 나노공간의 입체화학을 제어하고, 규소의 전자구조 특성이나 사슬간의 상호작용을 제어한 기능설계가 이 연구의 목적입니다.

폴리디엔 골격을 가지는 곁사슬형 액정 고분자의 설계

폴리부타디엔의 주사슬에 유연한 실록산을 결합시키고, 거기에 액정이 되는 분자를 연결합니다. 일반적인 비닐고분자처럼 탄소 2개당 1개의 메소겐을 넣으면 입체장애가 생기지만, 부타디엔 같은 형태로 하면 탄소 4개당 스페이서로서 메소겐 1개가 결합됩니다. 이런 이유로 입체장애를 피할 수가 있고, 실록산 결합의 특성을 살릴 수 있게 되었습니다.

구체적인 예를 그림 4에 나타내었습니다. 메소겐으로 연결한 경우와 실록산으로 연결한 경우의 액정구조와 전이온도의 차이를 표시하고 있습니다. 알킬렌 사슬인 헥사메틸렌 사슬을 연결하면, 액정전이 온도는 130℃ 정도가 됩니다. 거기에 실록산 결합을 도입하면 58℃ 정도까지 내려갑니다. 결국 실록산 결합을 1개 도입함으로써 고분자의 열적 거동을 제어할 수 있습니다. 또한 실록산 결합의 유연성에 의해 메소겐이 잘 배열되어 액정성이 나타납니다. 이것도 실록산 결합 1개, 즉 0.3nm 정도

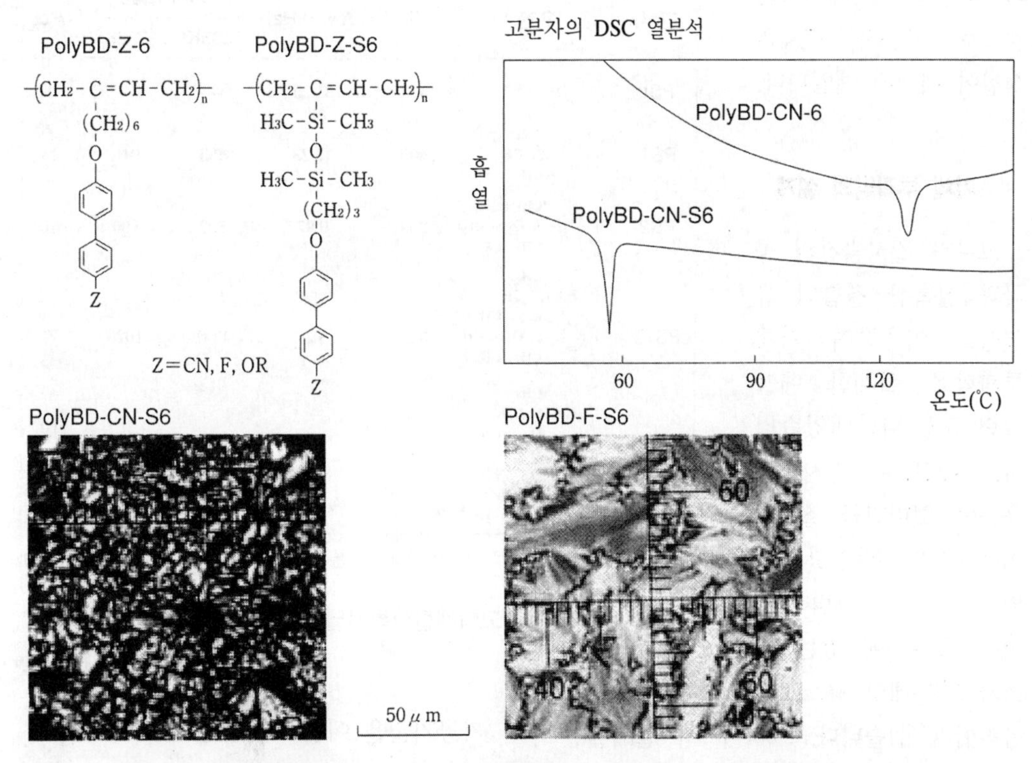

그림 4 주사슬에 폴리디엔 골격을 가지는 곁사슬형 액정 고분자. 아래는 고분자의 편광현미경 사진.

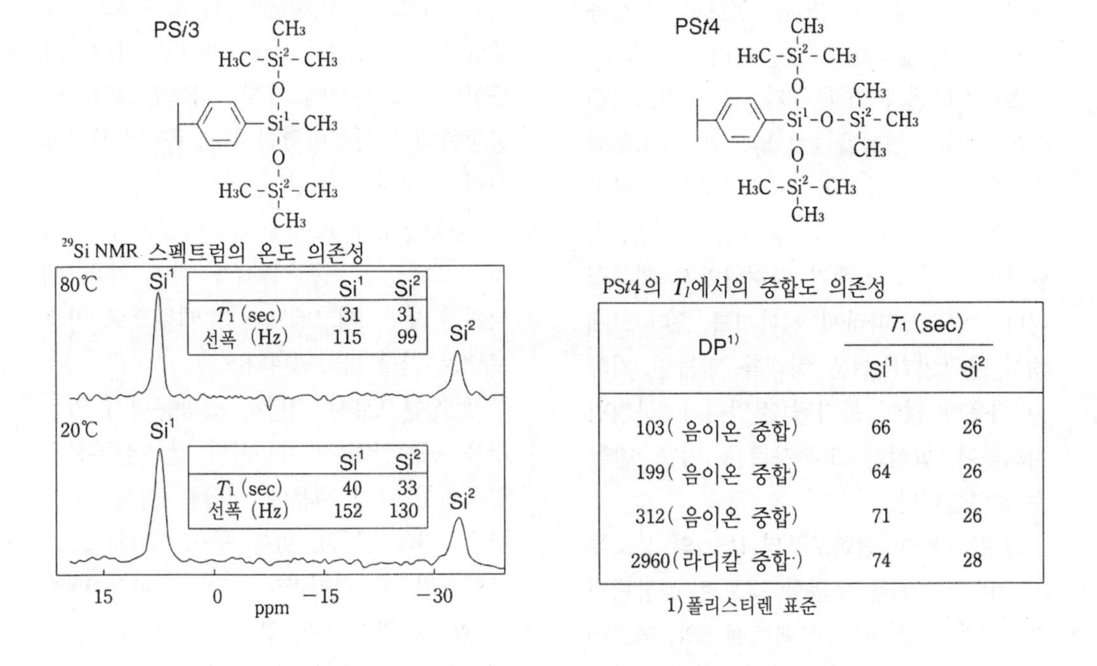

29Si NMR 스펙트럼의 온도 의존성 (80℃)

	Si¹	Si²
T_1 (sec)	31	31
선폭 (Hz)	115	99

29Si NMR 스펙트럼의 온도 의존성 (20℃)

	Si¹	Si²
T_1 (sec)	40	33
선폭 (Hz)	152	130

PSt4의 T_1에서의 중합도 의존성

DP[1]	T_1 (sec)	
	Si¹	Si²
103(음이온 중합)	66	26
199(음이온 중합)	64	26
312(음이온 중합)	71	26
2960(라디칼 중합)	74	28

1)폴리스티렌 표준

그림 5 실록산 결합의 운동성

의 화학결합을 제어하는 것으로 고분자 전체의 성질이 제어된 예입니다.

기체 투과막의 설계

고분자 곁사슬간의 공극과 실록산 결합의 유연성을 이용하여 기체 투과막을 설계한 예를 그림 5에 나타내었습니다. NMR로 곁사슬의 운동이 얼마만큼 잘 일어나는지를 확인할 수 있습니다. 즉 그림 5에서는 끝부분에 있는 규소가 가운데의 규소보다 움직이기 쉽습니다. 그러나 이 곁사슬은 그 끝부분만이 움직이는 것이 아니라 치환기 전체, 즉 1~2nm 정도의 공간을 차지하면서 움직이고 있습니다.

고분자	구조	T_g (K)	$\Delta\nu$* (kHz)	T_1* (msec) 303K	T_1* (msec) 338K	P_{O_2}
PSt	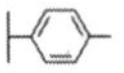 $-C_6H_4-$	373	31.25	—	—	1
PS1	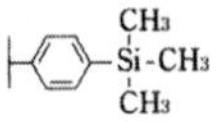 $-C_6H_4-Si(CH_3)_2-CH_3$	409	13.23	695	916	14
PS2	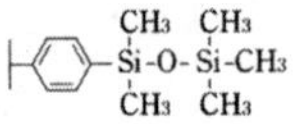 $-C_6H_4-Si(CH_3)_2-O-Si(CH_3)_2-CH_3$	309	9.97	892	890	40
PS*i*3	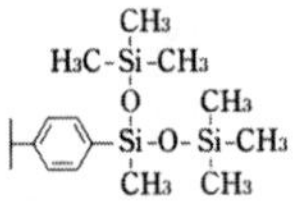 $-C_6H_4-Si(CH_3)[O-Si(CH_3)_2-CH_3]-O-Si(CH_3)_2-CH_3$	325	8.27	1131	1026	71
PS*t*4	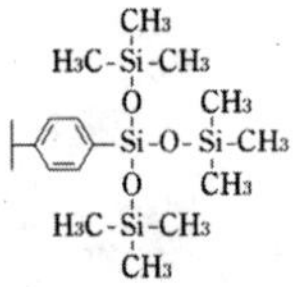 $-C_6H_4-Si[O-Si(CH_3)_2-CH_3]_2-O-Si(CH_3)_2-CH_3$	387	5.52	896	1011	—

*90MHz 고체 ¹H NMR로 평가한 메틸 프로톤 피크의 $\Delta\nu$ 및 스핀 격자 완화시간(T_1)

그림 6 폴리[(올리고디메틸실록사닐)스티렌]**류의 기체투과 특성**

폴리스티렌의 기체 투과, 즉 폴리스티렌 막에 실록산 결합을 1개 넣으면, 산소투과가 40배 정도 증가합니다. 이것은 고분자 사슬간에 공극이 있고 움직이기 쉬운 치환기의 사이를 기체가 빠져나가기 때문입니다(그림 6). 따라서 치환기를 좀더 크게 해서 움직이기 쉬운 상태를 만들면 기체는 더욱더 많이 통과될 것입니다. 하지만 저희들이 합성한 고분자로는 막을 만들 수 없었습니다.

그렇지만 이 변화로부터 PSt_4의 산소투과 계수는 100을 초과할 것으로 예상됩니다. 이것은 실제로 콘택트렌즈의 제조에 응용되고 있고, 이러한 콘택트렌즈의 역학적인 강도를 보강하기 위해서 가교 등의 가공기술을 이용하고 있습니다.

저희 연구실에서는 어느 정도 긴 실록산 결합으로 이루어진 고분자로, 말단에 중합성의 작용기를 가진 마크로 단량체를 중합하여 고분자에 가지를 붙인 그라프트 공중합체를 합성하였습니다. 폴리스티렌에 이런 고분자를 소량 혼합한 결과 그라프트 공중합체가 표면에 석출되었습니다. 이것은 그라프트 공중합체가 계면 자유 에너지가 낮은 세그멘트이기 때문으로 마크로 상분리를 나타냅니다.

제2성분으로서 적당히 접착능력이 있는 것을 공중합하여 이용하면 폴리실록산은 점착성이 낮기 때문에 적당한 접착강도를 갖습니다(그림 7). 예를 들어 3M의 포스트잇처럼 몇 번이라도 벽에 붙여다 떼었다 할 수 있는 것은 압력에 의한 표면구조의 변화를 이용한 것입니다.

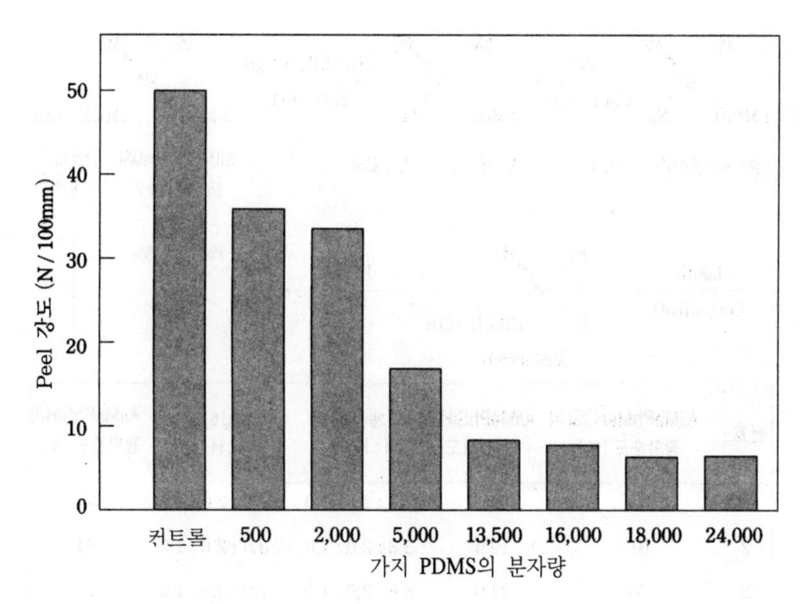

그림 7 감압 점착제

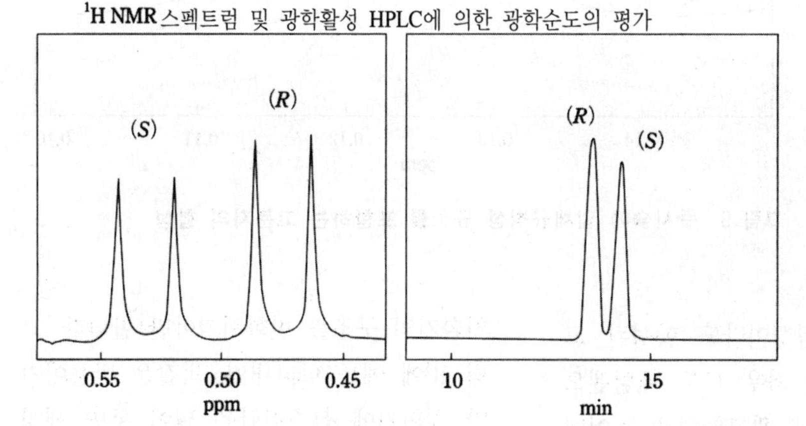

그림 8 광학활성 규소 화합물을 만드는 법과 분리법

광학이성질체와의 중합

광학이성질체를 사용하여 입체 배치를 유지한 상태로 중합하면, 입체 규칙성 고분자를 합성할 수 있습니다. 탄소를 주성분으로 하는 화합물에는 많은 광학활성 화합물이 존재합니다. 그러나 규소의 광학활성 화합물은 거의 존재하지 않습니다. 대표적인 예로는 페닐, 나프틸, 메틸, 멘톡시 실란입니다. 이것들은 Sommer에 의해 보고되었습니다. 이것은 재결정에 의해 화학적으로 순수하게 분리할 수 있기 때문에 광학순도가 100%일 것이라고 예상되었습니다.

저희들은 NMR 분석, 광학활성 칼럼, 액체크로마토그래피 분리에 성공함으로써 광학순도가 99% 이상이라는 사실을 정량적으로 증명하였습니다(그림 8). 이것을 출발물질로 사용하였습니다.

광학활성 규소화합물을 출발물질로 할 경우, 고분자는 입체 규칙성이 유지될 것으로 예상하였지만, 불행하게도 100% 광학순도를 얻을 수 없었습니다(최고 95%). 그러나 NMR 분석에 의해 입체 배치를 그대로 반영한 형태로 고분자 속에 규소가 들어가 있는 것이 증명되었고(그림 9), 이것이 입체 규칙성 규소를 포함한 고분자로서는 최초의 예입니다.

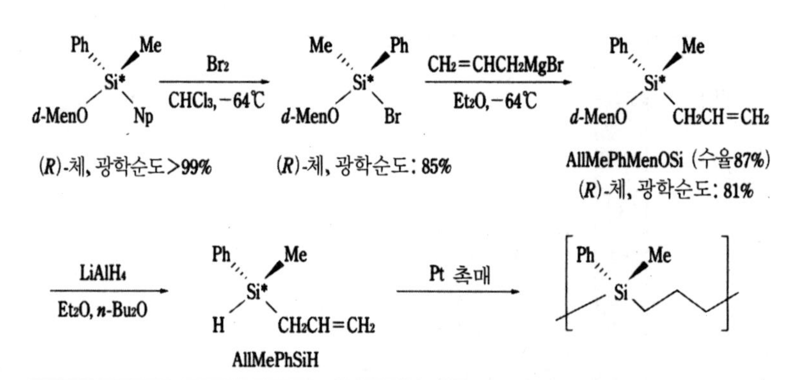

번호	AllMePhMenOSi의 광학순도 (%)	AllMePhSiH의 선광도[도]	계산값 I:H:S	실험값 I:H:S	AllMePhSiH의 광학순도 (%)
1	—	—	1.0 : 2.0 : 1.0	1.0 : 2.0 : 1.0	—
2	61	19.6	3.3 : 2.0 : 1.0	3.5 : 2.0 : 1.0	61
3	76	24.0	6.6 : 2.0 : 1.0	7.0 : 2.0 : 1.0	77

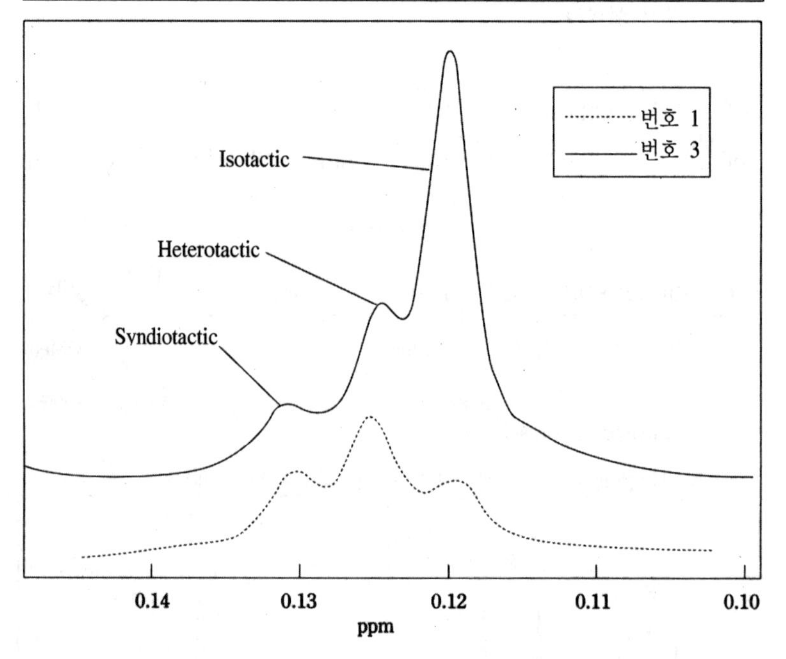

그림 9 주사슬에 입체규칙성 규소를 포함하는 고분자의 합성

광학활성 폴리실란의 합성

출발물질이 광학활성이라도 합성된 고분자는 규소 주위가 좌우 모두 메틸렌으로 되어 있기 때문에 광학활성을 잃어버립니다. 따라서 입체 규칙성의 광학활성 고분자를 합성할 경우 규소에 붙어 있는 치환기의 구조를 변화시켜야만 합니다. 그림 10에 예를 나타내면, 똑같은 반응이지만 치환기에 삼중결합을 넣어 두면 생성된 고분자의 규소에는 포화 메틸렌과 불포화 메틸렌이 결합하기 때문에, 규소 주

위의 광학활성을 유지하여 완전히 입체 규칙성을 가진 광학활성 고분자를 합성할 수 있습니다. 실리콘 주위에 포화 탄소와 불포화 탄소의 형태가 아닌 산소와 탄소만으로도 광학활성를 유지할 수 있습니다.

이 같은 연구는 곁사슬의 상호작용 등을 이용하여 규소 고분자에 기능을 부여하는 관점에서 실행되고 있지만, 전문적인 입장에서 보면 중합반응에 약간의 문제가 있습니다. 즉 중부가반응에 의해 항상 올리고머가 생성됩니다. 단량체를 사전에 고리화시켜 개환중합을 하는 편이 분자량과 입체 화학을 제어하는 데 용이합니다.

그림 11의 NMR의 결과를 보면, 중부가반응으로 합성한 고분자에서는 모든 경우에 올리고머 피크가 나타납니다. 그러나 개환중합으로 합성하면 완전히 이소태틱한 고분자가 얻어집니다. 이렇게 해서 얻어진 고분자의 열적 거동은 라세미체의 유리전이온도 45℃와 비교해서 46.8℃로 별로 차이가 없습니다. 그러나 분해 온도는 입체규칙성 고분자 쪽이 압도적으로 우수합니다. 이것은 고분자의 입체규칙성을 제어함으로써 고분자의 성질을 제어할 수 있다는 것을 나타내는 하나의 예입니다.

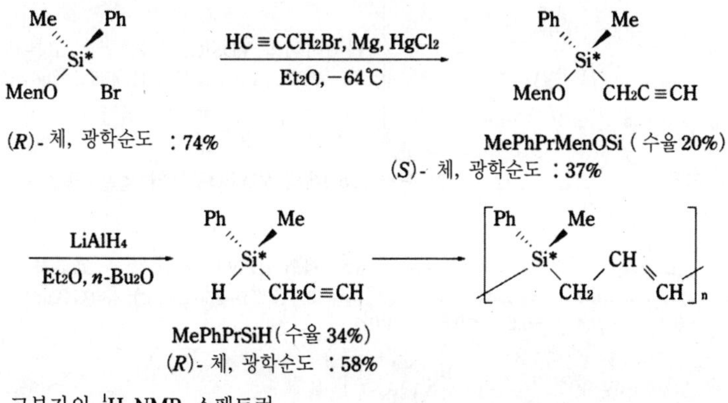

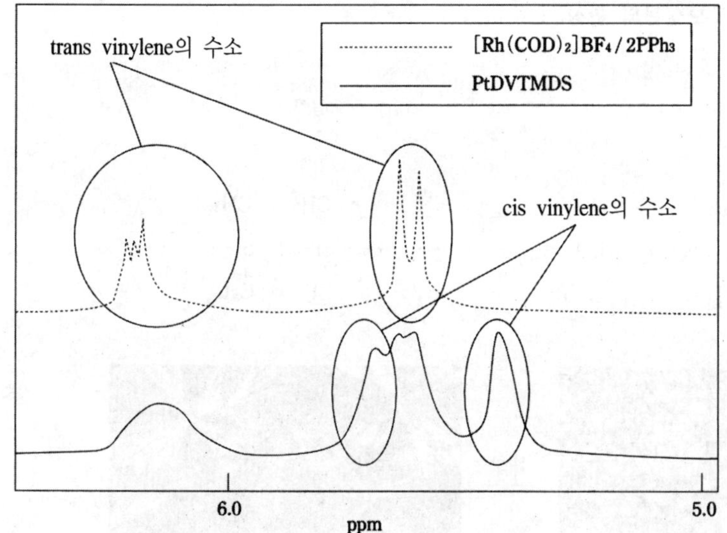

번호	단량체의 선광도[도]	촉매	고분자의 선광도[도]	trans : cis
1	+38.3	PtDVTMDS	−2.74	2 : 1
2	라세미체	PtDVTMDS	—	1 : 1
3	라세미체	[Rh(COD)2]BF4/2PPh3	—	1 : 0

그림 10 광학활성 폴리카르보실란의 합성

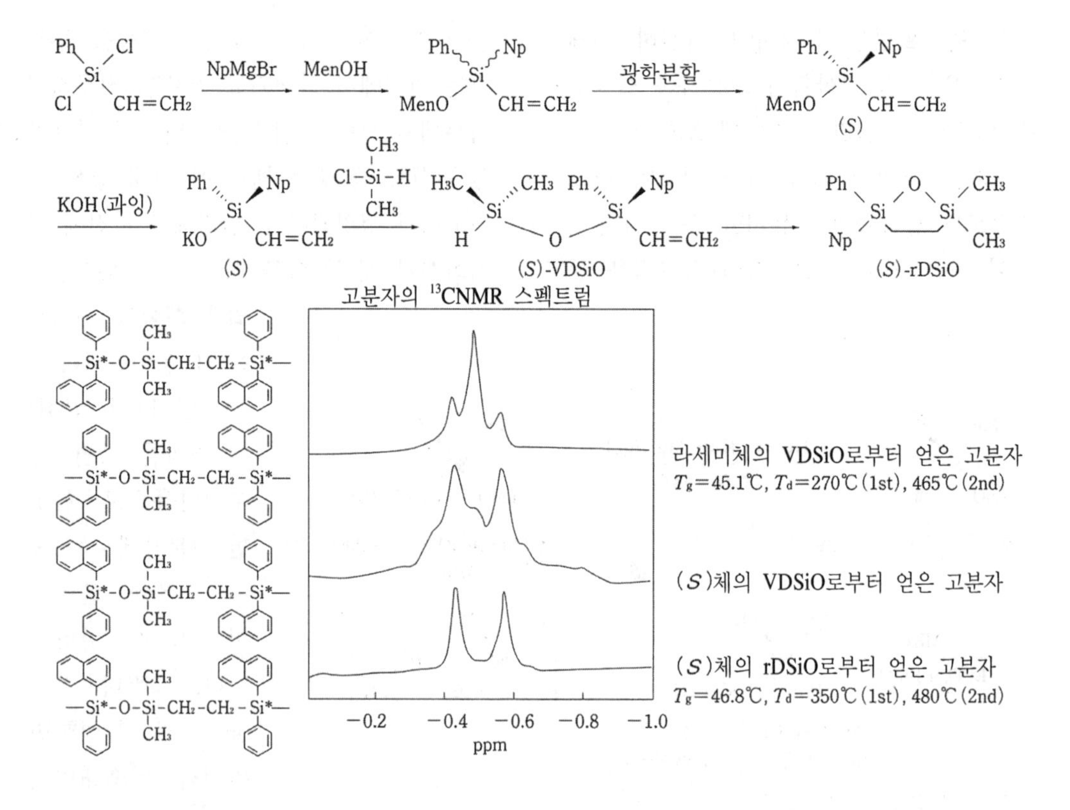

그림 11 광학활성 폴리카르보실란의 합성

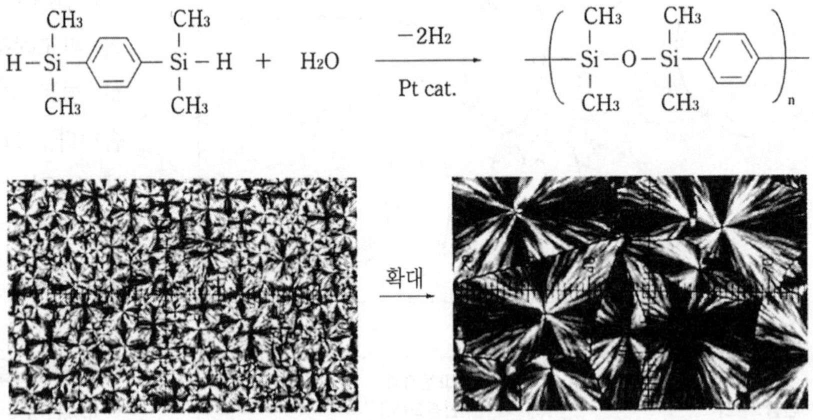

$$H-Si(CH_3)_2-C_6H_4-Si(CH_3)_2-H + H_2O \xrightarrow[\text{Pt cat.}]{-2H_2} \left(Si(CH_3)_2-O-Si(CH_3)_2-C_6H_4 \right)_n$$

확대

그림 12 물에서 고분자를 만든다.

물에서 고분자를 만든다

실리콘 고무에 관해서도 저희들은 새로운 반응을 검토하고 있습니다. 반응 자체가 완전히 새롭다는 뜻은 아닙니다. 실란 결합(규소와 수소의 결합)을 가진 양 말단 작용성 실란 화합물과 물을 백금 또는 팔라듐 촉매를 이용하여 반응시키면, 수소가스를 발생하면서 고분자가 생성됩니다(그림 12). 이 고분자는 유연한 실록산 결합부와 방향족 같은 단단한 부분으로 만들어지기 때문에 저온특성 및 결정성이 좋고, 내열성도 높습니다. 이것은 종래의 방법과 비교하여 공정이나 환경에서 우수한 새로운 반응입니다.

이 같은 고분자는 현상태의 구조로는 결정성이지만, 결합방법을 조금 변화시키면 결정성을 낮출 수가 있습니다. 따라서 내열성이 요구되는 반도체 제조의 절연층 재료로서 최적이라고 생각합니다.

결론

지금까지의 연구를 기초로 하여, 앞으로는 입체구조를 제어한 실리카겔이나 광학 활성 겔을 만드는 응용 연구를 생각하고 있습니다. 가능하면 실리콘만을 이용한 폴리실란의 입체 규칙성을 제어하여 보다 성능이 뛰어난 재료를 만들려고 합니다. 기본적으로 화학 결합이나 입체 화학적인 구조를 제어함으로써 고분자의 벌크한 성질을 제어하고 나노미터 크기의 구조, 기능의 제어에 도전하고자 합니다.

Q & A

Q 규소 화합물의 특징 중의 하나는 발수성이라고 생각합니다. 또한 기체의 투과, 분리도 중요합니다. 이런 경우 왜 규소를 사용하면 좋을까요?

A 왜 규소가 좋은가라고 하기보다 규소 결합에는 독특한 특징이 있습니다. 규소는 탄소보다 조금 크고, 규소와 산소의 실록산 결합에는 회전 장벽이 거의 없어 자유롭게 회전합니다. 실록산 결합의 유용성은 예를 들면 산소와 같은 기체 분자가 투과할 수 있는 알맞은 크기의 공극을 효율적으로 만들 수 있다는 것입니다. 크기가 적당하면 규소가 아니라도 괜찮습니다. 저희들이 알고 있는 범위에서는 회전 장벽 에너지가 거의 제로의 결합을 형성하는 원소는 이것밖에 없다고 생각합니다. 실록산 결합이 최고입니다.

기조강연

사회—야마구치 토쿄이과대학 기초공학부 교수

— 토시마 나오키

나노화학의 세계

쿠니타케 토요키
이화학연구소 프론티어 연구시스템 그룹디렉터
키타큐슈 시립대학 국제 환경공학부 교수

생물의 계층성과 나노화학

A세션에서는 새로운 형태의 고분자를 만드는 의미와 가능성에 대한 소개가 있었습니다. 이 강연에서는 나노(nano)라는 크기에 어떤 의미가 있는지 설명하려고 합니다.

우선 크기의 스케일을 간단히 표현해 보도록 하겠습니다(그림 1). 1나노미터(nm)는 10^{-7}cm입니다. 우리들의 몸을 약 170cm라고 하면, 몸을 구성하는 세포 1개의 크기는 10^{-3}~10^{-2}cm로, 약 3~4자리가 작습니다. 세포는 에너지를 만드는 장치나 음식물을 소화하는 장치・기관 등을 다수 갖추고 있지만, 세포의 밖과 안, 즉 남과 자신을 구별하는 경계선에 있는 세포막의 두께는 겨우 5×10^{-7}cm, 즉 5nm입니다. 이러한 세포막은 기본적으로는 친수기와 소수기를 가지는 분자의 2중층 구조로 되어 있습니다. 이처럼 생물의 형태를 구성하고 있는 최소 단위는 나노미터입니다.

그것과 비교해 모든 물질은 원자 또는 분자를 최소단위로 하고 있습니다. 일반적으로 분자가 모여서 만들어지는 집합체는 결정성이거나 비결정성(amorphous)이며, 구성분자에 의해 성질이 결정되는 경우가 많습니다. 그런데 이들 구성분자가 특별한 상대분자와 독특한 형태로 결합되거나 질서를 갖고 조직화되는 경우, 1개 1개의 분자와는 전혀 새로운 형태나 성질을 가지게 됩니다. 이러한 단계의 분자조직체는 크기가 수 nm 정도이며, 나노조직체라고 부를 수 있습니다.

생물체의 최소단위는 단백질이나 핵산, 지질 등의 생체

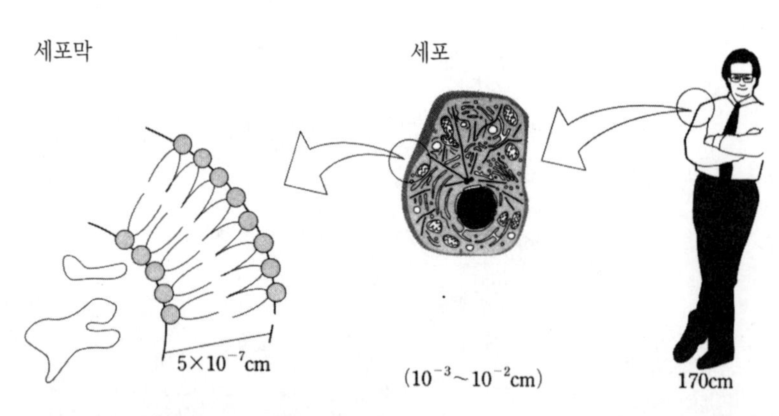

그림 1 마이크로와 나노의 비교

고분자이지만, 그 기본크기도 나노미터의 영역이 됩니다. 이것이 세포내 소기관(organelle)에 조직화되어, 세포를 구성합니다. 그리고 세포는 개체라고 하는 더욱 복잡한 형태의 기관을 형성합니다. 이러한 선명한 계층성은 생물체의 독특한 특징입니다.

단백질의 구조와 기능

생물체의 기본적인 기능을 담당하는 단백질의 크기는 여러 가지로 작은 경우가 약 2nm입니다. 그림 2에 나타낸 단백질은 세포표면에서 외부로부터 들어오는 다양한 정보를 인식하고 있으며, 정보의 정확성을 인식할 수 있는 홀을 갖고 있습니다. 그림에서 염주모양은 밖에서 들어온 펩티드・호르몬입니다. 그러한 분자를 보다 큰 단백질이 인식하고, 그 의미를 적절하게 전달합니다.

인식부위는 아미노산이 연결된 펩티드

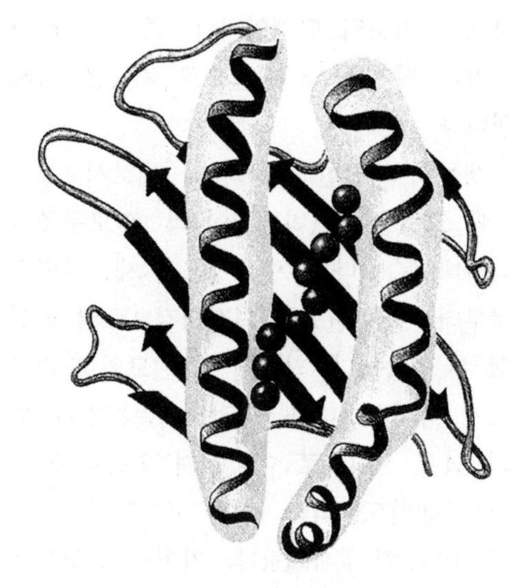

그림 2 시그널 분자(펩티드)와 단백질의 결합

로 이루어져 있습니다. 그것은 야시마 교수가 앞의 강연에서 언급한 나선구조를 갖는 끈으로, 그 뒤쪽에는 아미노산이 지그재그로 늘어선 2차원 β구조를 취하고 있습니다. 이와 같이 1개의 분자를 둘러쌀 수 있도록 구조를 만드는 것이 기능을 나

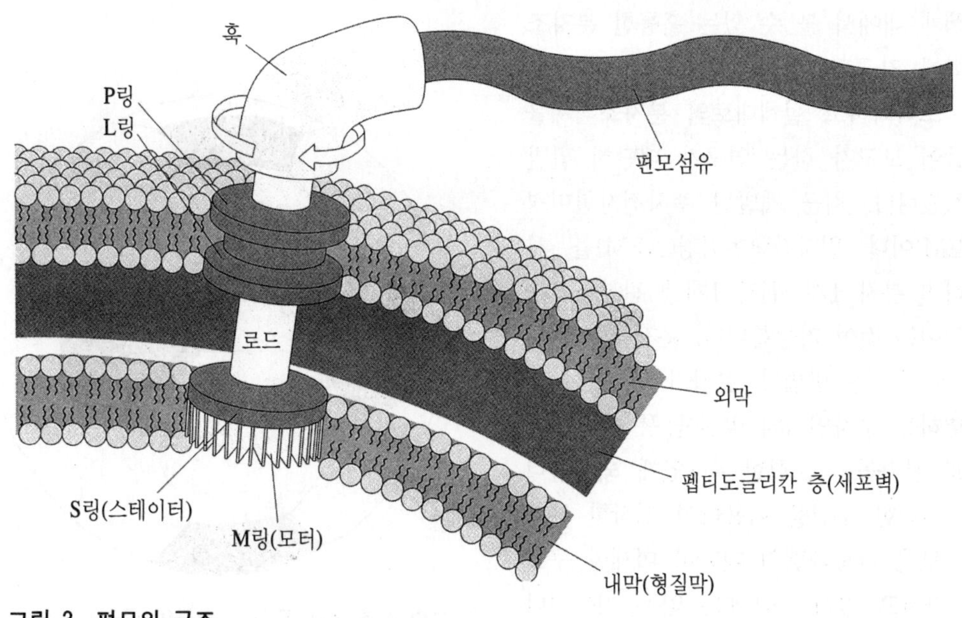

그림 3 편모의 구조

타내는 최초의 단계입니다. 즉 수 nm의 크기가 되었을 때 처음으로 기능을 하게 됩니다.

생물의 복잡한 장치의 한 예로서, 그림 3에 그람음성균(박테리아)의 편모구조를 나타내었습니다. 그람음성균은 세포표면으로부터 나온 편모를 회전시킴으로써 헤엄칠 수 있습니다. 최근에 이 편모의 모터구조가 밝혀졌습니다. 회전모터는 기저부위의 M링, S링으로 이루어져 있습니다. S링은 펩티도글리칸 층에 고정되어 있고, 로드(rod)와 훅(hook)을 거쳐서 편모섬유와 연결되는 M링이 형질막 내에서 자유롭게 회전합니다. 형질막의 수소이온 농도의 차이에 의해 모터에 회전력이 발생하고, 그것이 로드에 전달되어 편모섬유가 회전하게 됩니다. 그러나 그람양성균에는 외막이 없으므로 L링과 P링의 축받이가 존재하지 않습니다.

나노기술

생체 내에서 볼 수 있는 훌륭한 분자조직화에 자극되어, 인공적으로 분자를 배치・조직화하고 설계대로의 분자조직체를 만들어 보고자 하는 연구가 대단히 활발해졌습니다. 최근 개발된 주사전자현미경(SEM)이나 원자간력현미경(AFM)을 사용하면 분자 1개, 원자 1개를 관찰하거나 움직이는 것이 가능합니다. 분자를 정밀하게 합성하는 방법과 분자가 상대분자를 식별하는 분자인식의 발전을 통해서 설계대로 분자들을 조합할 수 있게 되었습니다. 이러한 수단을 이용하여 제작한 분자시스템은 나노레벨의 대단히 미세한 구조를 가지고 있어 종래에는 없는 기능이나 재료를 만들어 낼 수 있게 되었습니다.

이러한 이유로 나노레벨의 분자과학은 세계적으로 대단히 관심이 높아지고 있으며, 나노기술이 21세기의 과학기술을 선도할 것으로 기대하고 있습니다.

프라렌의 선별

현재 다양한 나노크기의 물질이 합성되고 있습니다. 유명한 예로서, 축구공 형태를 한 탄소분자가 있습니다(그림 4). 이것은 오각형과 육각형이 규칙적으로 맞춰져서 정20면체를 형성한 60개의 탄소로 이루어진 C_{60} 또는 프라렌이라고 불리는 화합물입니다. 그 크기는 1nm 전후입니다. 이 프라렌도 복잡한 기능을 나타냅니다. 이 공을 잡아 늘려서 튜브 모양으로 만든 나노튜브는 여러 가지 나노구조를 만드는데 사용되고 있습니다.

그러면 프라렌을 인식하기 위해서는 어떻게 하면 좋을까요? 그림 5는 고리모양의 화합물이 그 내부 홀에 둥근 C_{60}을 받

그림 4 축구공(프라렌 분자의 골격)

아들이고 있는 모양을 나타내고 있습니다. 그것은 카릭스[8]아렌이라고 하는 8개의 분자단위가 연결된 것으로 크기는 2nm 이하입니다. 이 정도의 크기를 갖는 화합물을 이용하여 프라렌을 인식할 수 있다는 것이 큐슈대학의 신카이(新海) 교수에 의해서 밝혀졌습니다.

C_{60}은 원래 그을음 속에서 잡다한 혼합물로서 존재하기 때문에 분리가 어려운 것으로 알려져 왔습니다. 그러나 고리모양을 한 화합물의 홀에 C_{60}만이 인식되어 다른 유사한 것과 선별될 수 있다는 사실이 알려진 후, 순수한 C_{60}의 값이 현저히 하락하였습니다.

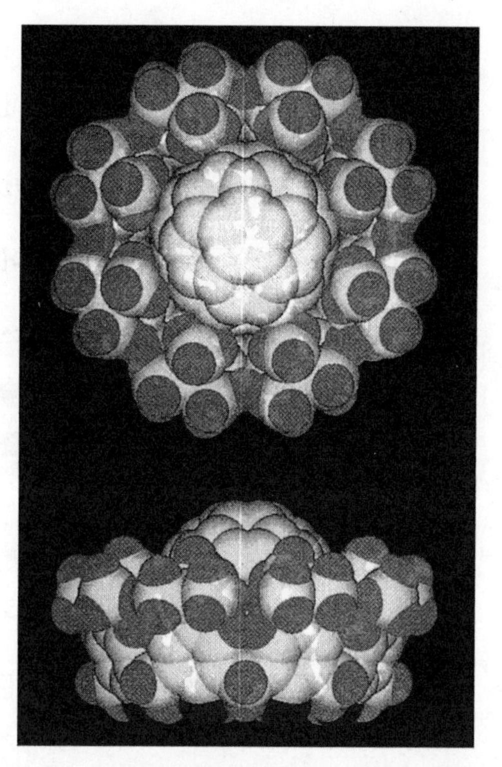

그림 5 카릭스아렌(원통분자)과 프라렌(구형분자)의 결합

분자인식과 초분자

분자가 분자를 식별하는 '분자인식'은 독일의 화학자 피셔(E. Fischer)가 20세기 초에 제창한 효소반응에 관한 '열쇠와 자물쇠'의 가설로 거슬러 올라갑니다. 효소와 그 작용을 받는 기질 사이에는 매우 엄밀한 대응성이 있고, 이러한 기능은 생물에서만 가능하다고 생각되어 왔습니다. 그러나 분자의 형태나 상호작용을 적절히 설계하면, 효소에 맞먹는 호스트(host) 분자와 게스트(guest) 분자의 조합을 만들어 낼 수 있다는 사실을 알게 되었습니다. 또한 분자인식은 개별의 분자를 조합시켜 보다 고도의 형태나 기능을 갖는 초분자를 설계하는 경우에도 기본적인 역할을 다하고 있습니다.

즉 초분자는 그것을 구성하는 개개의 분자단위를 초월한 능력이나 형태를 갖는 분자시스템입니다. 일반분자는 공유결합이라고 불리는 강한 결합으로 만들어지는데 반해, 초분자를 만드는 분자단위는 수소결합이나 이온결합 등 약한 결합으로서 새로운 형태나 기능을 만들어 냅니다. 예를 들면 카테난(catenane)이라고 불리는 분자는 고리모양의 2개의 분자가 뒤엉켜 있거나, 하나의 고리가 비틀어져 매듭을 만드는 경우도 있습니다. 이러한 분자는 보통의 화학결합으로는 연결되지 않기 때문에 독특한 성질을 나타냅니다.

초분자는 구조의 유연성과 다양성이 풍부해, 구조단위나 배열순서의 차이에 의해 새로운 기능을 만들어 낼 수 있습니다. 또한 외부로부터의 다양한 자극에 대해 정확하게 응답하고 변화할 수 있는 분자시스템도 쉽게 만들 수 있습니다. 이러한 초분자의 크기는 현재의 미세가공기술의 한계 이하인 수 nm 정도로 나노기술의 기본요소가 될 것입니다.

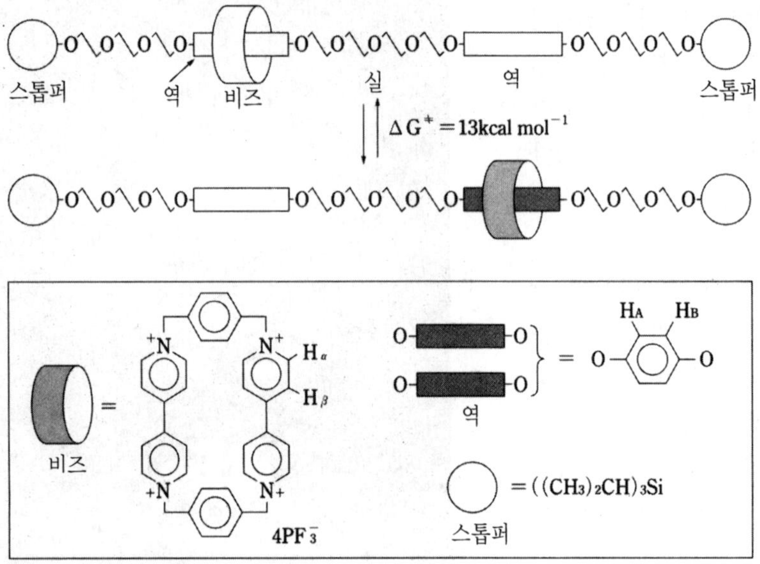

그림 6 분자셔틀

[P. L. Anelli, et al., *J. Am. Chem. Soc.,* 113,5131 (1991)로부터 인용]

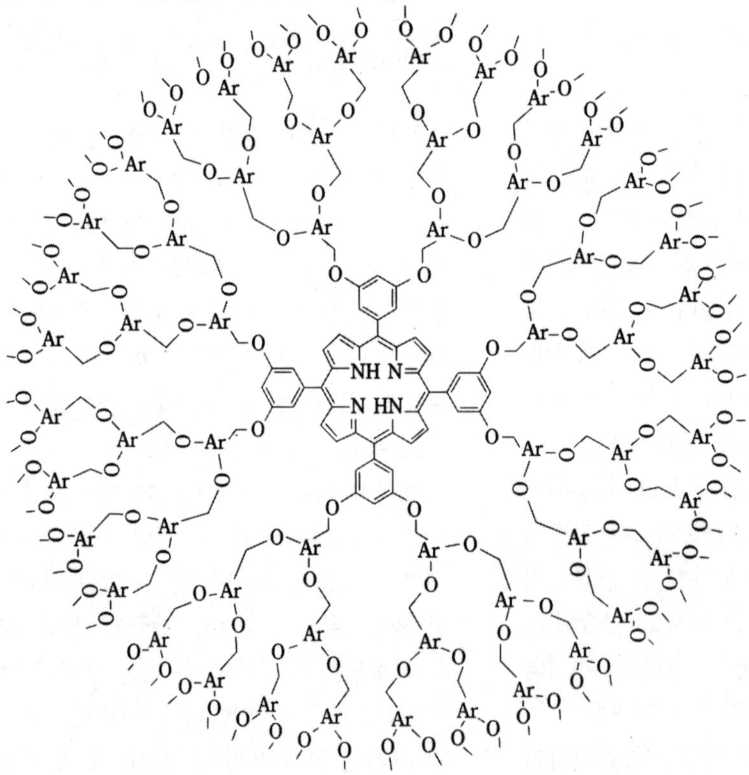

그림 7 덴드리머

분자셔틀

뒤에 셔틀(shuttle) 모양을 한 초분자에 관한 자세한 소개가 있을 것입니다. 예를 들어 끈에 구슬을 꿰는 일이 나노 크기로도 가능합니다. 이러한 사실이 하라다 교수에 의해 최초로 발견되었습니다. 그 후 영국에서도 그림 6처럼 가는 고분자 실에 둥근 고리화합물을 끼워 넣는 연구가 진행되었습니다. 양 말단에 스톱퍼(stopper)를 붙이면 고리가 밖으로 빠져 나갈 수 없게 되어 고리분자는 이 안을 왕복하게 됩니다. 6개의 벤젠 고리로 이루어진 비즈(beads)의 N^+과 역(station)의 상호작용에 의해 역에 머무르게 되고, 조건에 따라 2개의 역 사이를 왕복하게 됩니다.

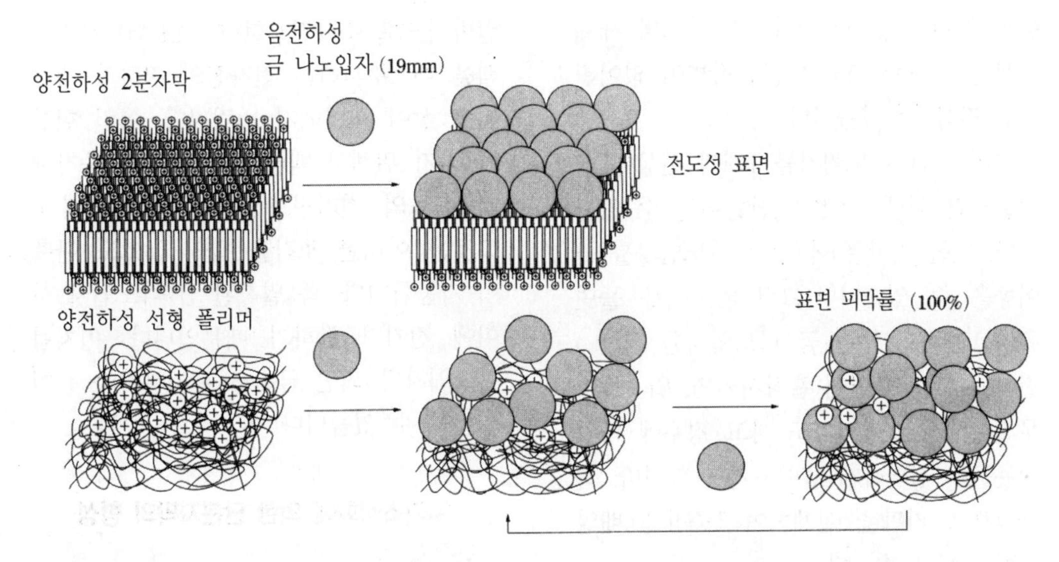

그림 8 금 나노입자의 표면흡착 패턴

위·아래의 그림을 보면, 비즈는 양쪽 역으로 왔다갔다하지만, 그 이동 에너지는 비교적 작습니다.

덴드리머의 특징

덴드리머(dendrimer)란 나노 크기를 갖는 또 다른 흥미로운 원형화합물입니다. 그림 7과 같이 중심에 코어(core)가 있고 3차원적으로 펼쳐진 공과 같은 형태를 하고 있습니다. 모든 구조가 공유결합으로 연결되어 있어 전체가 1개의 분자입니다. 여러 개의 작은 분자단위가 모여서 하나의 큰 분자를 형성하고 있으며, 나선형 고분자와는 다른 형태의 화합물입니다. 이러한 공간적인 배치관계와 전체구조를 이용하면, 단지 1개의 포르피린이나 벤젠만으로는 기대할 수 없는 새로운 기능을 얻을 수 있습니다.

이처럼 단순한 구조를 갖는 분자를 어느 특정의 목적에 맞게 조합하면 새로운 가능성이 열릴 수 있습니다. 여기서 소개한 예는 모두 지금까지 볼 수 없었던 분자의 새로운 기능을 갖고 있습니다. 생물의 최소단위, 예를 들면 단백질 1개, 생체막 1층, 핵산 1분자만으로는 아무것도 할 수 없지만, 그것들을 조합시킴으로써 새로운 분자기계를 만들 수 있습니다.

금 나노입자의 특징

나노 크기의 재료를 1개씩 단독으로 사용하는 것에도 의미가 있지만, 그것을 조합해 보다 큰 구조로 조직화하면 더욱 가능성이 커집니다. 그 실례로 금속 나노입자에 관한 연구가 최근 크게 주목을 받고 있습니다. 예를 들면 금 나노입자는 금괴에서는 볼 수 없는 독특한 물리적, 광학적 또는 전기적 성질을 나타냅니다.

화학의 입장에서 흥미로운 것은 지름이 2nm인 입자를 만들 수 있다는 사실입니다. 2nm의 크기는 방금 전에 소개한 몇몇 분자의 크기와 같기 때문에 금속입자도 분자와 같이 취급될 수 있습니다. 이 정도가 되면 지금까지의 유기, 무기 및 금속 등의 경계가 없어집니다. 즉 나노의 세계에서는 그러한 영역들간의 장벽이 없어진다고 말할 수 있습니다.

그리고 금 나노입자를 1개씩 선상에 늘어놓으면 회로·전선이 만들어질 수 있습니다. 또한 기판 위에도 금 나노입자를 늘어놓을 수 있습니다(그림 8). 예를 들면 음(-)전하를 갖는 금 나노입자를 양(+)전하를 갖는 표면에 흡착시키면, 입자들이 무질서하게 늘어서기도 하고 경우에 따라서는 질서정연하게 늘어서기도 합니다. 독자적으로 기판을 설계하여 1층만을 배열시킬 수도 있습니다.

양전하를 갖는 선형 고분자나 2분자막층을 사용하여 금 나노입자를 흡착시킬 수 있습니다. 금 나노입자들이 서로 밀착하여 표면에 1층만 흡착된 모양을 전자현미경 사진으로부터 확인할 수 있습니다. 일반적으로 주사전자현미경(SEM) 사진을 찍을 때, 주사하는 전자선의 전하가 축적되어 상이 희미해져 버립니다. 이런 현상을 막기 위해서 백금 등의 금속을 증착해서 시료의 전기전도성을 높이고 있지만, 그것은 이러한 조작을 하지 않고도 관측이 가능합니다. 즉 밀착된 금 나노입자 사이에 전기가 통하기 때문입니다. 이처럼 나노입자가 되면 금속도 유기분자와 같이 취급할 수 있습니다.

자기조직화에 의한 단분자막의 형성

나노미터 화학의 세계에서 중요한 것은 1개 1개의 분자를 특정의 목적에 맞게 어떻게 만들 것인가와 그것을 어떻게 하면 크게 조직화할 것인가입니다. 위에서 언급한 금 나노입자를 표면에 늘어놓는 것도 보다 큰 구조를 구축하기 위한 하나의 수

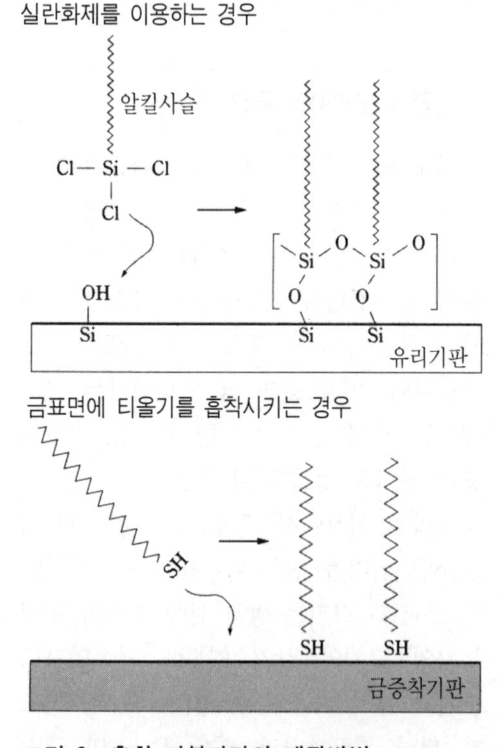

그림 9 흡착 단분자막의 제작방법

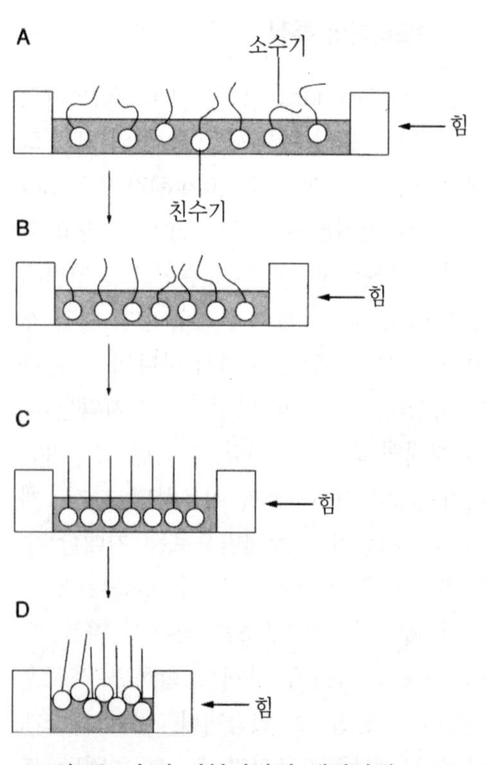

그림 10 수면 단분자막의 제작방법

단입니다.

좀더 단순하게 작은 분자를 표면에 늘어놓는 연구도 있습니다. 잘 알려져 있는 예로 실란화제가 있습니다. 유리 표면에 실리콘(silicon) 화합물을 반응시키면, 분자가 가지런하게 늘어선 막을 형성한다는 사실이 전부터 알려져 왔습니다(그림 9 위).

그 외에 황 화합물을 금 등의 귀금속표면에 흡착시켜 분자를 배열하는 연구가 최근 자주 시도되고 있습니다(그림 9 아래). 황 화합물은 금과 잘 반응하기 때문에 금기판을 용액에 담그는 것만으로도 1층의 막을 표면에 깨끗하게 만들 수 있습니다. 분자를 1층씩 늘어놓는 기술을 이용하여 표면의 성질을 바꾸거나 표면에 패턴을 형성하는 연구도 진행되고 있습니다.

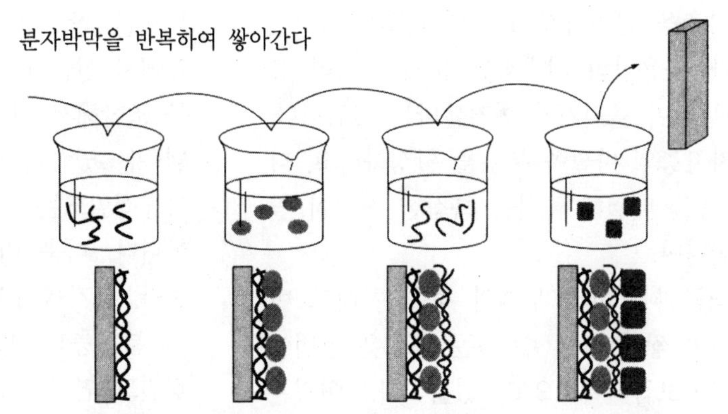

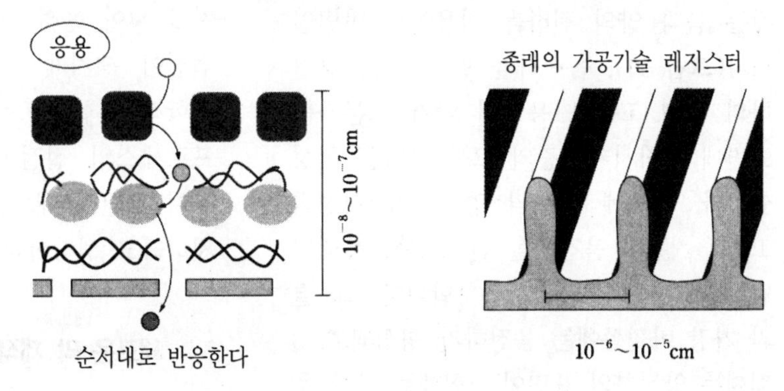

그림 11 교대흡착을 이용한 나노박막의 제작방법

분자를 배열하는 또 하나는 수면단분자막을 이용하는 방법입니다(그림 10). 앞에서 언급한 생체막에 사용되는 지질, 즉 좋은 예로 비누와 같은 분자를 수면에 전개시킨 후 표면적을 줄여 가면 표면의 분자가 나란히 서기 시작하고(그림 10 A, B), 더욱 표면적을 줄여 가면 마지막에는 분자가 똑바로 선 모양으로 늘어섭니다(그림 10 C). 이 단계에서 분자층을 다른 곳에 옮겨 분자레벨의 깨끗한 층구조를 얻을 수 있습니다. 즉 수면에 있는 단분자막의 사이에 기판을 담가 분자 1층을 쌓고 이러한 조작을 되풀이해서 여러 층으로 쌓아 올릴 수도 있습니다. 그러나 단분자막을 그 이상으로 압축하면 분자층은 표면에만 머무르지 않고 겹쳐져 층구조가 흐트러지게 됩니다(그림 10 D).

수면 위에서 깨끗한 단분자막을 만드는 것은 시간이 걸리는 번거로운 방법으로 공업적인 프로세스 연구로 인해 그 공정이 상당히 빨라지기는 했지만, 여전히 문제가 남아 있습니다.

흡착법에 의한 분자박막의 형성

그림 9에 나타낸 흡착법을 사용하면 분

자 1층을 균일하게 표면에 나열할 수 있지만, 응용상의 기술적인 문제는 여러 층으로 쌓아 올리기가 번거롭다는 것입니다. 분자 1층의 바깥쪽 부분을 활성화하고, 다음 층을 배열해야 하는 복잡한 작업이 필요합니다.

최근 나노미터 두께의 층을 차례로 반복하여 쌓아 올릴 수 있는 새로운 방법이 개발・보급되어 오고 있습니다. 이것은 앞에서 설명한 조작과 비슷하지만, 분자가 갖는 음과 양의 전하를 이용하는 방법입니다(그림 11). 음전하를 띤 기판을 양전하의 선형 고분자 용액에 담가 고분자를 표면에 흡착시켜 1층의 고분자 막을 형성합니다. 표면에 여분의 양전하가 형성되고, 그 기판을 음전하를 띤 고분자 용액에 담그면 분자가 새롭게 흡착합니다. 그 결과 가장 바깥쪽에는 음전하가 형성되고, 3회째는 양전하의 표면이, 4회째는 다시 음전하 표면이 만들어집니다. 이렇게 서로 상반되는 전하의 흡착을 이용해서 1층씩 쌓아 올리는 방법으로, 비교적 쉽게 1~2nm의 층구조를 만들 수 있습니다.

규칙적인 분자막의 가능성

분자막의 응용은 현재의 큰 테마로서 구체적으로 어떻게 전개할 것인지에 대해 세계적으로 관심이 높아지고 있습니다. 예를 들면, 종류가 다른 물질을 설계대로 간단히 쌓아올릴 수 있습니다. 저희들은 그림 11 아래에 나타낸 것 같은 효소분자층을 사용하여 막 안에서 화학반응을 일으키면서 생성물을 흘려 보내거나, 복수의 단백질을 조합해서 새로운 기능을 창출하는 연구를 하였습니다.

여기서 분자 1층의 두께는 약 1nm로 10회를 쌓으면 10nm 정도가 됩니다. 즉 앞에서 언급한 것처럼 단순한 분자의 단위를 조합해서 새로운 형태나 기능을 만들어 낼 수 있습니다. 최근 반도체집적회로의 가공정밀도는 서브미크론에 이르렀다고 합니다. 더욱 미세한 가공도 시도되고 있지만, 분자를 10층 쌓아 올려 만든 10nm의 분자층과 비교해서 0.1μm(100nm)는 정밀도 면에서 10배의 차이가 있습니다.

초미세가공을 정밀하게 하는 방법과 분자를 쌓아 올려 가는 방법에 크기 면에서 접점이 생기게 되면 진정한 의미에서의 화학적인 합성프로세스와 물리적인 가공 프로세스의 접점이 생기게 되고, 그것이 합쳐져 전혀 새로운 재료시스템이 가능해지리라고 생각합니다.

새로운 막 제작과 응용범위의 확장

물리적인 가공기술이 아무리 좋아도, 이 가공기술에 사용되고 있는 재료는 금이나 반도체 등 비교적 단순한 원소가 조합된 단단한 재료입니다. 분자가 갖는 복잡한 구성이나 기능의 유연성에 대해서 반드시 이러한 가공기술을 적용할 수 있는 것은 아닙니다. 그 단단함과 유연성, 단순함과 복잡함의 조합이라고 하는 의미로는 물리와 화학의 접점이 만들어질 때에 처음으로 큰 기회가 생깁니다. 이것이 나노기술의 커다란 목표입니다.

나노크기가 되면 유기분자는 그 기능이 더욱 재미있어집니다. 무기 금속 분자도 나노크기가 되면 유기분자처럼 취급될 수 있습니다. 단백질을 포함한 기능재료를 설계하는 방법이 확산되어 새로운 가능성이 생겨나리라 봅니다. 역시 나노화학은 중요합니다.

C 세션

나노분자의 기능

빛을 모으는 나노입자
—덴드리머의 세계

아이다 타쿠조우
토쿄대학 대학원 공학연구과 교수

덴드리머란

덴드리머라는 명칭은 희랍어의 '덴드론(수목)'에서 유래된 말로, '고분자'라고 하면 '사슬'과 같은 모양을 상상할지도 모르지만, 1980년대 중반에 미국의 Tomalia에 의해 '덴드리머'라는 새로운 분기(가지) 고분자가 소개된 이래, 사슬상태가 아닌 고분자의 연구가 활발해졌습니다. 분기구조를 갖는 고분자에 관해서는 예전부터 비슷한 예가 알려져 왔습니다. 그러나 덴드리머는 분자전체가 규칙적인 분기구조로 이루어진 수목과 같은 형태의 고분자입니다(그림 1). 화학적으로 합성되는 고분자는 일반적으로 분자량이 일정치 않아 분자량을 평균값으로 나타낼 수밖에 없지만, 덴드리머는 분자량의 편차가 없어 분자량을 구조식으로부터 그대로 계산할 수 있습니다. 또한 덴드리머는 분자 1개가 수nm의 크기를 갖고 있어, 종래의 사슬모양 고분자와는 다른 새로운 기능이 기대되고 있습니다.

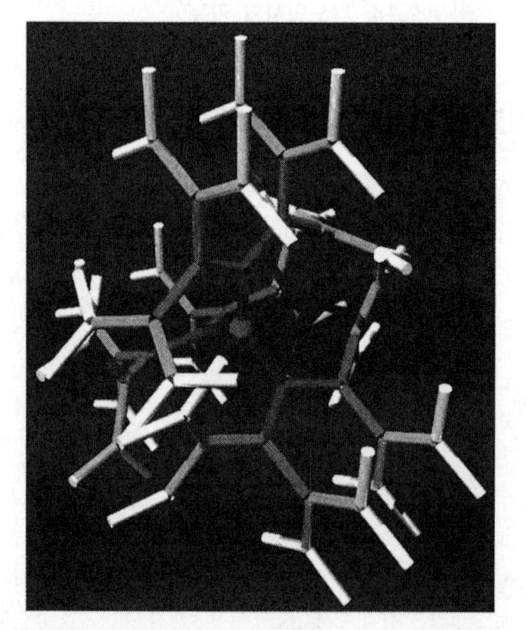

그림 1 덴드리머의 모식도

덴드리머의 구조와 특징

지금까지 다양한 종류의 덴드리머가 합성되고 있습니다만, 그 중에서 Fréchet에 의해 합성된 폴리벤질에테르형 덴드리머는 취급이 용이하여 널리 이용되고 있습니다. 저희들은 몇 년 전에 광기능이나 촉매기능을 갖는 작용기로서 중심에 포르피린(porphyrin)을 도입한 폴리벤질에테르형 덴드리머(그림 2)의 분자설계를 하였습니다. 이 덴드리머는 지름 5nm 정도의 크기로 표면에 이온성 작용기를 도입하면 물에도 용해가 가능합니다. 이처럼 일반적으로 원형 덴드리머의 용해성은 거의 분자표면의 작용기에 의해 결정됩니다.

포르피린이나 그와 유사한 화합물들은 암의 광치료에 대해 효과적이어서 생의학 재료로서도 주목을 받고 있습니다. 사실 저희들이 분자 설계한 수용성 덴드리머-포르피린도 그러한 치료효과를 나타낸다는 사실이 토쿄대학의 카타오카(片岡) 교수에 의해 밝혀졌습니다. 덴드리머 조직을 갖지 않는 일반 포르피린과는 달리, 거대한 덴드리머-포르피린은 세포 내로 들어가기 어려워 암세포의 표면에 흡착해 바깥쪽에서 암세포를 죽일 수 있는 기능을 갖습니다.

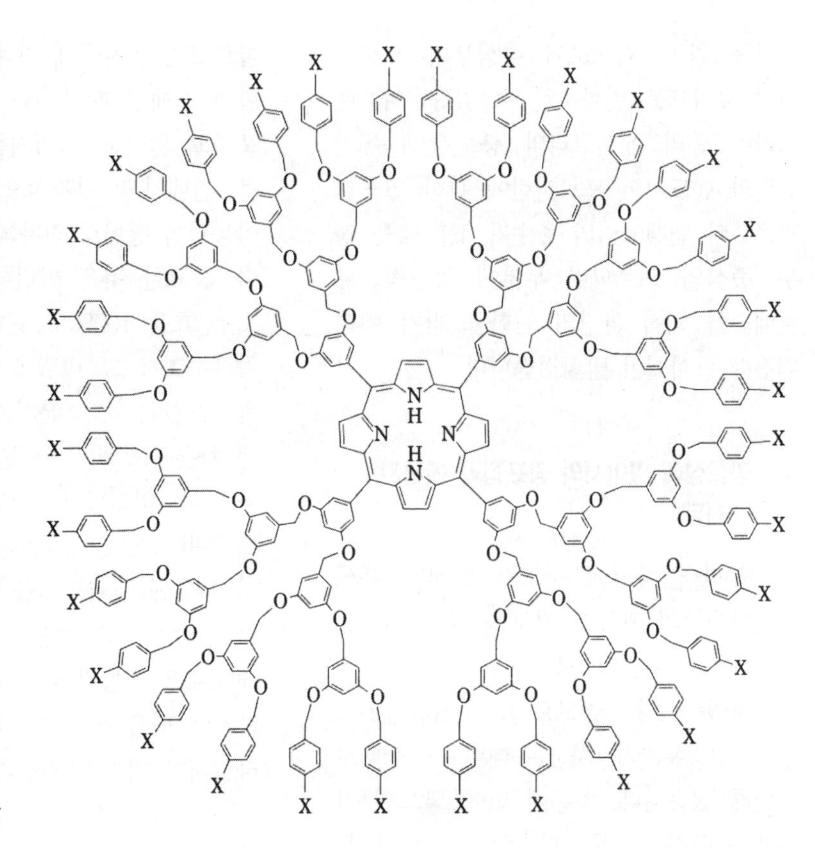

그림 2 덴드리머-포르피린의 화학구조

이런 덴드리머-포르피린의 덴드리머 부위에 생체와 친화성이 높은 핵산염기를 붙인 덴드리머를 이용할 수도 있습니다. 핵산염기는 유전정보의 보존과 전달에 관계된 DNA나 RNA의 기본단위이지만, 이것을 기본 구조로 해서 덴드리머 구조를 구축할 수도 있어 생체와 상호작용에 관심이 높아지고 있습니다.

덴드리머의 특징의 하나는 그 3차원적인 크기를 단계적으로 조절할 수 있는 점에 있습니다. 저희들이 합성한 덴드리머-포르피린(그림 3)에서는 덴드리머 부분의

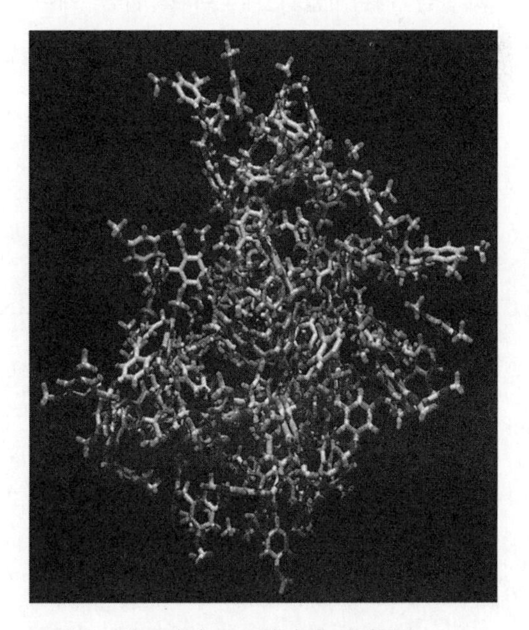
그림 3 덴드리머-포르피린의 입체구조

크기를 변화시킴으로써 중심부의 포르피린의 고립도를 변화시킬 수 있습니다. 덴드리머 중의 벤젠고리의 층수가 1~5인 일련의 덴드리머-포르피린에 관한 연구결과로부터 벤젠고리의 층수가 4를 넘을 경우, 중심의 포르피린 부분이 공간적으로 차폐되어 외적 환경의 변화를 받기 어려워진다는 사실이 밝혀졌습니다.

광합성에 있어서의 광포집과 에너지 전달

1990년대 중반에 구조가 밝혀진 홍색 광합성세균의 광포집 기능을 담당하고 있는 안테나 부위의 모식구조를 그림 4에 나타내었습니다. 클로로필(chlorophyll)이라는 색소분자가 차륜(수레바퀴) 상태로 나열해 있습니다. 차륜에 빛이 닿으면 차륜을 구성하고 있는 다수의 클로로필 분자 중의 하나가 빛을 흡수하여 들뜨게 되고, 이것은 바로 인접한 클로로필 분자에 그 들뜸 에너지를 건네줍니다. 들뜸 에너지는 이렇게 해서 차륜을 구성하고 있는 클로로필 분자들에 차례차례 전파되며, 광합성 스페셜 페어(special pair, SP)를 내포하고 있다고 여겨지는 보다 큰 차륜으로 건네지고 마지막으로 스페셜 페어에 이동되어 광합성(전자의 이동)을 시작합니다. 중요한 것은 이런 복잡한 프로세스가 모두 효율 100%로 진행된다는 점입니다. 차륜구조가 그 비밀을 쥐고 있습니다. 들뜸 에너지는 색소분자가 연속적으로 연결된 차륜구조 속을 손실 없이 고속으로 전파될 수 있습니다. 여기에서 덴드리머-포르피린(그림 2)에 주목해 봅시다. 덴드리머 부분에는 자외선을 포집하는 벤젠고리가 연속적으로 연결되어 있어 광포집 안테나로서 기능할 수 있습니다. 따라서 이 분자에 빛을 비추었을 때, 어떤 특징이 나타날지가 커다란 관심거리입니다.

덴드리머의 광포집 안테나 기능

이 덴드리머-포르피린은 덴드리머 조직 중의 벤젠고리 부분이 280nm의 자외선을 흡수합니다. 흡수한 광에너지가 만약 분자 중심부에 전파되면 포르피린이 들뜨게 되어 발광하지만, 들뜸 에너지의 이동이 일어나지 않으면 빛을 흡수한 덴드리머 자신이 발광할 뿐 포르피린은 발광하지 않을 것입니다. 그것을 증명하기 위하여 벤젠고리의 층수가 5인 덴드리머-포르피린을 합성하였습니다. 이 경우 덴드리머 조직은 실제로 4개의 덴드리머 서브유니트로 이루어

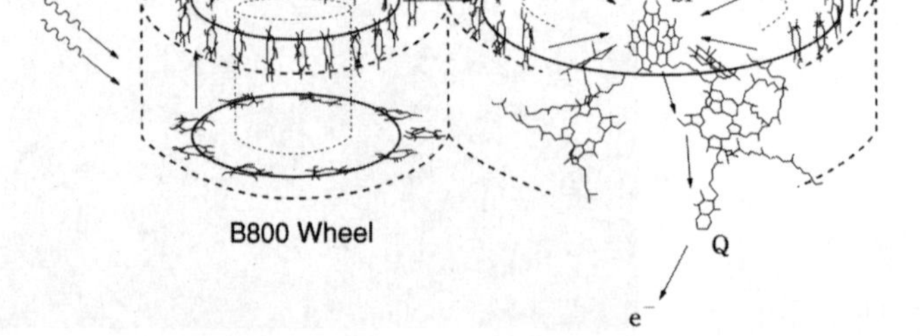

그림 4 홍색 광합성세균의 광포집 안테나 부분의 모식도

진 것으로, 덴드리머 조직의 형태와 에너지이동 능력의 관계를 조사하기 위해서 서브유니트가 1개인 가장 단순한 것으로부터 4개의 원형구조를 갖는 화합물을 각각 합성하여 덴드리머 조직으로부터 포르피린으로의 분자내 에너지이동을 검토하였습니다(그림 5).

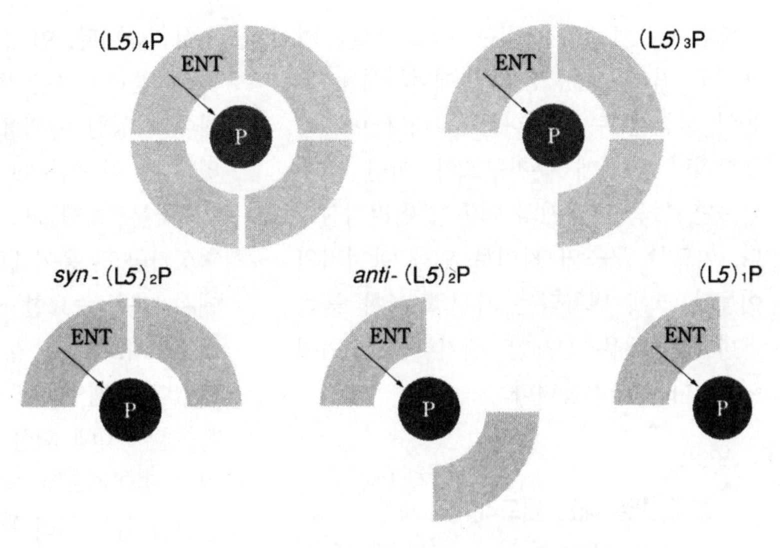

그림 5 덴드리머-포르피린의 구조와 분자내 에너지이동의 관련

기본형은 포르피린에 덴드리머 서브유니트를 하나만 결합한 것입니다. 덴드리머 서브유니트가 2개인 경우, 그것들의 대칭 유무에 따라 이성질체가 생깁니다. 당연히 서브유니트의 수가 늘어남에 따라서 중심부의 포르피린은 나노레벨의 바구니 모양으로 서서히 감싸지게 됩니다.

그 결과 덴드리머 서브유니트가 1개인 기본형 화합물은 280nm의 자외선을 비출 경우, 포르피린 부위에 불과 10%의 에너지이동밖에 일어나지 않았습니다. 덴드리머 서브유니트를 2개 도입하면 그것들이 대칭으로 존재할 경우에는 에너지이동 효율에 변화가 생기지 않지만, 2개의 서브유니트가 서로 인접할 경우에는 에너지이동 효율이 20%로 증가하였습니다. 서브유니트를 3개 도입했을 경우 서브유니트는 반드시 서로 인접하게 되어 에너지이동 효율은 30%까지 증가하였습니다. 재미있는 사실은 덴드리머 서브유니트가 4개인 원형구조의 덴드리머-포르피린 경우는 들뜸 에너지의 80%가 덴드리머 조직으로부터 포르피린 부위에 이동되어, 에너지이동 효율의 불연속인 증가를 나타내었습니다.

이처럼 나노미터 크기를 갖는 분자의 공간형태가 닫힌 구형이 되면 특이한 현상이 일어납니다. 4개의 서브유니트가 존재할 경우 그것들은 포르피린 주변에 치밀하게 패킹됩니다. 덴드리머 조직에 빛을 비추면 덴드리머를 구성하고 있는 많은 벤젠고리 중의 하나가 빛을 흡수하여 들뜨게 되지만, 서브유니트가 협조적으로 기능하기 때문에 들뜸 에너지는 덴드리머 조직 전체에 빠른 속도로 퍼져 나갑니다. 그 결과 중심의 포르피린에 대해서 어디에서라도 에너지이동이 가능한 상태가 만들어져 높은 이동 효율이 실현된다고 생각됩니다. 이것은 광합성에 있어서 클로로필의 차륜상 집합구조의 기능과 유사하다고 하겠습니다. 이처럼 공간형태가 특별한 덴드리머는 인공수목으로서 빛을 포집하고, 특정 부위에 들뜸 에너지를 모을 수 있습니다.

그림 6은 실험에 이용한 안테나 부분의

구조입니다. 1세대가 작은 덴드리머를 이용해도 거의 같은 정도의 에너지이동 효율이 실현될 수 있습니다. 그러나 이것과 포르피린 사이에 분자구조가 아닌 것을 넣으면, 들뜸 에너지의 이동이 어려워집니다. 미묘한 구조의 차이로 인해 에너지의 이동이 크게 변화되는 사실로 보아 들뜸 에너지는 매우 섬세한 메커니즘에 의해 이동된다고 생각합니다.

청색 빛을 내는 덴드리머의 개발

이상과 같이 덴드리머는 빛을 모으는 안테나로서의 기능을 하지만, 저희는 이 광포집 안테나 기능을 이용하여 청색 빛을 내는 덴드리머(그림 7)를 분자 설계하였습니다. 이 청색 빛은 차세대 발광소자(LED)의 개발·설계에 있어서 중요합니다. 특히 유기물로 만들어진 LED 중에서 푸르게 발광하는 예는 극히 한정되어 있습니다. 저희는 덴드리머의 중심에 포르피린 대신에 폴리페닐렌에틸렌이라고 하는 푸르게 발광하는 컨쥬게이트 고분자를 도입하였습니다. 이 전략의 핵심은 용해성이 낮은 폴리페닐렌에틸렌이 덴드리머로 감싸여 다양한 유기용매에 가용화된다는 점입니다. 이 때문에 약 20만의 큰 분자량을 갖는 화합물도 합성이 가능해졌으며 형성가공도 용이해졌습니다. 그러나 여기에서 더욱 중요한 것은 '녹기 어렵다'라는 발광소자로서의 치명적인 문제점이 해결되었다는 점입니다. 발광성 분자끼리 회합할 경우 빛에 의한 들뜸 상태가 소멸되기 쉬워 결과적으로 발광의 양자수율이 크게 저하합니다. 그러나 바구니 모양의 덴드리머로 감싸진 폴리페닐렌에틸렌은 공간적인 고립화로 양자수율이 감소하지 않습니다. 사실, 이 분자에 빛을 비추면 어떤 조건하에서는 거의 100%의 양자수율로 발광합니다.

또 하나의 핵심은 덴드리머 부분의 광포집 안테나 기능을 이용할 수 있는 점입니다. 이 광포집 기능 때문에 특히 큰 덴드리머 조직을 갖는 화합물은 전등과 같은 희미한 빛 아래에서도 깨끗하고 푸르게 빛나며, 덴드리머 서브유니트가 포집한

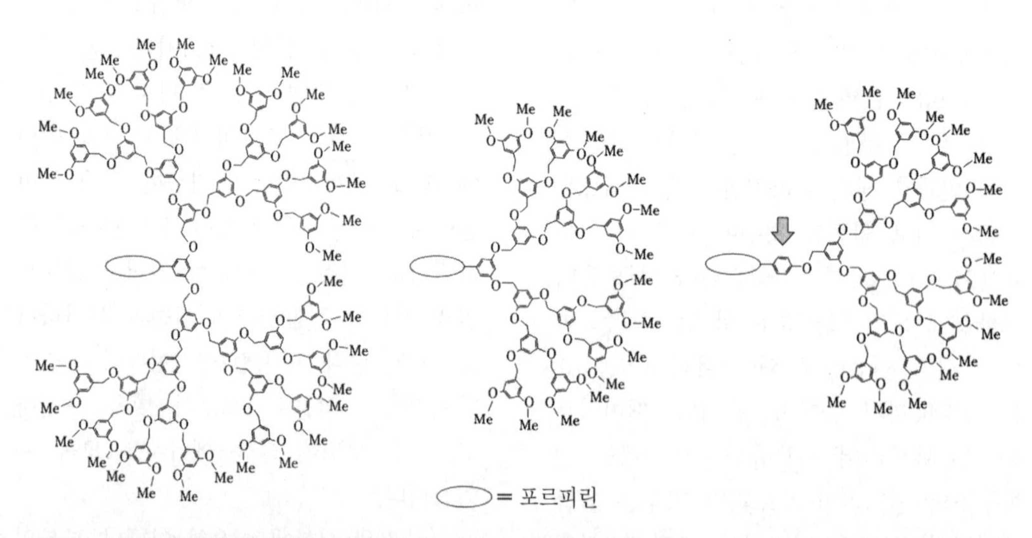

그림 6 덴드리머 부분의 구조와 분자내 에너지이동의 관련

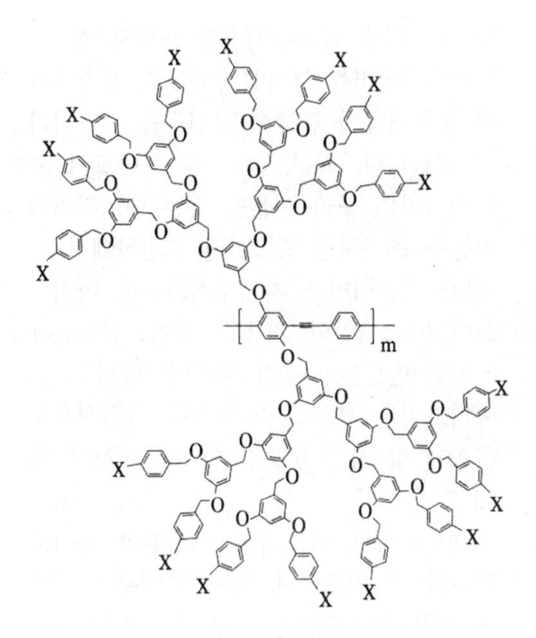

그림 7 막대 모양의 청색 발광 덴드리머

들뜸 에너지가 거의 100% 발광소자 부분에 전파될 수 있습니다.

덴드리머의 공간형태와 광포집 안테나 기능

자외선에 대한 덴드리머의 광포집 안테나 기능에 관련해서 최근 재미있는 사실이 밝혀졌습니다. 그림 8에 3종류의 덴드리머를 나타내었습니다. 이것들은 분자량이나 조성은 똑같고 단지 중심에 있는 벤젠고리의 치환형식이 다를 뿐(오르토, 메타, 파라 2치환)으로 분자 전체로서의 공간적인 형태가 다릅니다. 다시 말해 많은 벤젠고리 중에서 중심의 1개만이 조금 다른 셈입니다. 예를 들면 대칭성이 높은 파라 2치환체는 마치 공과 같은 구조를 취하고 있어 내부환경이 거의 닫힌 계를 나타냅니다. 그러나 2개의 덴드론 서브유니트가 1군데로 치우친 오르토 2치환체는 내부가 일부 노출된 구조를 취할 것으로 예상됩니다.

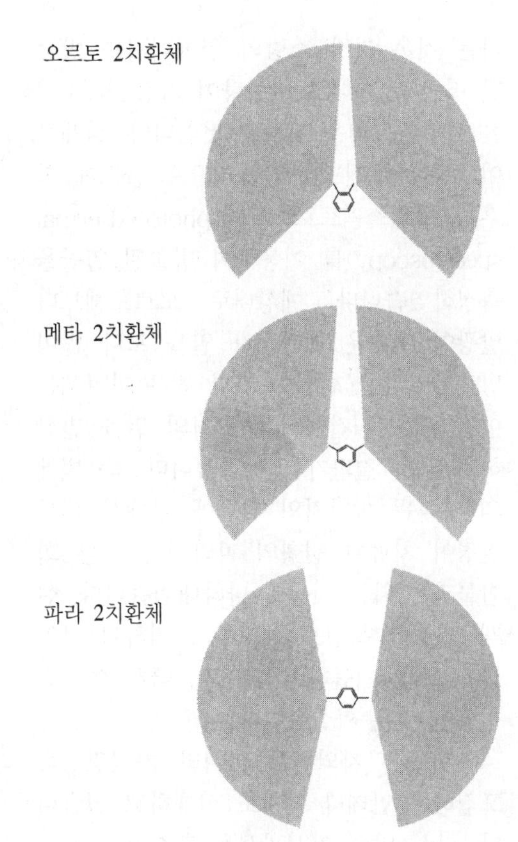

그림 8 중심부의 치환형식에 따라 다른 입체 구조를 가지는 덴드리머

공간형태가 다른 3종류의 덴드리머에 빛을 비추었을 경우 어떤 발광특성을 나타낼까요? 오르토, 메타, 파라의 3종류의 물질은 모두 자외선을 흡수해 310nm에서 발광하는데, 그 발광강도가 전혀 달라 가장 대칭성이 낮은 비원형의 오르토 2치환체가 가장 강하게 발광하고, 반대로 가장 대칭성이 높은 원형의 파라 2치환체가 가장 발광하기 어려웠습니다.

색소가 빛을 흡수하면 다음 순간 색소는 빛과 열을 내놓고 처음의 상태(바닥상태)로 되돌아갑니다. 당연히 방출된 에너지의 총계는 색소가 빛으로부터 획득한 에너지와 일치하지 않으면 안됩니다. 따라서 위의 덴드리머 계에서는 강하게 발광하는 것은 가장 소량의 열에너지를 방출할 것이고, 반대로 발광량이 가장 적은 것은 보다 큰 열을 방출할 것입니다. 실제로 이 3종류의 덴드리머를 빛으로 들뜨게 한 후, 광열스펙트로스코피(photo- thermal spectroscopy)를 이용하여 방출된 열량을 측정하였습니다. 예상대로 오르토체보다 발광이 어려운 메타체가 열을 보다 많이 방출하였지만, 발광이 가장 적은 파라체는 어떤 짧은 시간영역에서 거의 열을 발산하지 않는 결과가 얻어졌습니다. 즉 빛에 의한 들뜸 에너지의 완화에 관해서 내부 환경이 차폐된 원형의 파라체가 다른 화합물과는 다른 거동을 나타내었습니다. 현재, 이러한 특징을 해명하기 위하여 다양한 검토를 거듭하고 있지만, 극히 이상한 현상인 것은 확실합니다.

저희들은 자외선뿐 아니라 가시광선을 포집하는 안테나 분자도 설계하고 있습니다. 다시 말해 가시광선을 흡수하는 포르피린 색소를 덴드리머가 제공하는 나노공간에 위치 특이적으로 다수 배치시킨 멀티포르피린어레이입니다. 이 경우도 어레이(array)의 공간형태에 의해 분자내 에너지이동 효율이 크게 변화되고 있습니다.

차세대의 물질과학을 선도하는 덴드리머

저희들은 무척추동물의 산소운반을 담당하는 비헴 금속단백질을 모델로 한 메탈로덴드리머를 분자설계하였고, 산소분자의 포착기능에 관해서도 연구를 진척시키고 있습니다. 최근, 그 중의 하나로서 코어에 1가의 구리 이온을 갖는 덴드리머의 기능을 조사하던 중, 어떤 조건하에서 그 메탈로덴드리머가 자기조직화하여 마이크로미터 스케일의 거대한 슈퍼코일(super coil)을 만드는 사실을 발견하였습니다. 이 슈퍼코일은 덴드리머 조직을 자외선으로 들뜨게 할 경우 광포집 안테나 기능에 의해 오렌지 색깔로의 발광이 가능합니다.

덴드리머는 나노미터 스케일의 용기로 간주할 수 있습니다. 또한 중심부에 다양한 작용기를 도입할 수 있습니다. 덴드리머 구조가 닫혀 있는 경우, 덴드리머 부분을 빛으로 들뜨게 하면, 그 들뜸 에너지가 열린 계와는 다른 형태로 전달될 수 있다는 사실이 이 연구에 의해 밝혀졌습니다. 따라서 연구를 거듭해 나감으로써 지금까지 없었던 독특한 광화학반응을 실현할 수 있다고 생각합니다. 앞으로는 물리학 방면의 전문가들과 공동으로 좀더 상세한 해명을 해 나가야 할 필요가 있다고 생각합니다. 21세기는 '빛의 시대'라고 합니다. 현재 저희들의 이런 연구가 차세대의 광기능성 재료의 개발에 크게 도움이 되었으면 합니다.

Q & A

Q 이 연구에서 관측된 여러 특이현상은 단지 섞는 것만으로는 나타나지 않습니까? 또한 결정이나 고체 중에 포함된 물질에서는 관측되지 않습니까?

A 그것에 관해서 아직 충분한 실험 결과가 없습니다만, 단지 포르피린과 덴드리머를 섞은 것만으로는 좋은 결과를 얻을 수 없었습니다. 또한 포르피린 부분에 양전하를, 덴드리머 부분에 음전하를 만들어 용액 중에서 정전기적 상호작용으로 유사한 구조를 만들 수도 있지만 그런 경우에도 만족스런 결과를 얻을 수 없습니다.

Q & A

■Q■ 여러 가지 파장의 빛을 모은다고 하셨는데, 어떤 에너지의 빛이라도 같은 결과가 얻어질 수 있습니까?

●A● 거기까지는 조사해 보지 못했습니다. 저희들이 이용하고 있는 덴드리머는 반복단위가 둘로 갈라진 구조를 갖고 있습니다. 그러한 덴드리머와 포르피린을 연결하는 부분에 가지가 갈라지지 않는 유니트를 1개 넣는 것만으로 양자간의 에너지이동 효율이 50%까지 저하되었습니다. 다시 말해 공유결합 이외에 어떤 특별한 구조가 필요하다고 생각합니다.

■Q■ 대칭성과 구형의 중요성을 주장하셨는데, 그것은 본질적으로 어떤 의미가 있습니까?

●A● 그 점에 대해서 아직은 잘 모릅니다. 단지 구형만으로 좋을지 아니면 격리된 공간까지 있으면 좋을지는 앞으로의 과제입니다. 별도의 방법이 필요하다고 봅니다.

■Q■ 덴드리머는 용해성이 좋다고 설명하셨는데, 어느 정도의 용해도를 갖습니까?

●A● 용해도를 엄밀히 조사할 정도의 대량합성은 용이하지 않습니다. 단, 어떤 연구자가 덴드리머의 반복단위와 같은 수만큼의 직선형의 고분자에 대해 용해도를 조사하였더니 매우 낮은 용해성을 나타내었다고 보고되고 있습니다.

■Q■ 공업재료로 사용하기 위해서는 합성법에 대한 연구가 필요하다고 생각합니다만, 어떤 방법이 가능하다고 보십니까?

●A● 어떠한 기능에 초점을 두는지에 따라 다르겠지만, 그다지 특수한 기능을 기대하지 않을 경우라면 다소 구조에 결함이 있더라도 문제는 없다고 생각합니다. 사실 중합반응을 이용하여 한 번에 덴드리머와 비슷한 구조를 합성할 수 있는 방법이 이미 보고되어 있습니다. 다시 말해 가지가 많이 갈라진 하이퍼브렌치 폴리머입니다. 그 편이 가격경쟁력이 뛰어나 어떤 목적에서는 도움이 된다고 생각합니다. 단, 최근 일본의 어느 시약회사가 덴드리머 합성키트를 판매하기 시작하였다고 합니다. 덴드리머의 기초연구가 앞으로 가속화되리라고 봅니다.

■Q■ 내부에 작용기가 들어간 덴드리머의 합성은 어느 정도로 어렵습니까?

●A● 덴드리머-포르피린의 경우, 1g 정도의 덴드리머로부터 약 100mg 정도를 얻을 수 있습니다만 작은 실패가 원인이 되어 목적하는 화합물을 거의 얻지 못하는 허무한 경우도 아주 많습니다. 수율을 높이기 위해서는 긴 시간 동안 반응시킬 필요가 있습니다. 특히 제4세대, 즉 벤젠고리가 5층으로 이루어진 거대한 덴드리머 화합물을 합성할 경우에는 거의 3주일 이상을 가열하여 반응시킬 필요가 있습니다.

불가사의한 분자 나노튜브

하라다 아키라
오사카대학 대학원 이학연구과 교수

여러 가지 모양의 튜브

자연계에는 다양한 크기의 공간이 존재하며 제 각기 특이한 기능을 나타내고 있습니다. 인공적으로 만들어진 크고 작은 다양한 공간도 제각기 기능을 다하고 있습니다. 특히 생체 계에서는 효소나 항체, DNA 등의 고분자 사슬이 만들어 내는 미세한 공간은 생명현상의 근원이 되고 있습니다. 그 중에서도 튜브(tube) 모양의 분자집합체는 생체 내에서 중요한 활동을 하고 있습니다. 예를 들어 운동기관 등에는 지름이 수십 nm 정도의 미소세관(microtube)이 존재합니다(그림 1 왼쪽 위). 또한 세포간의 정보전달에 중요한 이온채널(ion channel)에도 나노미터 크기의 튜브상 구조가 있습니다(그림 1 오른쪽 위). 최근 DNA를 합성 분해하는 효소가 도너츠 모양을 하고 있고, 그 안으로 DNA의 2중 나선을 받아들인다는 사실이 밝혀졌습니다(그림 1 왼쪽 아래). 뿐만 아니라 단백질합성의 반응장인 리보솜(ribosome)의 구조는 합성된 단백질이 통과해 나갈 수 있는 튜브상으로 되어 있습니다

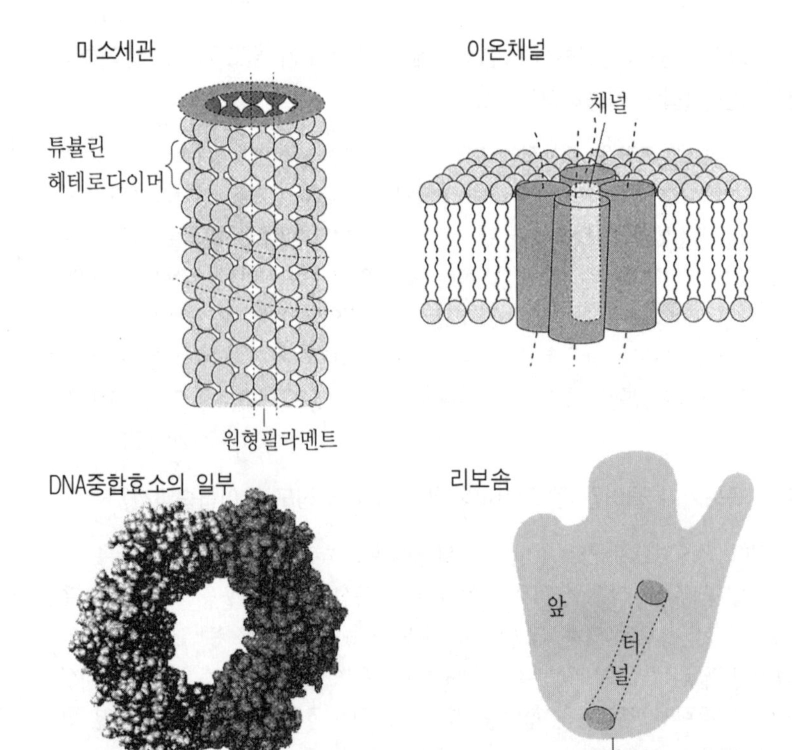

그림 1 생체내에서의 튜브상 분자집합체

(그림 1 오른쪽 아래).

이러한 튜브상의 분자나 분자 집합체는 생명을 유지하는 데 있어서 중요한 역할을 합니다. 이것은 튜브가 일정 길이의 공간이란 사실로부터 그 기능에 방향성(운동성)을, 입구와 출구가 있다는 사실로부터 시간이란 차원을 생각할 수 있기 때문입니다. 이러한 나노미터 크기의 튜브가 인공적으로 만들어질 수 있다면, 생명체로의 환원뿐 아니라 새로운 기능재료로서 무한한 가능성이 생길 것입니다.

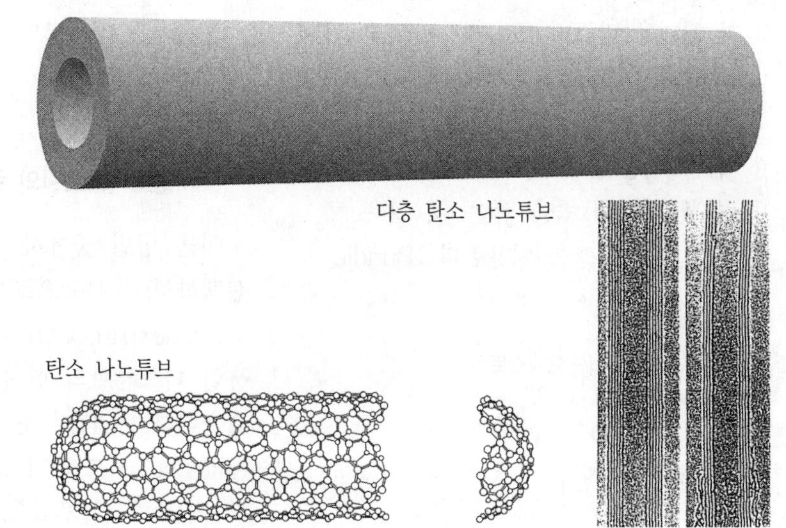

그림 2 탄소 나노튜브

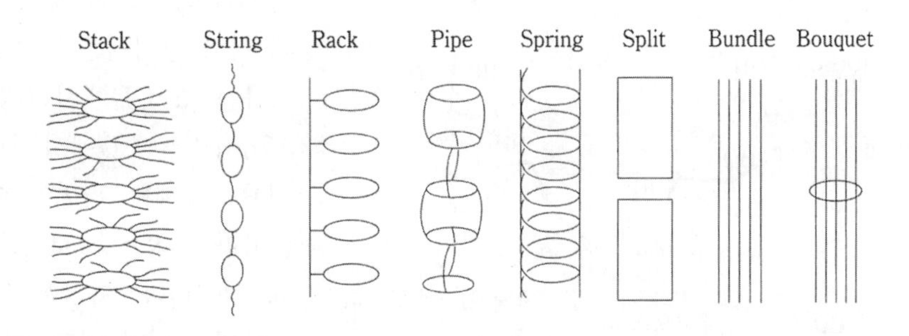

그림 3 튜브상 고분자의 설계

물론 마크로(macro) 상태의 튜브도 만들어지고 있습니다. 영어로 '튜브'가 '지하철'을 의미하는 것처럼, 큰 터널구조로부터 가느다란 인공혈관과 같은 것까지 만들어지고 있습니다.

분자튜브의 합성방법

최근 프라렌의 합성과 동일한 물리적인 방법에 의해 탄소 나노튜브가 만들어지고 있습니다(그림 2). 이것은 탄소만으로 구성된 지름이 1~수십 nm의 비교적 단단한 다층의 나노튜브로서, 그것이 발견된 시기에 저희들은 이 연구를 시작했습니다.

물 등의 용매에 녹아서 생체에도 적합한 보다 가늘고 유연한 튜브를 설계·합성하기 위해서는 화학적인 방법이 적합하다고 봅니다. 그 설계방법은 아래의 8가지로 분류될 수 있습니다(그림 3).

① 고리와 같은 형태를 한 분자를 분자간 상호작용으로 쌓아 포갠다 (Stack)

② 고리 분자를 연결한다 (String)

③ 고리 분자를 고분자 사슬 옆에 붙여서 그것을 늘어놓는다 (Rack)

④ 원통모양의 파이프형 분자를 연결시켜 채널을 만든다 (Pipe)

⑤ 나선모양의 것을 고정시켜 튜브를 만든다 (Spring)

⑥ 틈을 이용한다 (Split)

⑦ 연필 다발의 속을 뽑은 것 같은 모양의 번들 구조를 이용한다 (Bundle)

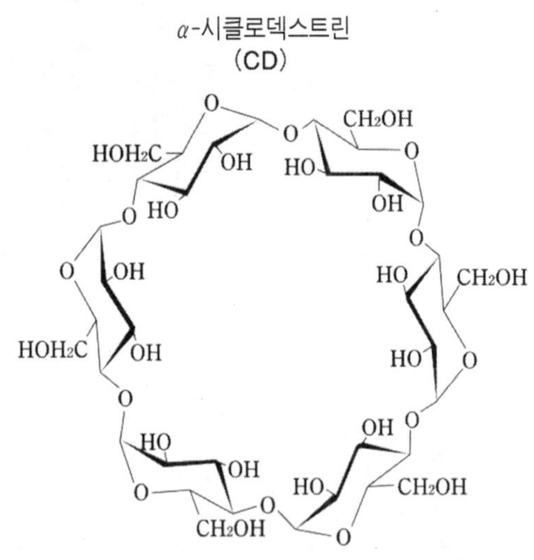

CD	글루코오스	홀의 크기(nm) 지름	깊이
α-CD	6	0.45	0.67
β-CD	7	0.7	0.7
γ-CD	8	0.85	0.7

그림 4 시클로덱스트린의 구조

⑧ 그것을 고리분자로 고정한 것 같은 꽃다발 모양의 구조를 이용한다 (Bouquet)

시클로덱스트린의 종류와 구조

이들 방법 중에서 우리는 ④의 방법을 선택하여, 부품으로서 시클로덱스트린(cyclodextrin, CD)이라는 고리분자를 사용한 나노튜브의 합성을 지금까지 검토해 왔습니다. CD는 6~8개의 글루코오스(glucose, 포도당)가 고리모양으로 결합된 분자입니다. 글루코오스가 6개인 것을 α-CD, 7개인 것을 β-CD, 8개인 것을 γ-CD라고 부르고 있습니다(그림 4). 각각의 분자 중심에는 작은 홀이 있는데, 홀의 지름은 α-CD에서 0.45nm, β-CD에서 0.7nm, γ-CD에서 0.85nm입니다. 이 CD는 실제로 평면이 아니고 글루코오스 분자가 수직으로 서 있는 듯한 모양을 하고 있습니다. 따라서 CD의 홀에는 어느 정도의 깊이가 있고, 이 깊이는 고리의 크기에 관계없이 0.7nm 정도입니다.

이것을 분자모델로 나타내면 그림 5와 같습니다. 그것은 X선구조의 해석 결과를

그림 5 시클로덱스트린의 분자모델. 왼쪽 : α -CD, 가운데 : β -CD, 오른쪽 : γ -CD

NH₂ … NH₂ 폴리에틸렌글리콜 양말단 아미노화물 α-CD 수용액
포접 착화합물 F-⌬-NO_2 NO_2 DMF 용액
$_2$ON-⌬-NH … NH-⌬-NO_2 NO_2 NO_2
폴리로텍산(분자 목걸이)

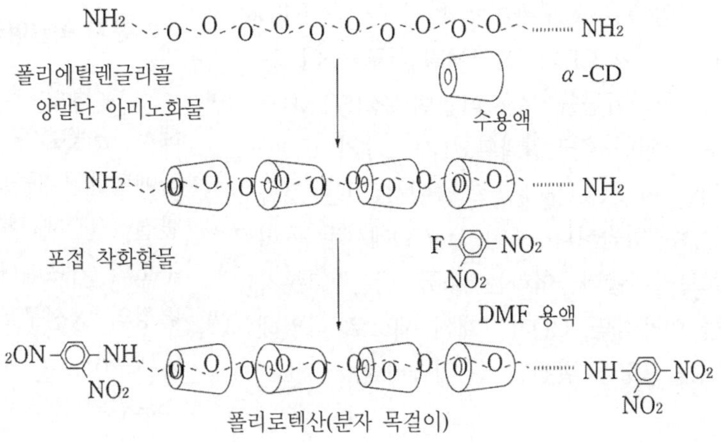

그림 6 폴리로텍산의 합성

바탕으로 제작한 것으로 α-CD, β-CD, γ-CD 모두가 대칭적인 원형을 하고 있고, 홀이 밑바닥까지 통하고 있습니다. α-CD의 홀은 벤젠고리가 들어갈 만큼의 크기로, β-CD에서는 나프탈렌 고리 1분자가, γ-CD에서는 나프탈렌 고리 2분자 정도가 들어갈 수 있습니다. 즉 γ-CD는 α-CD의 2배의 안지름을 갖고 있습니다. α-CD의 깊이는 0.67nm로, 이 CD의 겉에는 12개의 2급수산기가 있고, 그 반대쪽에는 6개의 1급수산기가 나열해 있습니다. 이 CD분자 양쪽의 수산기를 차례로 결합할 수 있으면 튜브모양의 분자를 형성할 수 있습니다. 파이프를 늘어놓은 것과 같습니다. 그러나 CD를 물로 재결정하는 경우는 서로 홀을 가로막듯이 패킹하기 때문에 튜브모양의 구조를 취하지 않습니다.

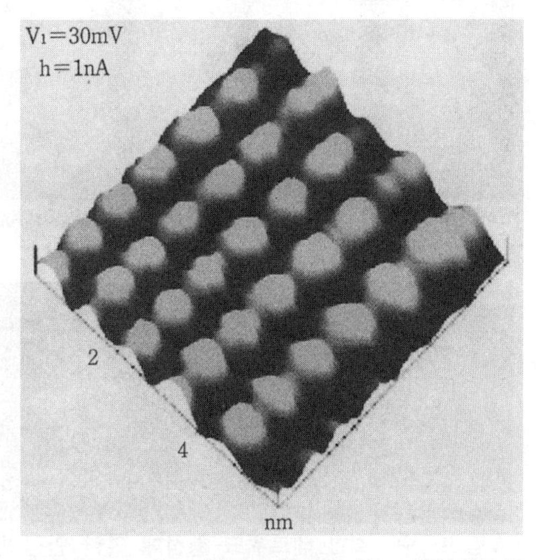

그림 7 α-CD 폴리에틸렌글리콜 착화합물의 STM상

분자 목걸이의 합성

따라서 저희들은 CD고리에 긴 분자(고분자)를 통과시켜 1열로 늘어놓도록 하였습니다(그림 6). 우선 폴리에틸렌글리콜(polyethylene glycol)이라는 수용성고분자의 양쪽 말단을 아미노화시켜 반응성을 높였습니다. 이 고분자 수용액과 α-CD의 수용액을 혼합하면, CD의 고리는 폴리에틸렌글리콜 사슬에 차례로 끼워지고 정확히 CD가 폴리에틸렌글리콜 사슬의 끝에서 끝까지 차 있는 포접 착화합물로 침전됩니다. 이것을 회수하여 다시 용액에 녹이면 CD고리가 빠져서 평형이 됩니다.

그러나 디니트로프루오르벤젠이라고 하는 부피가 큰 치환기를 양쪽에 붙이면 CD고리는 이 고분자 사슬로부터 빠져나갈 수 없게 됩니다. 이러한 것을 폴리로텍산(분자 목걸이)이라고 부르고 있습니다.

그림 7은 쯔쿠바대학의 시게카와(重川) 교수가 α-CD와 폴리에틸렌글리콜의 포접 착화합물을 주사터널현미경(STM)으로 촬영한 사진입니다. 1개 1개가 CD에 해당되고, CD가 1열로 늘어서 있는 것을 알 수 있습니다. 또한 β-CD에서는 폴리프로필렌글리콜이라는 조금 굵은 고분자를 이용하면, CD가 1개씩 세로로 나열해 있는 모양을 발견할 수 있습니다.

분자 목걸이의 구조

이 모양을 좀더 자세하게 관찰하기 위해서 α-CD와 에틸렌글리콜의 6량체(헥사에틸렌글리콜)의 포접 착화합물로부터 단결정을 제작하여 오사카대학 단백질연구소의 카츠베(勝部) 교수 그룹에 그 단결정의 X선구조 해석을 부탁하였습니다(그림 8). 그 결과 결정 중에서 시클로덱스트린의 2급수산기는 2급수산기끼리, 그리고 1급수산기는 1급수산기끼리 입구를 마주한 모양으로 나열해 있는 사실이 밝혀졌습니다. 이렇게 결정 중에서는 끝에서 끝까지 연결된 터널구조가 만들어져 그 안에 에틸렌글리콜 사슬이 들어가 있습니다.

그림 9의 점선은 수소결합의 모양을 나타내고 있습니다. CD의 2급수산기의 넓은 입구가 서로 합쳐져 있고 옆쪽의 수산기와 강하게 수소결합하여 네트워크를 형성하고 있습니다. 1급수산기는 모두 바깥쪽을 향하고 있지만, 물분자가 사이에 들어가서 다리를 놓는 형태로 수소결합을 형성하고 있습니다. 결과적으로 이 튜브구조는 수소결

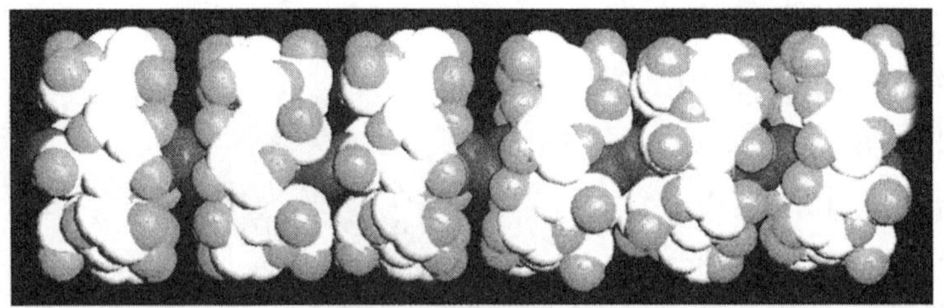

그림 8 α-CD 헥사에틸렌글리콜 착화합물의 X선구조 해석 그림

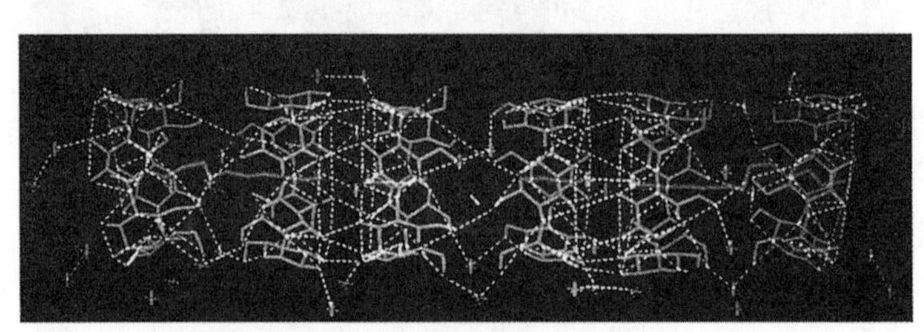

그림 9 수소결합 네트워크 형성에 의한 안정화

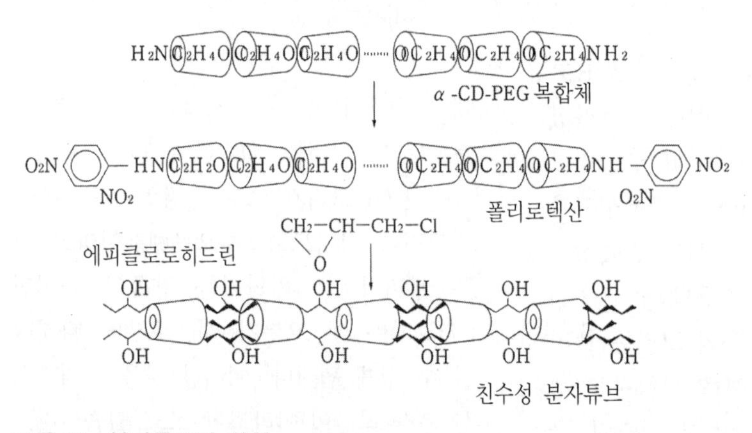

그림 10 분자튜브의 합성

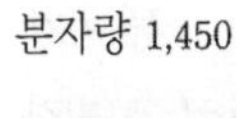
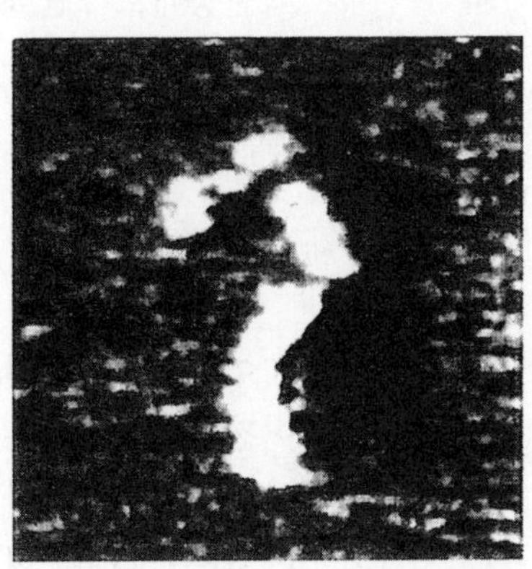

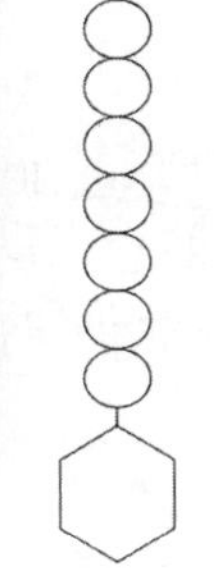

그림 11 폴리로텍산의 STM상

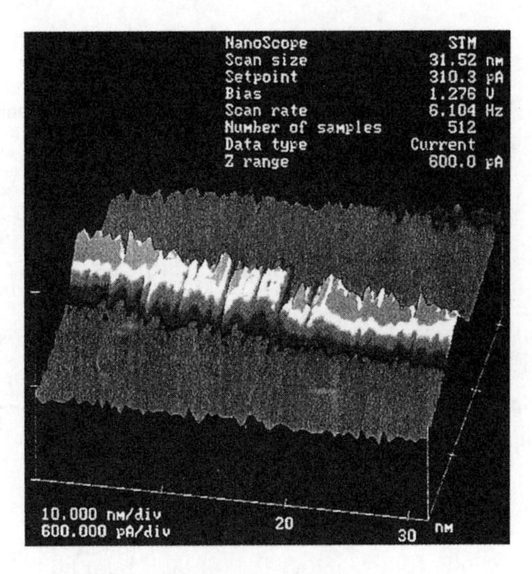

그림 12 분자튜브의 AFM상

합의 네트워크에 의해 안정화된 모양을 하고 있습니다.

분자튜브의 합성

CD를 1차원 상태의 열로 늘어놓을 수 있습니다. 그림 10은 고분자 사슬상태로 CD를 배열하여 말단에 부피가 큰 치환기를 붙여서 풀리지 않도록 한 것입니다. 그 다음에 옆자리의 CD 수산기들이 결합하도록 하였습니다. 이 때 에피클로로히드린(epichlorohydrin)이라는 짧은 가교제를 이용하면, 옆자리의 수산기들만이 결합하여 끝에서 끝까지 연결된 폴리로텍산이 생성됩니다. 그것을 강한 염기로 처리하여 탄소-질소 결합만을 절단하여 양쪽 말단에 붙어 있는 디니트로페닐 치환기를 제거하면, 가운데의 고분자 사슬이 제거될 수 있습니다. 이렇게 해서 얻어진 튜브상태의 고분자는 CD의 수산기 부분과 가교제의 수산기로 인해 친수성이 매우 높습니다.

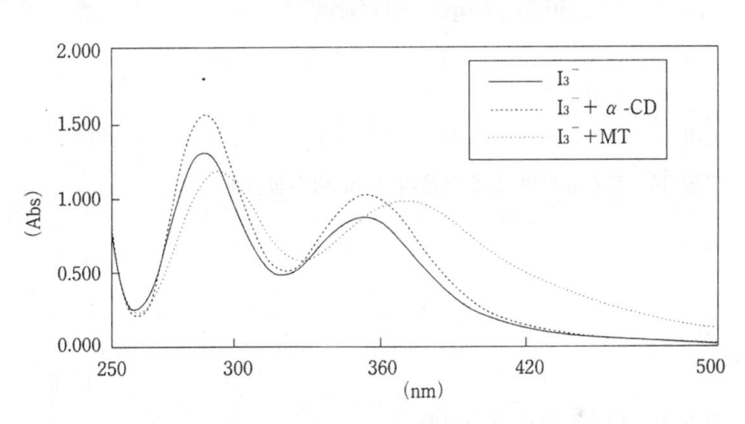

그림 13 요소이온 수용액의 흡수스펙트럼

튜브상 고분자의 전 단계 물질인 CD로 가득 찬 폴리로텍산의 STM상(그림 11)으로부터 CD가 고분자 사슬에 가득 차 있다는 것을 알 수 있습니다. 이것에 가교제를 첨가한 후, 양쪽 말단의 치환기를 빼내어 고분자 사슬을 제거한 분자튜브는 그림 12와 같습니다. 몇 십nm의 상당히 직선적인 튜브가 만들어지기도 하는데 좀더 짧은 튜브에서는 CD 1개 1개가 관찰되기도 하며, 몇 개의 CD가 연결된 모양으로부터 이 튜브가 직선상태로 연결되어 있다는 것을 알 수 있습니다.

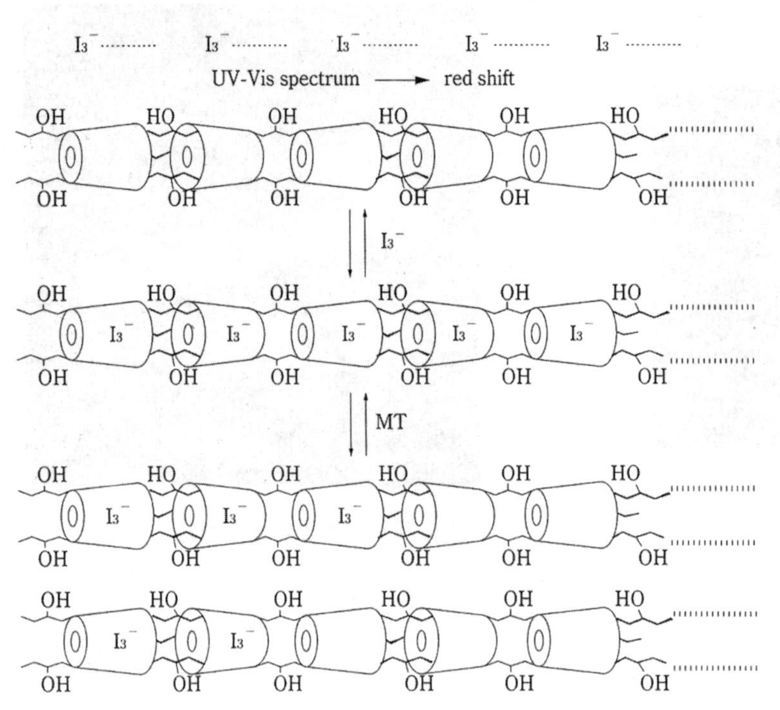

그림 14 분자튜브와 요소이온의 포접 착화합물

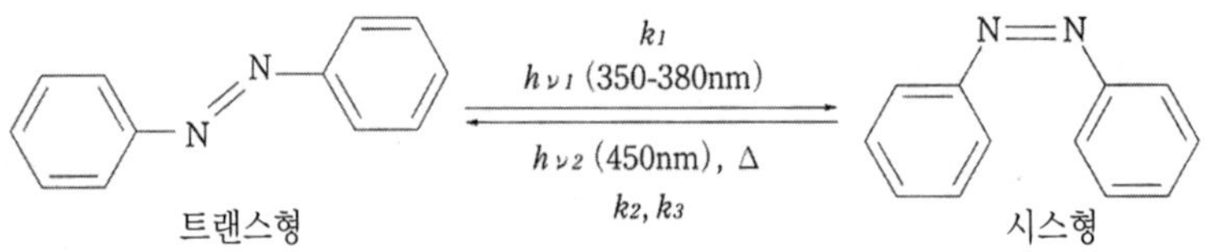

N=N
k_1
$h\nu_1$ (350-380nm)
$h\nu_2$ (450nm), Δ
k_2, k_3
트랜스형
시스형

그림 15 아조벤젠의 광이성화

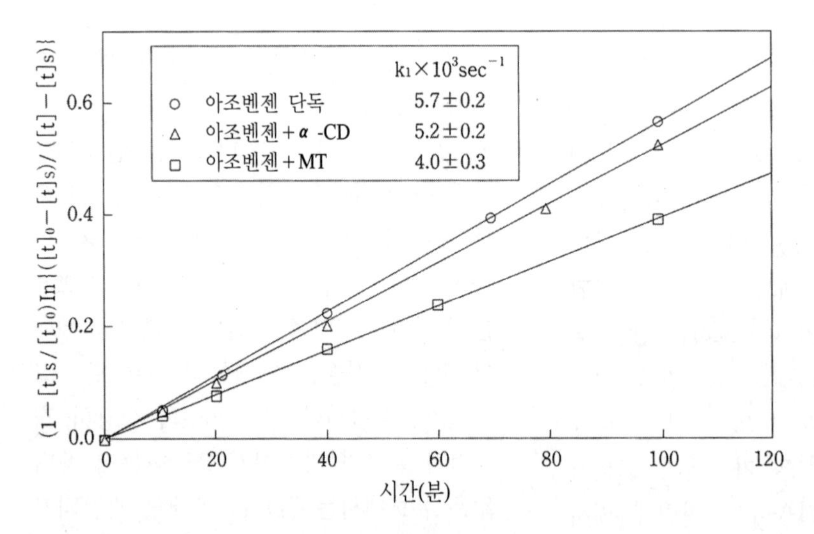

그림 16 아조벤젠 광이성화의 시간에 따른 변화

분자튜브의 성질

이렇게 하여 얻어진 분자튜브는 물에 매우 잘 녹아 CD와는 다른 여러 가지 특징을 보입니다. 요소이온의 포접(包接)에 대해서 조사해 보았습니다(그림 13).

예를 들면 낮은 농도의 요소 이온의 수용액은 거의 무색입니다. 거기에 α-CD를 첨가해도 색깔은 거의 변하지 않지만, 분자튜브를 첨가하면 극대파장이 장파장 쪽으로 이동하여 500nm 이상까지 커지고, 즉석에서 빨갛게 착색되는 것을 육안으로 확인할 수 있습니다. 이러한 변화는 CD농도와 요소이온 농도가 몰비로 1대1이 되었을 때에 최대로

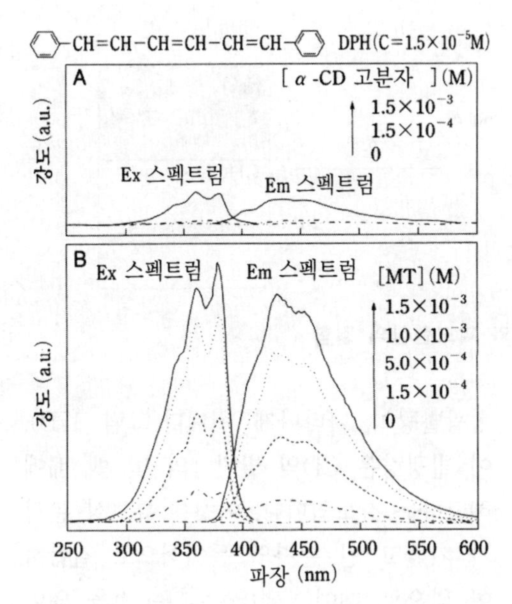

그림 17 분자튜브와 DPH의 결합에 의한 형광 스펙트럼 변화. A : 분자튜브 존재, B : 랜덤한 α-CD고분자 존재.

나타납니다. 다시 말해 CD농도가 요소이온보다 높거나 반대로 요소이온의 농도가 높을 경우는 스펙트럼의 변화가 작습니다. 요소이온 1개의 길이와 CD의 길이가 비슷하므로 1대1이 되는 경우에 요소이온은 CD에 보다 잘 포접될 수 있습니다(그림 14).

흥미로운 사실은 α-CD를 고분자 주형(template)을 이용하지 않고 에피클로로

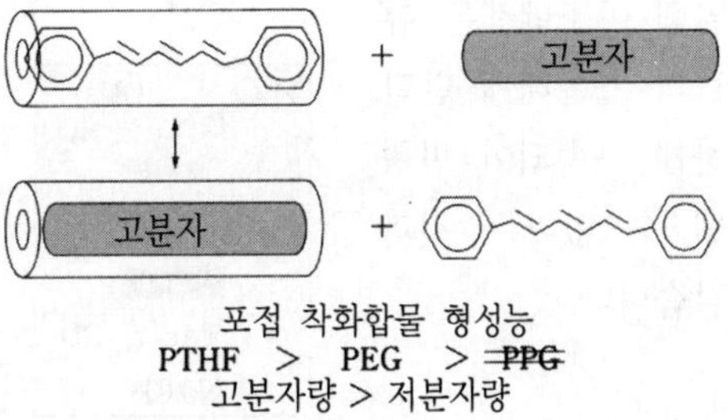

고분자

고분자

포접 착화합물 형성능
PTHF > PEG > ~~PPG~~
고분자량 > 저분자량

그림 18 분자튜브와 고분자의 포접 착화합물 형성

히드린으로 직접 가교시킨 랜덤한 고분자에서는 이러한 색깔 변화가 거의 나타나지 않습니다. 이것은 요소-전분 반응과 같은 형태로 요소가 1차원으로 늘어서기 때문이라고 생각할 수 있습니다.

또한 아조벤젠(azobenzene)이라는 가늘고 긴 색소분자는 보통은 트랜스(trans)형이지만, 자외선을 비추면 시스(cis)형로 변형됩니다(그림 15). 그리고 이 시스형에 가시광선을 비추거나 열을 가하면 트랜스형으로 되돌아옵니다. 이 반응을 CD나 분자튜브를 포함한 용액 속에서 알아보았습니다. 그림 16은 트랜스형으로부터 시스형으로 변환되는 속도를 나타내고 있지만, 튜브상의 고분자를 가할 경우 트랜스형으로부터 시스형으로의 변화가 현저하게 억제됩니다. 이 속도를 계산하면 아조벤젠이 튜브상의 고분자에 들어가 있는 경우와 그렇지 않은 경우가 평형이라는 것을 알 수 있습니다. 이런 사실로부터 튜브 속에 결합된 아조벤젠은 거의 이성화되지 않는다는 것을 알 수 있습니다. 다시

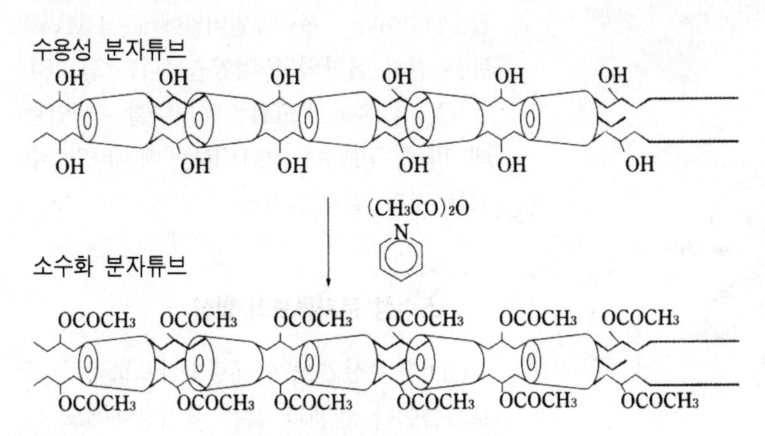

그림 19 소수성 분자튜브의 합성

말해 아조벤젠은 튜브의 가운데에 단단하게 구속되어 변형될 수 없다는 것과 같습니다.

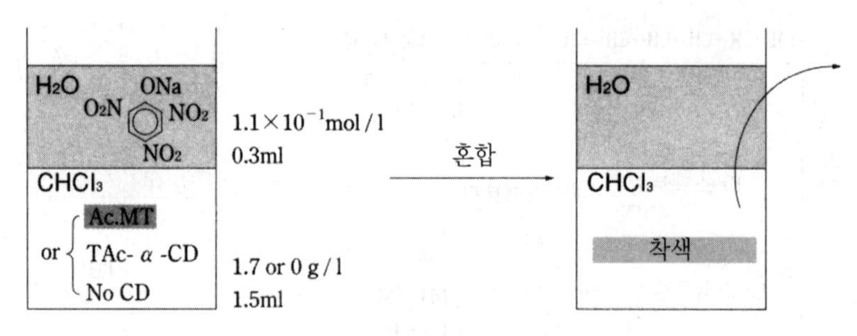

그림 20 소수성 분자튜브와 피크린산의 결합

튜브상 분자의 특이적 분자결합

디페닐헥사트리엔(DPH)이라는 가늘고 긴 분자는 소수성이지만, CD나 CD 분자튜브에는 다소 용해될 수 있습니다. 단 α-CD를 가해도 DPH의 형광스펙트럼은 거의 변하지 않습니다. α-CD를 랜덤하게 결합시킨 튜브상이 아닌 고분자에서도 형광은 거의 나타나지 않습니다(그림 17 A).

그런데 DPH의 현탁용액 안에 튜브상 분자를 첨가하면, 그 농도에 따라서 강한 형광발광이 나타나게 됩니다(그림 17B). 이 발광량은 CD의 발광량의 몇 백 배에 해당하는 강도입니다. 이것은 튜브상 분자가 가늘고 긴 분자와 특이적으로 결합하여 밖으로 떼어놓지 않는다는 것을 의미합니다. 랜덤하게 가교시킨 CD고분자에서는 긴 분자를 수용할 수 있는 공간이 없는 반면에 튜브상태의 고분자는 긴 분자를 받아들여 안정화시킬 수 있습니다.

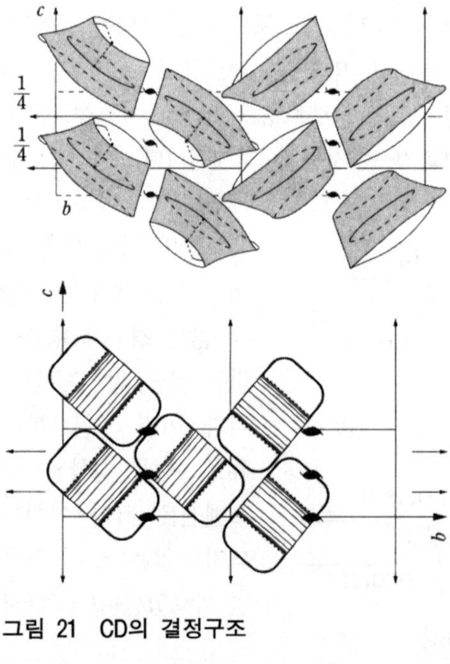

그림 21 CD의 결정구조

튜브상 분자는 다양한 형태의 고분자를 받아들일 수 있습니다. 앞에서 설명한 DPH의 형광을 이용하여 DPH와의 경쟁반응으로 고분자를 받아들일 것인지에 대해 조사해 보았습니다. 그 결과 폴리에틸렌글리콜(PEG)이나 폴리테트라히드로퓨란(PTHF) 등 가늘고 긴 고분자는 튜브상 고분자에 결합되지만, 폴리프로필렌글리콜(PPG)이나 폴리메틸비닐에테르(PMVE) 등은 전혀 결합되지 않았습니다(그림 18). α-CD의 홀을 PEG는 빠져나갈 수 있는데 반해, PPG나 PMVE는 빠져나갈 수 없는 것과 일치합니다.

소수성 분자튜브의 합성

CD의 수산기를 아세틸화함으로써 클로로포름이나 벤젠과 같은 유기용매에도 녹

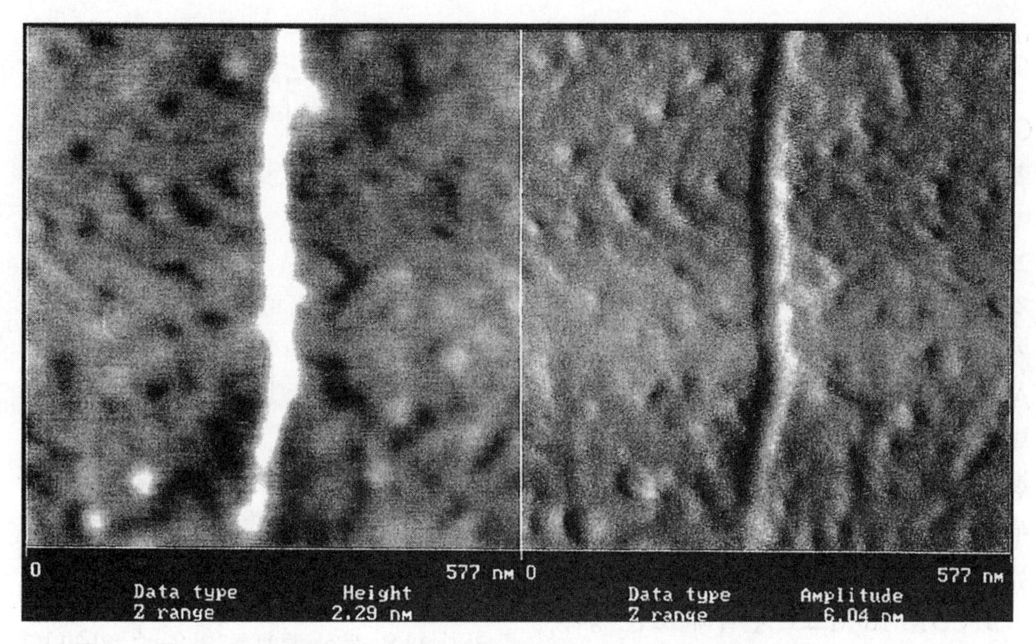

그림 22 α-CD튜브의 AFM상

는 튜브를 합성할 수 있습니다(그림 19).

이것은 이온채널로서의 응용을 기대한 것으로 다양한 이온을 받아들일 수 있습니다(그림 20). 피크린산(picric acid)소다는 물에는 녹지만 유기용매에는 녹지 않습니다. 조금 전에 설명한 소수화한 튜브를 유기용매에 녹여서 이것을 추출하면 유기용매에 색깔이 나타나기 시작하는데, 이것은 피크린산나트륨염이 유기용매에 용해되었다는 것을 의미합니다. 즉 튜브 안으로 금속 염이 결합되었다는 것을 알 수 있습니다.

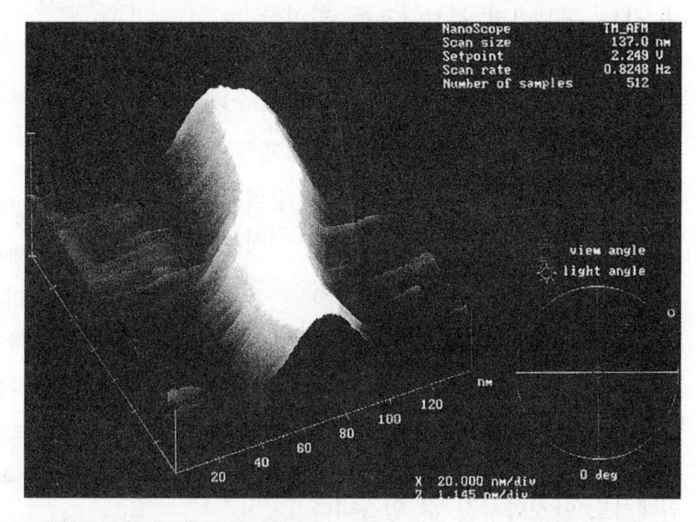

그림 23 β-CD튜브의 AFM상

기판 위에서의 분자튜브 합성

최근 조금 다른 방법으로 분자튜브를 제작할 수 있다는 사실이 밝혀졌습니다. CD를 물로 재결정하면 CD 1개 1개의 분자가 서로 홀을 가로막는 것 같은 모양으로 겹쳐집니다(그림 21). 물로 재결정한 α-CD결정의 표면을 전자현미경으로 관찰해 보면 CD는 튜브상태가 아니라 바구니형 구조를 하고 있지만, CD수용액을 그라파이트 위에서 건조시키면 아무런 구조도 관찰되지 않는다는 사실을 알 수 있습니다.

그런데 어떤 기판을 사용하면 CD는 튜브상태의 구조를 형성합니다. 농도가 낮은 CD용액을 마이카(mica) 표면에 전개한 후, 그것을 건조시켜 원자간력현미경(AFM)으로 관측하면 α-CD가 그림 22와 같이 보입니다. AFM상이므로 실제의 굵기보다 몇 배 두껍게 보이지만 수직방향의 두께를 측정해 보면 CD의 두께 1nm에 해당하는 직선형의 튜브구조를 관찰할 수 있습니다.

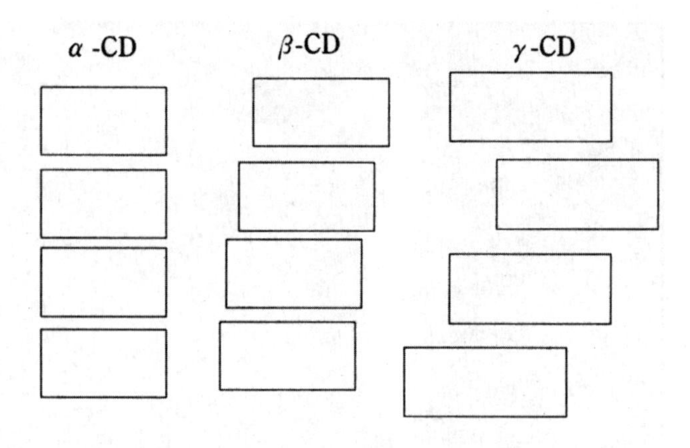

그림 24 CD튜브의 구조

β-CD를 AFM으로 관찰해 보면 정확히 α-CD와 γ-CD의 중간 정도의 두께를 갖는 구부러진 튜브구조를 확인할 수 있습니다(그림 23).

고리가 큰 γ-CD의 경우는 양상이 다릅니다. 연결된 구조로 보이지만 크게 구부러져 있거나 어떤 부위에서는 갈라져 나온 것 같은 구조도 보입니다. 이것은 α-CD, β-CD보다 γ-CD가 굵은 튜브상 구조로 늘어선 것을 알 수 있습니다. 단, 이것도 물에 녹이면 1개씩 분리되어 CD로 되돌아옵니다. 그러나 어떤 방법으로 고정화하면 튜브상태의 구조를 기판 위에서도 안정화시킬 수 있습니다.

다시 말해 CD를 일정한 기판 위에 고정화함으로써 α-CD로는 상당히 직선적인 튜브를, β-CD로는 약간 비뚤어진 튜브를, γ-CD로는 크게 구부러지거나 갈라져 나온 듯한 튜브를 얻을 수 있습니다(그림 24).

결론

이처럼 고리모양의 분자를 나열하여 결합한 튜브상태의 분자는 기판과의 상호작용을 이용해서 합성할 수 있습니다. 이러한 튜브상의 분자는 그 안에 가늘고 긴 분자를 선택적으로 받아들이는 특이적 성질을 갖는다는 사실을 알았습니다. 이 튜브모양의 분자는 탄소 나노튜브와는 달리, 물에 녹고 유연하여 생체 내에 도입하는 것도 가능하다고 생각합니다. 다양한 기능 발현이 기대되고 있습니다.

Q & A

■Q■ CD를 가교제를 이용하여 수산기의 사이를 연결한다고 하셨는데, 몇 개의 분자가 연결되어 있습니까? 그 유연성과도 관련해서 모양을 소개해 주실 수 있겠습니까?

●A● 적당한 유연성과 모양을 유지하기 위해, 실제로는 3개에서 4개의 수산기를 연결시키고 있습니다. 1개의 경우는 모양이 거의 흐트러지고, 반대로 많은 경우에는 분자간의 결합으로 딱딱해져 용해도가 감소합니다.

? Q & A

■Q■ CD는 2급수산기와 1급수산기의 넓고 좁은 입구가 있습니다만, STM관찰로 구별이 가능합니까?

●A● 처음의 STM상은 상당히 초기의 것으로 CD인 것은 알 수 있지만, 2급수산기와 1급수산기를 정확히 구별할 수는 없습니다. 최근 쯔쿠바대학의 시게카와 교수는 CD의 고분해관찰을 통해 2급과 2급, 1급과 1급 수산기가 거의 서로 마주보고 나열해 있다는 사실을 알아냈습니다. 헤드투헤드(head to head)라고 부르고 있지만, 흐트러져 있는 부분도 구별할 수 있다고 합니다.

■Q■ 마이카 표면 위에 기판과의 상호작용으로 늘어설 경우에도, 넓은 입구끼리 또는 좁은 입구끼리 서로 마주보게 됩니까?

●A● AFM으로 본 것만으로는 그 연결구조를 알 수 없습니다. 그러나 다른 연구그룹에 의해 헤드투헤드, 테일투테일로 나열해 있다는 사실이 자세히 보고되고 있습니다.

■Q■ 교수님의 연구실에서는 어느 정도의 튜브를 합성할 수 있습니까?

●A● 원리적으로는, 수율은 폴리로텍산까지가 40% 정도입니다. 그 다음은 정량적으로 말하면 몇 십g부터 시작해서 100~200mg 정도가 됩니다. 그 때문에 정제단계에서 컬럼을 사용하는 경우도 있었습니다. 폴리로텍산은 물에 녹지 않습니다만, 최근에는 CD와 PEG의 물에 대한 용해성의 차이를 이용해서 상당히 깨끗한 생성물을 얻을 수 있게 되었습니다.

금속 나노입자의 기능

토시마 나오키
야마구치 토쿄 이과대학 기초공학부 교수

귀금속은 어디에 이용되는가

지금까지의 강연은 탄소와 수소, 산소 등을 포함하는 유기 화합물이 중심이었습니다. 그러나 주기율표를 보면 원소의 대부분은 금속 원소입니다. 금속도 나노미터의 크기가 되면 기존의 금속과는 다른 성질을 나타내게 됩니다. 그런 사실을 백금이나 팔라듐, 구리 등의 예를 들어 소개하겠습니다.

귀금속의 사용량을 보면 수요량에서 압도적으로 금이 많고 백금이나 팔라듐은 상당히 적습니다(그림 1). 금의 사용목적은 거의 보석장식용이지만, 그 외에 전자공업용 배선 등으로도 사용되고 있습니다. 백금과 팔라듐의 수요량은 거의 같지만, 백금의 경우는 거의 보석장식용으로 사용되고, 그 외에 전자공업용, 자동차용 촉매, 화학공업용 촉매 등으로서도 사용되고 있습니다. 팔라듐의 경우 보석장식용보다 대부분이 전자공업용으로서 사용되고 있습니다. 또한 팔라듐은 백금보다 저렴해서 자동차용 촉매 및 치과 재료로 많이 사용되고 있습니다. 로듐의 경우는 사용량은 극히 적지만 거의가 자동차용 촉매로서 사용되고 있습니다.

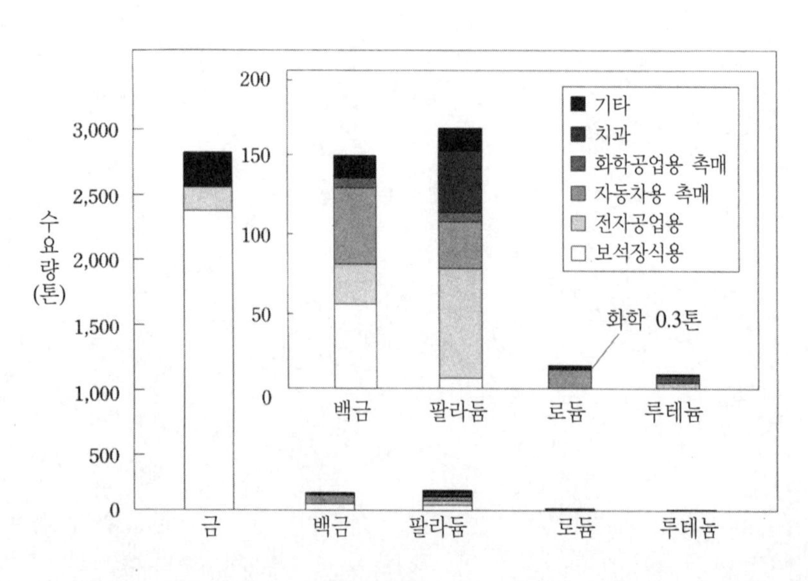

그림 1 세계의 귀금속 수요(1994년)

소비량으로 보면 백금의 최대 소비국은 북미도 유럽도 아닌 일본입니다(그림 2). 일본에서 보석장식용을 제외한 대부분의 귀금속은 자동차용 촉매로서 사용되고 있습니다. 세계의 촉매 매상고는 1997년에 74억 달러로 2003년에는 89억 달러까지 늘어날 것으로 예상되고 있습니다. 왜냐하면 자동차의 배기가스 처리를 위한 환경정화용 촉매, 그리고 고분자합성용 촉매의 수요가 크게 늘어나고 있기 때문입니다.

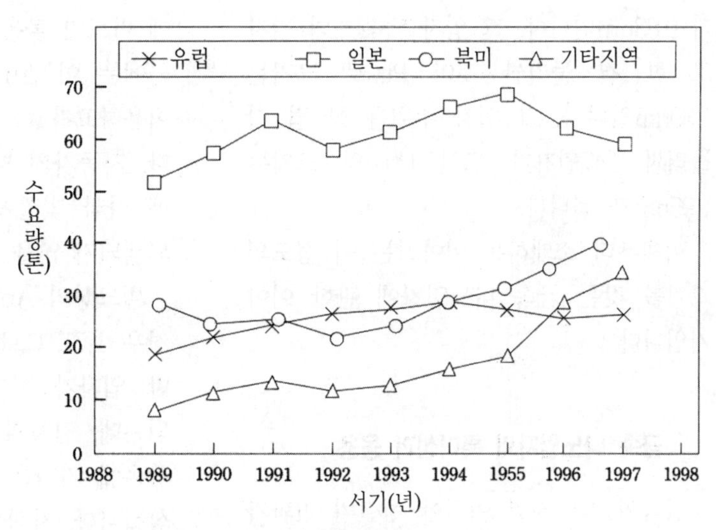

그림 2 백금의 지역별 수요량 추이

금속 나노입자란

지금까지는 모두 벌크상의 금속에 관한 이야기를 하였습니다. 벌크상과 나노입자의 금속에는 어떤 차이가 있습니까? 촉매용이나 전자공업용으로 사용되고 있는 대부분은 금속 덩어리를 여러 가지 물리적 방법을 통해 작게 한 것입니다. 종래의 재료과학자나 기술자가 주로 다루어 온 금속 덩어리가 벌크상이라면, 화학자는 주로 금속원자로서의 성질을 조사하고 있습니다. 이 금속 덩어리와 금속원자 사이에 다리를 걸친 영역에 금속 나노입자가 있습니다(그림 3).

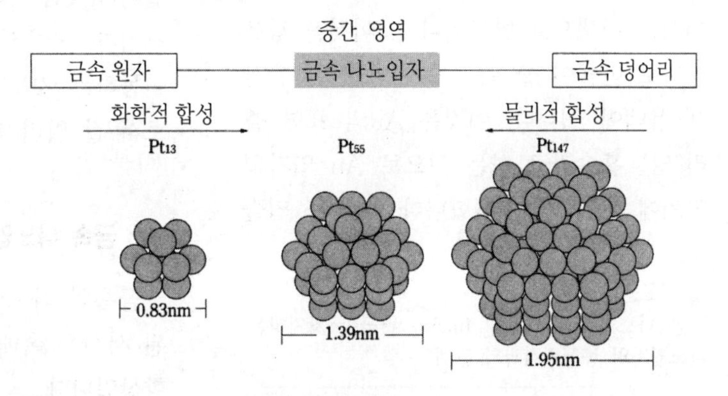

그림 3 금속 나노입자의 크기와 구조

금속 나노입자는 좁은 의미로는 금속원자가 모여서 생긴 입자이며, 넓은 의미로는 금속원자 또는 금속이온을 포함하는 금속산화물, 금속착화합물 등으로 이루어진 입자입니다. 크기 면에서 작게는 1~10nm, 크게는 1~100nm 지름을 갖는 입자를 포함합니다.

화학조성은 같아도 종래의 화학자가 다루어 온 원자나 분자, 그리고 벌크상 재료와 다른 성질을 나타내는데, 이것이 나노입자가 갖는 흥미로운 점입니다. 또한 차세대 기술로서 기대되고 있는 나노기술이나 나노디바이스를 지탱하는 구성요소로서도 중요하게 여겨지고 있습니다.

그러면 금속 나노입자는 몇 개의 금속원자로 이루어졌을까요? 예를 들어 백금(Pt)원자가 면심입방 구조의 구형으로 늘어선 Pt_{13}의 경우, 1개의 중심 원자 주위를 12개의 Pt원자가 둘러싼 상태로 크기가 0.83nm입니다. 그 입자를 42개의 원자로 한 겹 둘러싼 것이 Pt_{55}로 크기는 1.39nm입니다. 그 입자 주위를 한 겹 더 둘러싸 147원자가 모인 Pt_{147}의 크기는 1.95nm가 됩니다.

이제부터 소개하는 이야기는 이 정도의 크기를 갖는 금속 나노입자에 관한 이야기입니다.

금속 나노입자의 특이성과 응용

금속이 작아지면 어떠한 성질의 변화가 일어날까요? 예를 들면 금(Au)은 벌크상에서는 금색으로 반짝입니다. 이것을 작은 입자로 만들어 물 속에 녹이면 진한 빨간색 용액이 됩니다. 이것은 Au의 표면 플라즈몬 흡수라고 하는 것으로 Au 입자의 크기에 따라 색이 변합니다. 이것을 입술에 바르면 붉은 색을 나타냅니다. 또한 최근에는 이 Au나노입자를 자동차 도료로 이용하고자 하는 연구가 진행되고 있습니다. 자동차의 빨간색 도료는 시간이 지남에 따라 빛깔이 퇴색하지만 금 도료라면 퇴색되지 않을 것입니다.

① 고표면적 효과
백금 나노입자의 크기와 1mol의 백금이 차지하는 나노입자의 총표면적과의 관계

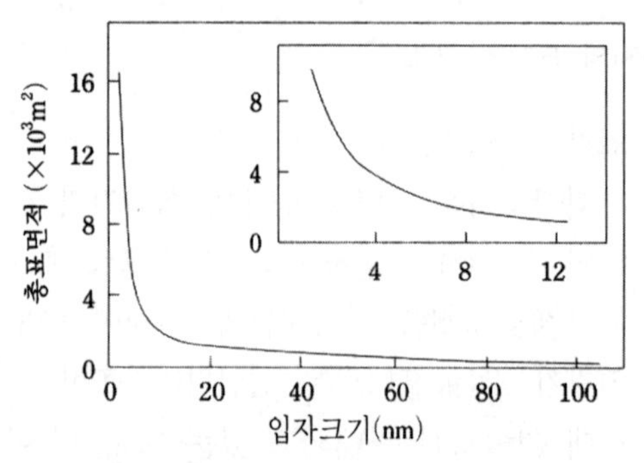

② 양자사이즈 효과
양자사이즈 효과에 의한 이산적 에너지준위의 형성

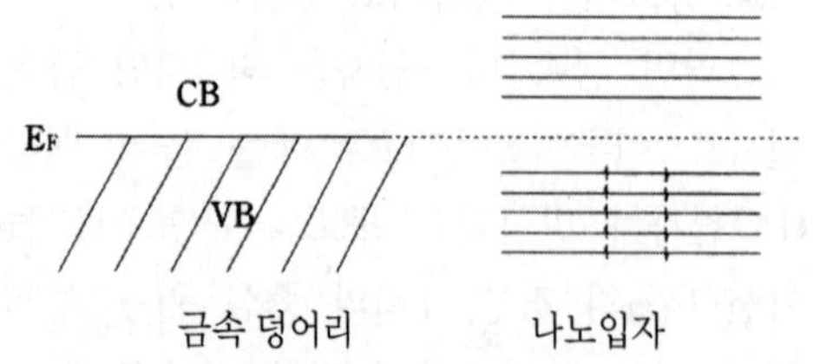

그림 4 나노미터 크기의 효과

벌크상의 Au의 녹는점은 1,065℃, Pt의 경우 1,773℃로 대단히 높습니다. 그렇지만 입자가 작아지면 녹는점이 내려가게 되는데, 입자의 크기가 1nm 정도가 되면 상온에 가까운 녹는점을 가질 것으로 예상됩니다. 자석으로서의 성질도 크게 변화됩니다. CdS 등의 반도체화합물은 입자의 크기가 작아짐에 따라서 단파장 쪽으로 이동하는 것도 양자사이즈 효과의 한 예로서 잘 알려져 있습니다.

금속 나노입자의 기능을 유지하는 효과

금속의 나노입자화로 보다 잘 알려지게 된 사실은 촉매기능의 변화, 활성선택성의 향상입니다.

일반적으로 입자가 작아짐으로써 나타나는 효과는 크게 둘로 나눌 수 있습니다(그림 4). 하나는 총원자 중에서 표면원자가 차지하는 비율이 증가한다는 사실입니다(고표면적 효과). 예를 들면 2.0nm의 Pt입자에서는 전체의 63%가, 그리고 1.4nm의 Pt입자에서는 전체의 76%가 표면에 존재합니다.

또 하나는 원자간의 상호작용이 미치는 범위가 한정되는 것으로 인한 양자사이즈 효과로, 금속 덩어리에서 밴드구조를 나타내던 것이 나노입자가 되면 양자사이즈 효과로 인해 이산적인 에너지준위가 형성됩니다. 이러한 사실이 토쿄대학의 쿠보

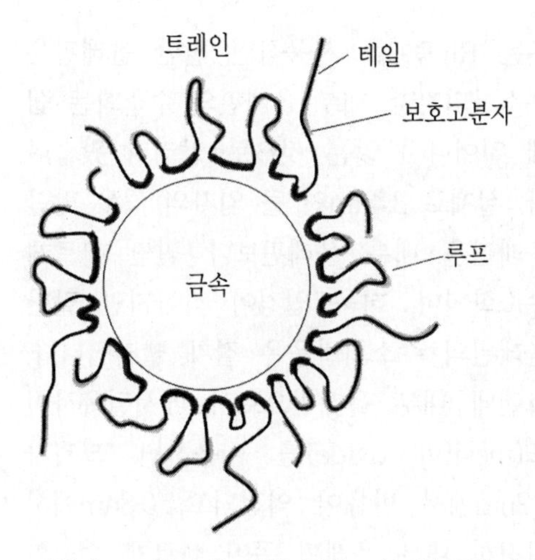

그림 5 고분자에 의한 금속 나노입자의 수중 안정화

(久保) 교수에 의해 이론적으로 밝혀졌습니다.

금속 나노입자의 제작법과 안정화

금속 나노입자를 만드는 방법에는 물리적 방법과 화학적 방법이 있습니다. 물리적 방법은 다양한 것을 만드는 데는 유리하지만, 같은 것을 다량으로 만드는 데는 적당하지 않습니다. 그러나 화학적 방법은 금속 이온을 환원하여 금속 원자로 바꾸고 그것을 응집해서 금속 나노입자를 만들기 때문에 한 번에 많은 금속 나노입자를 균일하게 만들 수 있습니다. 이 화학적 방법에는 구연산이나 알코올, 수소화물, 수소, γ선, 빛, 열, 전기 및 초음파 등이 환원제로 사용되고 있습니다. 또한 안정화제로서 이온이나 미셀, 고분자, 리간드 등이 사용되고 있습니다.

Au나노입자의 콜로이드를 최초로 만든 사람은 '패러데이(Faraday)의 법칙'을 발견한 영국의 패러데이로, 약 150년 전의 일입니다. 물론 그 당시에는 크기를 균

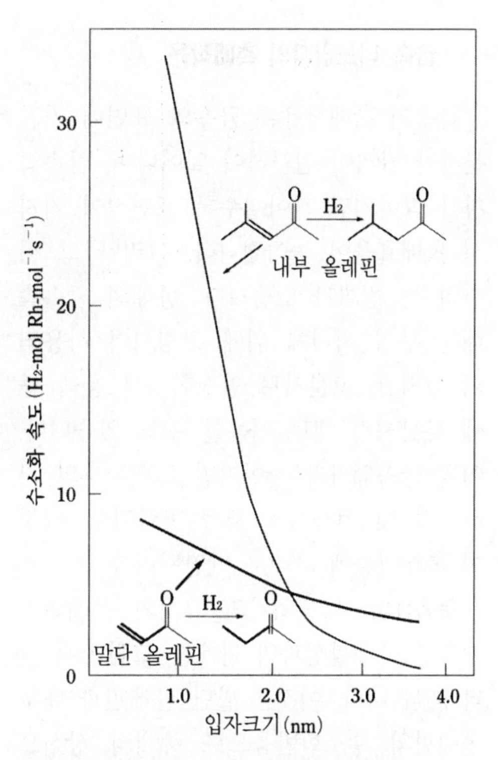

그림 6 Rh 나노입자의 크기와 올레핀의 수소화 촉매활성과의 관계

일하게 제어할 수 없었기 때문에 마이크로의 큰 입자도 함께 생성되었지만, 패러데이는 환원제로서 황인을 이용하여 Au 나노입자를 만들었습니다.

우리들은 환원제로서 알코올을, 안정제로서 고분자를 사용하고 있습니다. 금속 이온을 알코올로 환원시켜 금속 나노입자를 생성한 후, 그 주위에 고분자를 씌워서 안정화시킵니다. 종래에는 그림 5에 나타낸 것같이 고분자 중의 트레인(train)이라고 부르는 소수부가 금속을 흡착하면, 루프(loop), 테일(tail)이라고 불리는 친수부에 의해 물 속에 안정하게 분산된다고 생각해 왔습니다만, 저희들은 그 외에도 배위결합이 큰 역할을 한다는 사실을 알아냈습니다.

금속 나노입자의 촉매작용

금속의 촉매작용은 금속의 표면에 기질 분자가 가까이 접근하여 일어나며, 금속입자가 작아지면 작아질수록 표면적이 커져서 촉매효율이 높아집니다. 그러나 그 이상의 큰 변화가 있습니다. 종래의 금속촉매는 무기 지지체 위에 고정시켜 사용되어 왔지만, 고분자로 안정화시켜 용액 중에 분산시킨 채로 사용할 수도 있습니다. 이들 금속입자가 작아지면 표면원자의 기하학적 및 전자적 구조가 변화되고, 그것이 촉매기능에 그대로 반영됩니다.

로듐(Rh) 나노입자의 크기와 올레핀의 수소화 촉매활성과의 관계를 그림 6에 나타내었습니다. 이것은 말단 올레핀과 내부 올레핀의 수소화반응으로 종래의 상식으로는 Rh촉매를 사용하면 말단 올레핀은 수소화되지만, 내부 올레핀의 수소화는 쉽게 일어나지 않는 것으로 알려져 왔습니다. 실제로 3.4nm인 큰 입자의 경우 말단 올레핀은 내부 올레핀보다 훨씬 빠르게 수소화되며, 더욱 입경이 작아지면 말단 올레핀의 수소화반응은 점차 빨라집니다. 그런데 내부 올레핀으로서 메시틸옥사이드(mesityl oxide)를 이용하면 크기가 2.2nm에서 반응이 역전되고, 0.8nm에서 완전히 내부 올레핀 쪽이 빠르게 수소화합니다. 이러한 것은 나노입자이기 때문에 일어나는 현상입니다.

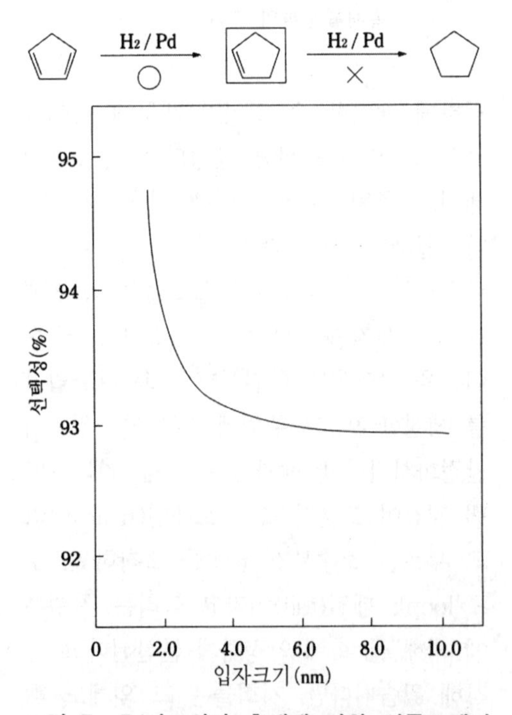

그림 7 Pd나노입자 촉매에 의한 시클로펜타디엔의 부분수소화 반응의 선택성과 입자크기와의 관계 (95% 전환시의 시클로펜타디엔 비율로 선택성을 나타낸다)

그림 7은 팔라듐(Pd) 나노입자 촉매에 의한 시클로펜타디엔(cyclopentadiene)의 부분수소화 반응의 선택성과 입자크기의 관계를 나타내고 있습니다. 부분수소화로 시클로펜텐(cyclopentene)을 생성하는 경우, 크기가 2~3nm 근처에서 선택성이 급격히 향상되는 사실로부터 2nm 정도의 크기가 촉매의 활성이나 선택성에 큰 영향을 주고 있다는 것을 알 수 있습니다.

그림 8은 금속 나노입자가 환원뿐 아니라 산화촉매로서도 작용할 수 있는 사실을 나타내는 최근의 데이터입니다. 공업용 에틸렌옥사이드(ethylene oxide)의 합성에는 은(Ag)촉매가 이용되고 있습니다. 폴리비닐피롤리돈(polyvinyl pyrrolidone, PVP)으로 코팅한 Ag나노입자를 사용하면 비교적 저온의 반응에서 촉매효율이 비약적으로 향상되지만, 130℃의 고온 반응에서는 전혀 촉매활성을 나타내지 않습니다. PVP 대신에 폴리아크릴산(polyacrylic acid, PAA)을 보호제로서 사용하는 경우는 반대로 온도를 높이면 높일수록 효율이 증가합니다. 이것은 Ag나노입자를 안

정화시키는 고분자의 종류가 얼마큼 중요한지를 나타내는 좋은 예라고 하겠습니다.

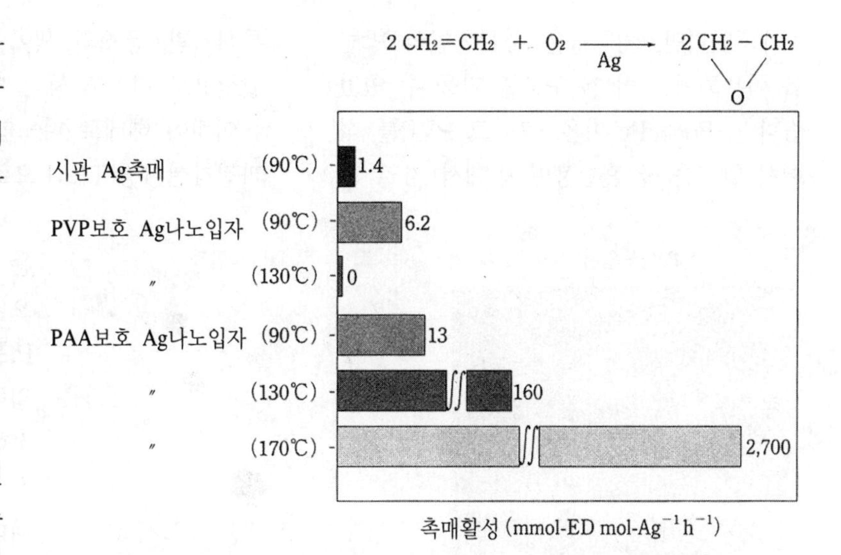

그림 8 Ag나노입자 촉매에 의한 에틸렌 산화반응에 대한 고분자 안정제의 영향

헤테로 금속 나노입자의 구조

촉매에 무엇인가를 첨가하면 촉매기능이 크게 변화한다는 것은 잘 알려진 사실입니다. 금속에 다른 금속을 첨가해도 크게 변합니다. 이 첨가효과는 앙상블(협주)효과와 리간드(배위자)효과로 설명되고 있습니다. 나노입자의 크기가 되면 2종의 원소가 원자레벨로 어떻게 배열하고 있는지를 자세하게 해석할 수 있어, 구조와 촉매기능의 상관관계를 논할 수 있습니다. 이러한 논의가 가능해진 것은 극히 최근의 일이며, 이것에 관해서는 나중에 소개하겠습니다.

그 전에 A와 B 2종류의 금속이온을 고분자의 존재 하에서 알코올을 가열 환류시켜 환원하면, 가능성 있는 생성물로서 다음 2가지를 생각할 수 있습니다(그림 9). 하나는 A와 B의 금속입자가 따로따로 생성되어 그것들이 혼합된 상태로 존재할 경우입니다. 또 하나는 A와 B 양쪽의 원자가 모여서 하나의 입자를 형성할 경우입니다. PVP를 사용한 알코올 환원에서는 후자의 반응이 일어나는데 운 좋게도 합금[코어(core) / 쉘(shell)]구조가 만들어지는 것이 밝혀졌습니다.

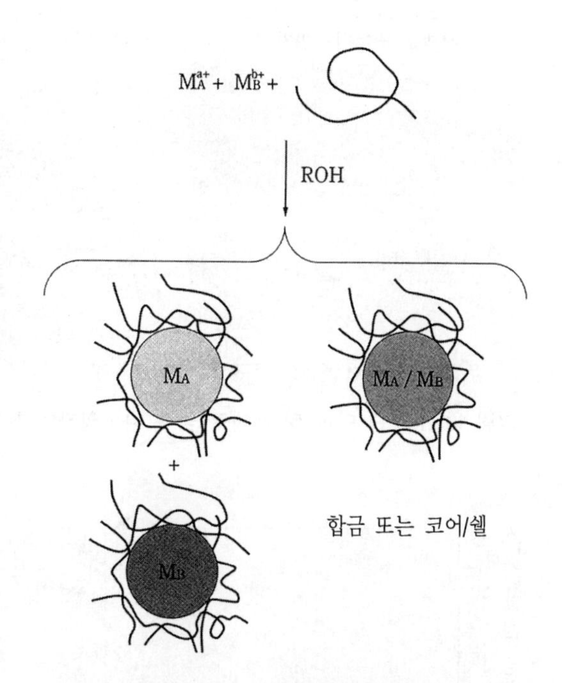

그림 9 고분자의 존재 상태에서 2종 금속이온의 알코올환원에 의한 헤테로 금속 나노입자의 생성개념

고분자의 코어/쉘 구조를 만드는 방법으로, 먼저 코어를 만들고 나중에 쉘을 만드는 방법이 카와구치(川口) 교수에 의해 소개되었지만, 저희들은 동시환원의 방법을 이용하여 코어/쉘 구조를 만들 수 있었습니다. Pd와 Pt 이온, 그리고 PVP를 섞어서 알코올/물 혼합용매 속에서 가열 환류시키면, 용액의 색이 무색 투명에서 흑갈색으로 변하고 둥근 입자가 생성됩니다.

이것이 헤테로 나노입자라는 사실을 투과전자현미경(TEM)으로 확인하였습니다(그림 10). 왼쪽 아래는 Pd와 Pt를 1대1, 오른쪽 아래는 Pd와 Pt를 4대1로 섞은 것입니다. 이 구조를 해석한 결과 다음과 같은 사실이 밝혀졌습니다.

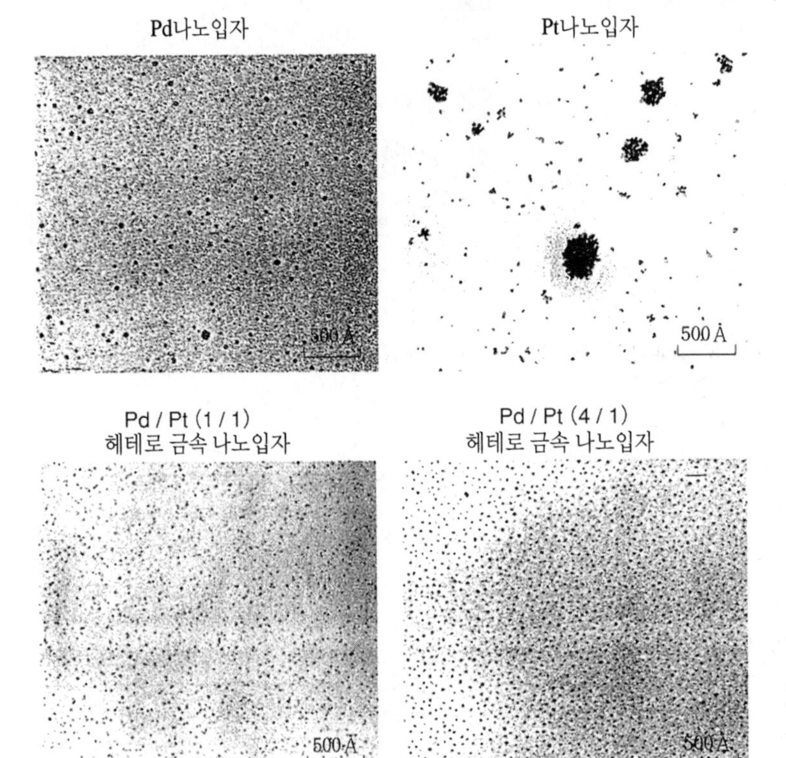

그림 10 Pd, Pt 단독 및 헤테로 금속 나노입자의 투과전자현미경 사진

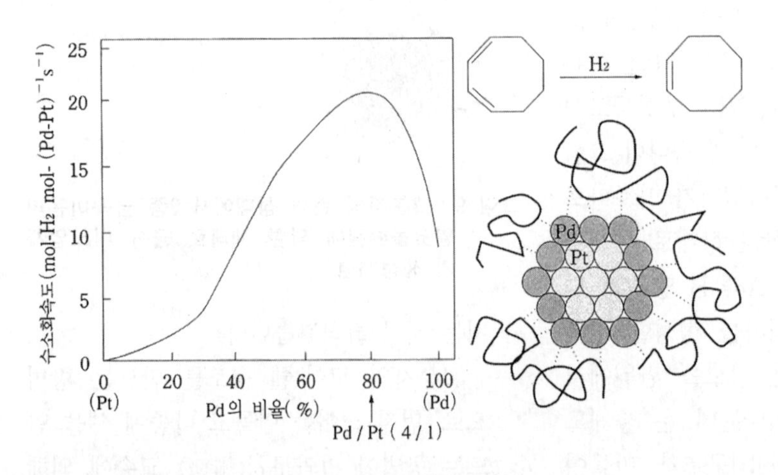

그림 11 Pd/Pt 헤테로 금속 나노입자의 촉매작용

Pd/Pt 헤테로 금속 나노입자의 촉매작용

Pd와 Pt를 4대1로 혼합하면, 55원자가 모이게 되는데 중앙에 13개의 Pt, 그리고 Pd가 그 주변을 1층 덮은 42개의 Pd/Pt (4/1) 헤테로 금속 나노입자가 만들어집니다. 이러한 것을 정할 수 있었던 것은 저희들이 세계에서 처음입니다.

Pd와 Pt가 1대1의 경우는 표면의 Pd원자의 일부가 Pt로 치환되지만, Pd원자는 세 조각으로 갈라져 표면을 덮고 있습니다.

촉매활성을 조사한 결과, 재미있는 사실

이 밝혀졌습니다. 시클로옥타디엔(cyclo-octadiene)의 수소화반응을 예로 들면 Pd만의 경우는 상당한 활성을 나타내는 반면, Pt는 거의 활성을 나타내지 않습니다. 그러나 Pd와 Pt를 여러 가지 비율로 섞으면, 활성은 금속조성에 따라 변하는데 Pd의 비율이 80%가 될 때, 즉 Pd와 Pt가 4대1의 지점에서 최대로 증가합니다(그림 11). 앞에서 언급한 것과 같은 Pt 중심을 Pd가 1층으로 둘러싸고 있는 구조입니다. 이것이 Pd 자체보다도 훨씬 높은 활성을 나타냅니다.

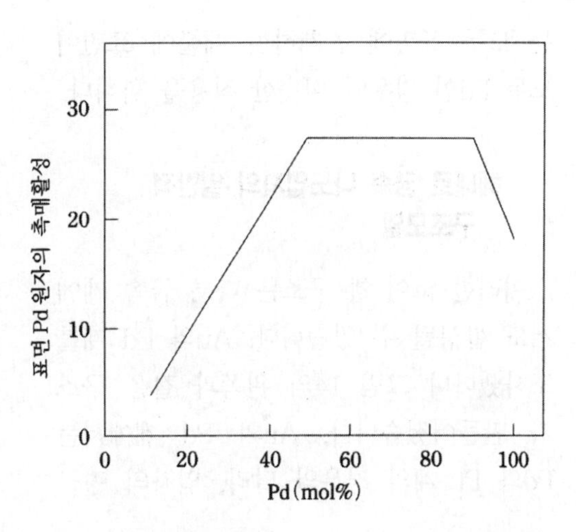

그림 12 Pd/Pt 헤테로 금속 나노입자 표면 Pd원자의 촉매활성

왜 이렇게 높은 활성이 나타날까요? 촉매활성에 대한 금속조성의 의존성은 그림 11과 같은 곡선으로 나타낼 수 있는데, 이 활성을 표면 Pd 원자수로 나누면, 표면의 Pd원자의 촉매활성은 그림 12에 나타낸 것과 같이 Pd 몰분율 50% 부근까지 일정하고 그 이하에서는 저하됩니다.

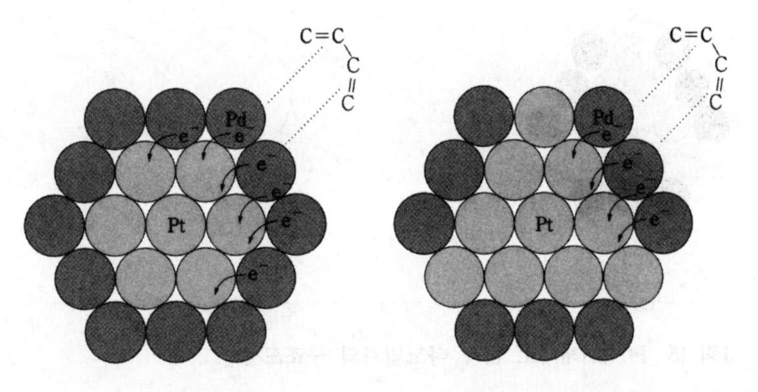

그림 13 Pt-코어/Pd-쉘 헤테로 금속 나노입자의 표면 촉매활성에 대한 내부 Pt의 효과

내부에 Pt가 존재하면 Pd에서 Pt로 전자가 약간 이동하기 때문에 표면 Pd원자는 본래보다 약간 양전하를 띠므로 π전자를 가지는 올레핀을 흡착하기 쉬워지고 활성이 높아집니다(그림 13). 표면 일부에 Pt가 있어도 Pd

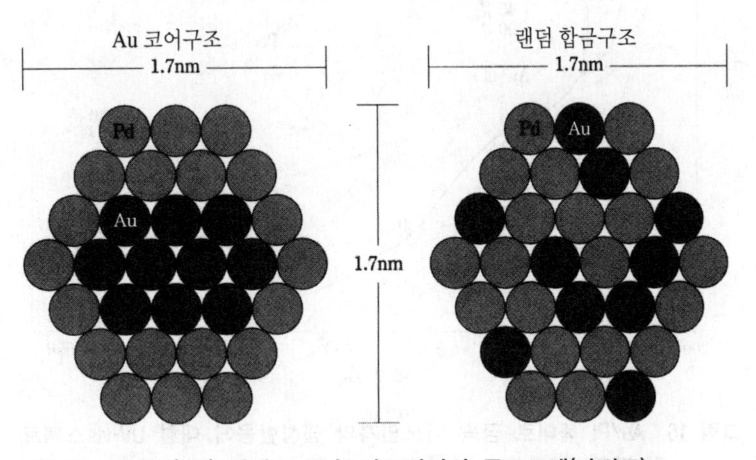

그림 14 Au/Pd(1/4) 헤테로 금속 나노입자의 구조모델(단면도)

는 모두 표면에 존재하기 때문에 표면이 모두 Pd인 경우와 비슷한 작용을 합니다.

헤테로 금속 나노입자의 일반적 구조모델

이러한 코어/쉘 구조는 다른 금속 계에서도 합성될 수 있습니다. Au와 Pd 계를 조사했더니 그림 14의 왼쪽과 같은 구조가 만들어졌습니다. Au와 Pd 계에서는 Pd와 Pt 계의 경우와 달라, 입자의 평균 크기가 1.7nm로, 표면 Pd층도 1원자 층보다 조금 두텁지만 중심에 Au, 표면에 Pd인 코어/쉘 구조를 갖습니다.

Rh와 Pt 계에서도 입자의 크기가 4nm의 큰 구조가 TEM으로 관찰되었지만, 확장X선흡수미세구조(EXAFS)법으로 해석한 결과 내부에 Pt, 표면에 Rh가 존재하는 입경 1.4nm의 마이크로 클러스터가 집합된 큰 구조체를 만든다는 것을 알았습니다(그림 15).

여러 가지 계를 조사한 결과, 쉘과 코어가 되기 쉬운 순서를 알 수 있었습니다. 다시 말해 쉘이 만들어지기 쉬운 순서는 Au <Pt <Pd <Rh입니다. 예를 들어 Pd와 Pt 계의 경우, Pt가 코어가 되고, Pd가 쉘이 됩니다. Pt와 Rh 계에서는 Pt가 코어를 Rh가 쉘을, Au와 Pt 계에서는 Au가 코어를, Pt가 쉘을 형성합니다.

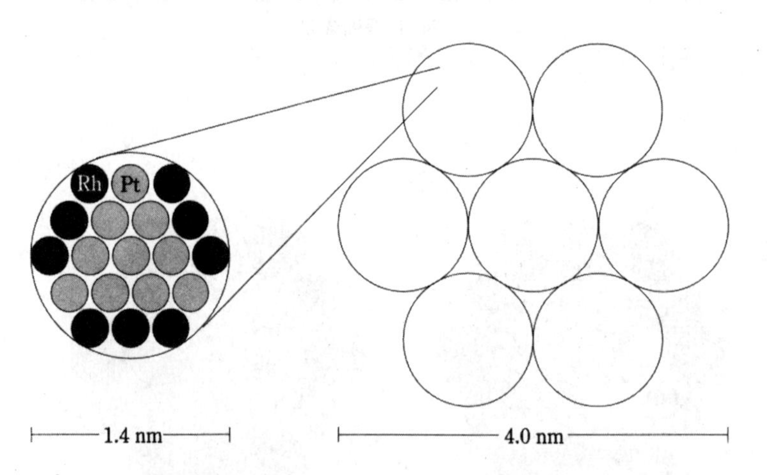

그림 15 Pt/Rh 헤테로 금속 나노입자의 구조모델

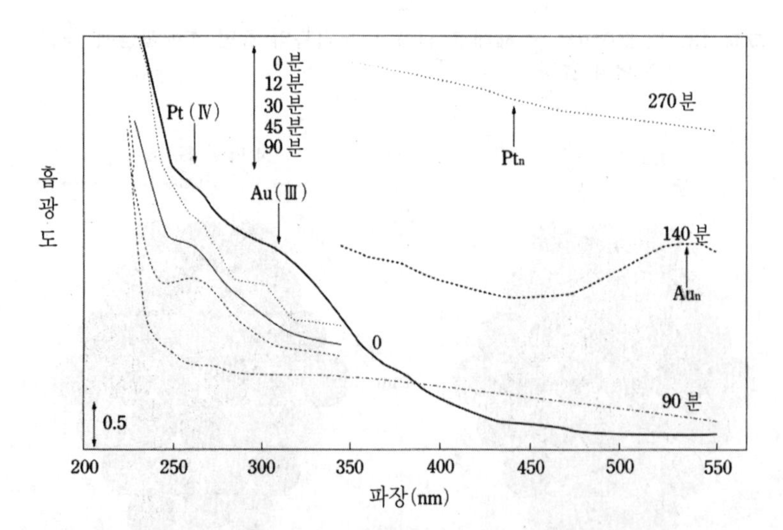

그림 16 Au/Pt 헤테로 금속 나노입자의 생성반응에 대한 UV-vis스펙트럼 변화

코어/쉘 구조의 생성조건과 과정

코어/쉘 구조가 생성되기 위해서는 알코올 환원과 고분자 PVP의 존재가 필수적입니다. 예를 들면 온화한 환원조건하에서 광환원을 시험해 본 결과

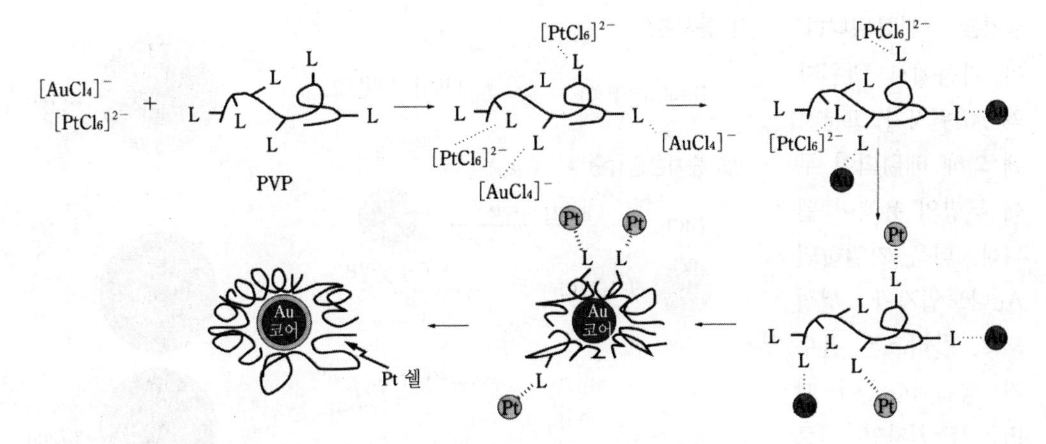

그림 17 Au/Pt 헤테로 금속 나노입자의 생성 모식도

코어/쉘 구조가 생성되지 않고 혼합물이 만들어졌습니다.

동시환원을 했는데 왜 코어/쉘 구조가 생성되었는지를 Au와 Pu 계에서 UV-vis분광계로 조사한 결과 매우 재미있는 사실이 밝혀졌습니다.

Au/Pt 헤테로 금속 나노입자가 생성될 때 UV-vis스펙트럼의 변화를 그림 16에 나타내었습니다. 우선 2개의 피크가 검출되는 사실로부터 Pt와 Au가 이온으로 존재하고 있는 것을 알 수 있습니다. 이것을 가열하면 Au이온의 피크가 감소하기 시작하여 30분에 Au이온이 없어지지만, Pt이온은 그대로 존재합니다. 계속해서 가열하면 Pt이온의 피크도 소실됩니다. 이것은 Au이온이 Au원자로 변화되고, 계속해서 Pt이온이 Pt원자로 변화된다는 것을 의미합니다. 90분이 경과하면 자외선 영역에서 가시광선 영역까지 흡수가 전혀 나타나지 않고 무색 투명하게 됩니다. 금속 이온은 흡수 피크를 가지고 있지만 원자가 되면 자외선 영역과 가시광선 영역의 흡수가 사라집니다.

그런데 더욱 가열을 하면 다시 흡수 피크가 나타나기 시작합니다. 우선 540nm 부근에 피크가 나타나는데, 이것은 Au나노입자에 의한 플라즈몬 흡수입니다. 즉 Au나노입자가 만들어지고 있다는 이야기입니다. 더욱 가열하면 Au의 플라즈몬 흡수가 소실되고 전체적으로 완만한 흡수 피크가 보이는데, 이것은 Pt나노입자가 생긴 것을 나타내는 스펙트럼입니다. Au나노입자가 만들어진 후 Au나노입자가 없어지고, Pt나노입자가 생긴 셈입니다. 다시 말해 Au나노입자의 주변을 Pt원자가 덮어 Au원자를 보이지 않게 한 것과 같습니다.

코어/쉘 구조를 갖는 헤테로 금속 나노입자의 생성메커니즘

그림 16의 UV-vis스펙트럼 변화로부터 코어/쉘 구조를 갖는 Au/Pt 헤테로 금속 나노입자의 생성메커니즘을 그림 17과 같이 나타낼 수 있습니다. 우선 Au이온과 Pt이온은 PVP가 있으면 PVP에 배위됩니다. 그것을 가열하면 Au이온이 Au원자로 변화되고, 더욱 가열하면 Pt이온도 Pt

원자로 변화됩니다. 이 과정에서 Pt원자와 Au원자가 고분자에 의해 배위되어 무색 투명의 용액이 됩니다. 더욱 가열하면 Au나노입자가 생성되고, 플라즈몬 흡수가 생깁니다. 이 때 Pt는 Pt원자인 채로 존재하지만, 계속해서 가열하면 Pt원자가 Au나노입자 위로 석출되어 Pt쉘을 형성하기 때문에 Au나노입자의 플라즈몬 흡수는 사라지고, 그 대신에 Pt나노입자로 인한 완만한 흡수 피크만이 검출됩니다.

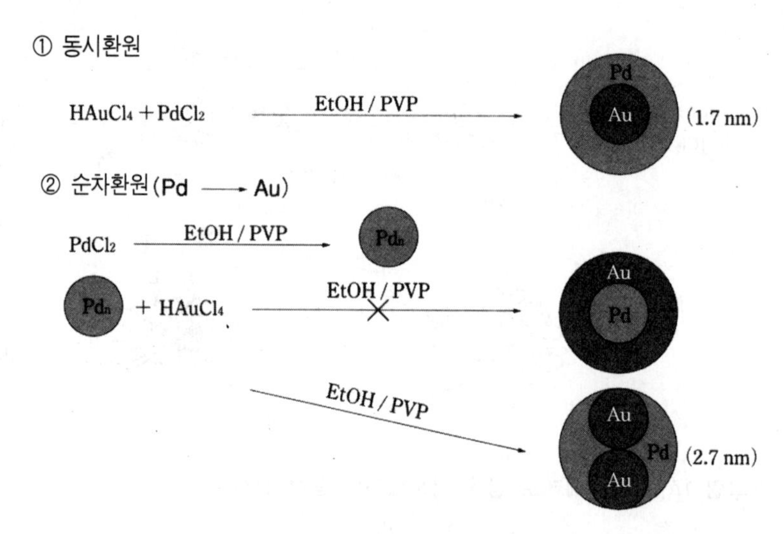

그림 18 순차환원에 의한 역코어/쉘 헤테로 금속 나노입자의 합성

이런 식으로 반응이 진행된 원인을 다음 2가지로 생각할 수 있습니다. 우선 Au이온이 환원되고 Pt이온이 환원되지 않은 것은 양쪽이온의 산화환원전위의 차이입니다. 그러면 Au와 Pt의 2종류의 원자가 존재하는데도 Au원자만이 응집하고 Pt원자가 응집하지 않는 이유는 무엇일까요? 그것은 Pt원자가 고분자에 의해 강하게 배위되어 있기 때문에 자유롭게 움직일 수 없지만, Au원자는 비교적 약하게 배위되어 있어 그 부근의 Au원자들이 모여 쉽게 클러스터를 형성할 수 있기 때문입니다. Au클러스터가 형성되면 그 주변에

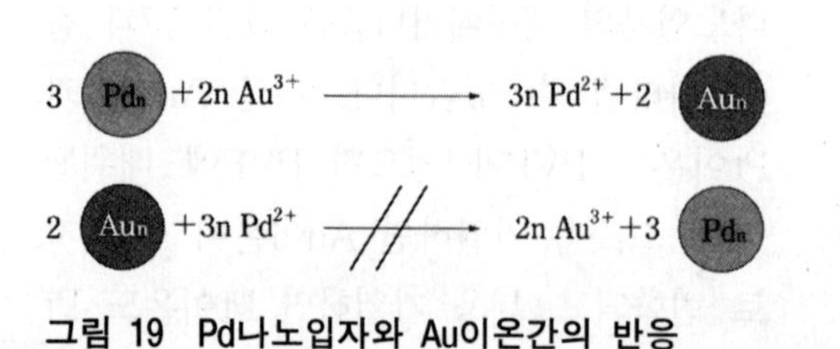

그림 19 Pd나노입자와 Au이온간의 반응

Pt원자가 석출됩니다. 따라서 2번째 인자는 금속에 따라 고분자의 배위능력이 다르다는 것입니다. 배위능력의 차이로 인해 어느 쪽이 먼저 응집될지가 결정됩니다. 이렇게 금속이온의 산화환원전위와 고분자의 금속원자에 대한 배위능력의 2가지 인자로 코어/쉘 구조가 제어된다는 사실이 밝혀졌습니다.

순차환원에 의한 역코어/쉘 구조의 생성

카와구치 교수의 고분자 나노입자의 경우 순차적인 합성법을 이용하여 코어/쉘 구조를 만들 수 있었습니다. 그와 동일한 방법을 금속에 적용할 수 있다면 동시환원과는 반대의 구조, 즉 역코어/쉘 구조를 만들 수 있으리라 봅니다.

Pd와 Au의 동시환원의 경우 Au가 내부에, 그리고 Pd가 표면에 형성된 코어/쉘 구조가 만들어졌습니다(그림 18). 반대로 Pd이온을 먼저 환원한 다음 Au이온을 환원하는 실험을 시도해 보았습니다. 즉 Pd의 클러스터를 형성한 후, Au이온을 첨가

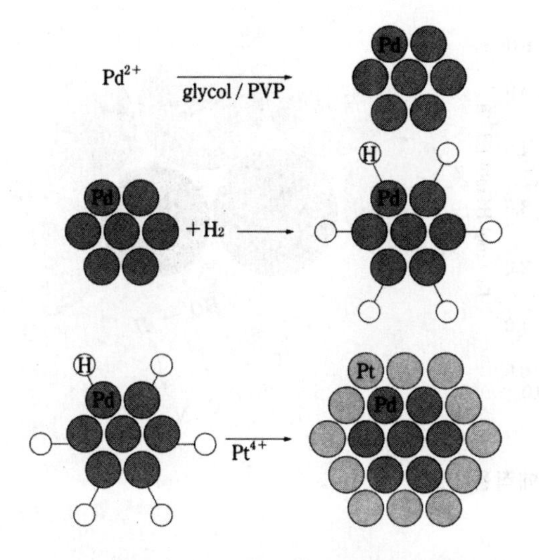

그림 20 희생수소법에 의한 Pd-코어/Pt-쉘 헤테로 금속 나노입자의 합성

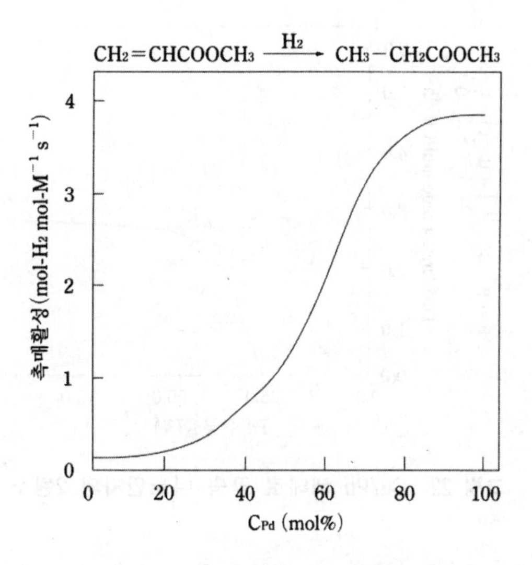

그림 21 Pd-코어/Pt-쉘(역코어/쉘 구조) 헤테로 금속 나노입자의 촉매활성

시킴으로써 Pd가 내부에, Au가 표면에 존재하는 코어/쉘 구조의 형성을 시험해 보았지만 실패하였습니다. 만들어진 것은 Pd의 큰 입자 가운데에 Au가 떠 있는 듯한 클러스터-인-클러스터(cluster-in-cluster)구조라고 불리는 것입니다.

Pd-코어/Au-쉘 구조 나노입자를 만들 수 없었던 이유는 그림 19의 처음에 나타낸 것 같은 반응이 일어나기 때문입니다. Pd클러스터와 Au이온을 혼합하면 산화환원전위가 틀리기 때문에 Au이온이 원자가 되어 Au클러스터를 형성하고, Pd클러스터는 Pd이온이 되어 녹아 버리기 때문입니다.

연구를 거듭해서 성공한 것이 '희생수소법'이라고 부르는 방법입니다(그림 20). 이 방법을 이용해 Pd-코어/Pt-쉘 구조의 헤테로 금속 나노입자의 합성에 성공하였습니다. Pd가 내부, Pt가 표면에 존재하는 역코어/쉘 구조입니다. 우선 Pd클러스터에 수소를 흡착시키면 수소는 수소화물(hydride)로서 해리 흡착합니다. 거기에 Pt이온을 첨가하면 Pt이온도 수소화물의 수소에 의해 환원됩니다. 그러나 Pd클러스터와 전자를 교환하기 전에 수소와 충돌하므로 Pt이온에 의한 Pd클러스터의 용해는 일어나지 않습니다. 따라서 수소에 의해 환원된 Pt이온은 Pd클러스터의 주변에 석출되고, 결과적으로 역코어/쉘 구조의 헤테로 금속 나노입자가 만들어집니다.

역코어/쉘 구조를 갖는 헤테로 금속 나노입자의 올레핀에 대한 수소화 촉매활성에 대한 금속조성의 의존성을 그림 21에 나타내었습니다. Pd 헤테로 금속 나노입자는 고활성으로, Pt가 조금 들어가 있는 경우라도 활성은 그다지 변하지 않지만, 어떤 지점이 되면 감소하기 시작합니다. 보통 Pt의 첨가가 마이너스 효과를 초래하기만 한다면 직선적으로 활성이 떨어지겠지만, 그렇게 되지는 않습니다. 표면 Pd원자 1개에 대해 계산하면 최초에 활성이 급격히 증가하여 잠시 동안 같은 활성을

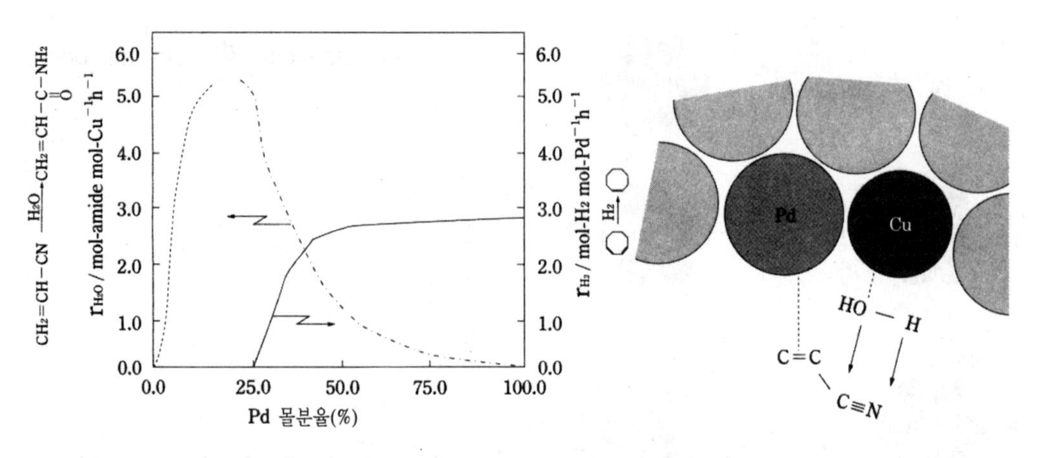

그림 22 Cu/Pd 헤테로 금속 나노입자의 2원소 촉매작용

유지한 뒤 급격히 저하합니다. 역코어/쉘 구조를 만들기 위해서 Pd클러스터의 표면을 Pt원자로 덮지만 Pt의 피복이 완전히 끝날 때까지 Pd원자가 표면에 얼굴을 내놓고 있어, 결국 코어/쉘 구조의 Pd/Pt 헤테로 금속 나노입자와 같은 높은 활성을 나타내게 됩니다.

구리/귀금속 헤테로 금속 나노입자

귀금속 이외에 헤테로 금속 나노입자가 만들어지는 경우로 구리(Cu)의 예를 들어 보겠습니다. Cu 단독이면 반응성이 높아 Cu의 나노입자는 공기 중에서 금방 타 버립니다. 공기를 완전히 차단하지 않으면 완전한 나노입자를 만들 수 없을 만큼 Cu는 반응성이 높고 쉽게 산화되어 버립니다. 그러나 Cu이온을 귀금속 이온과 함께 에틸렌글리콜(ethylene glycol) 용액에 녹여 약간 고온으로 가열해서 환원하면, 귀금속과 Cu가 혼합된 헤테로 금속 나노입자를 만들 수 있습니다. 촉매활성도 헤테로 금속 나노입자의 경우가 큽니다(그림 22).

Cu/Pd 헤테로 금속 나노입자는 완전히 고용체(固溶體)의 합금구조를 형성하므로 Cu원자와 Pd원자가 모두 표면에 노출되어 있습니다. 디엔의 수소화는 Cu촉매만으로는 진행하지 않지만, Pd원자가 가해지면 촉매활성이 나타나기 시작합니다. 또한 아크릴로니트릴(acrylonitrile)의 수화반응에 있어서, Pd는 촉매활성이 없으나 Cu는 어느 정도 활성을 갖습니다. Pd와 Cu의 헤테로 금속 나노입자를 이용하면 급격히 촉매활성이 증가합니다. 즉 Cu에 Pd를 조금 섞는 것만으로도 높은 촉매활성이 나타나게 됩니다.

결론

고분자를 정교하게 이용하여 입자의 크기가 균일한 금속 나노입자를 합성할 수 있습니다. 또한 고분자나 수소를 사용해서 코어/쉘 구조나 역코어/쉘 구조의 헤테로 금속 나노입자를 합성할 수 있습니다. 이 헤테로 금속 나노입자는 인접하는 금속의 전자효과나 협주효과에 의해 단독의 금속 나노입자보다도 높은 촉매활성을 나타낼 수 있습니다.

저희들은 크기가 일정한 금속 나노입자의 구조를 제어하여 합성할 수 있었습니다. 이것은 탄소원자 대신에 금속 원자를 사용하여 분자를 만든 것과 같으므로 금속분자라고 불러도 좋지 않을까 생각합니다. 지금까지는 헤테로 계의 촉매활성에 대해서 전자효과와 협주효과의 두 가지 효과가 있다는 사실밖에는 설명할 수 없었지만, 구조제어를 통해 어느 쪽이 효과가 있는지를 명확히 해명할 수 있습니다.

금속 나노입자는 촉매작용 이외에도 여러 가지 기능을 갖습니다. 나노입자가 되면 유기분자를 만드는 것과 같이 금속 원자를 조합시켜 여러 가지 금속분자의 합성이 가능해집니다. 결국 금속분자를 자유자재로 합성할 수 있는 시대가 열리게 되었습니다. 금속의 종류가 많은 것을 생각하면 금속분자에도 유기분자 이상으로 많은 기능을 부여할 수 있을 것으로 기대합니다.

Q & A

■Q■ 2원소 계의 클러스터와 코어/쉘 구조에 관해서 설명해 주셨는데 실제의 촉매작용 과정에서 원자간의 재배열은 가능하다고 생각하십니까?

●A● 대단히 예리한 질문입니다. 금속 원자가 움직이지 않고 코어/쉘 구조를 형성하고 있는가에 관해서는 명확하지 않습니다. 저희들이 관찰하고 있는 것은 평균적인 EXAFS의 결과뿐입니다만, 그것만으로 보면 코어/쉘 구조를 형성하고 있다고 말할 수 있습니다. 단, 열역학적으로도 지금의 코어/쉘 구조는 비교적 안정하다고 생각합니다. 촉매반응 조건도 비교적 온화하기 때문에 촉매반응 후에도 이 구조를 형성한다고 생각합니다. 또한 저희들은 역코어/쉘 구조를 합성하였습니다. 역코어/쉘 구조는 열역학적으로는 불안정합니다. 따라서 역코어/쉘 구조는 예를 들어 조금이라도 에너지가 결여되거나, 촉매반응이 끝난 뒤에는 구조가 변화될 가능성이 크다고 생각합니다.

■Q■ 나노입자를 합성할 때, PVP고분자를 표면에 피복하여 만든다고 하셨는데, 비누 등의 저분자를 사용해서 금속 나노입자를 만드는 경우와 비교하여 고분자의 화합물을 사용하는 가장 큰 목적은 무엇입니까?

●A● 이것도 좋은 질문이라고 생각합니다. 금속 나노입자를 합성하는 것만이라면 저분자를 사용하는 것이 간단합니다. 그러나 고분자의 배위결합은 하나하나의 배위결합력은 약하지만 전체로서는 크게 안정화시키는 힘을 갖습니다. 또한 고분자로 배위시키면 기질이 다가왔을 때, 고분자가 어느 정도의 틈을 만들고 거기에 기질이 들어와서 촉매반응이 일어납니다. 반응이 종료되면 반응 생성물이 떨어져 나가게 되고, 기질이 떨어져 나가면 원래의 상태로 되돌아옵니다. 이것은 고분자만이 갖는 특징입니다. 저분자는 금속 나노입자를 안정하게 만들 수는 있어도 그 후의 촉매작용에는 거의 효과가 없습니다. 즉 촉매작용을 시키려고 하면 강하게 결합된 저분자 리간드를 떼어놓아야만 합니다. 따라서 촉매작용의 관점에서 고분자는 매우 중요한 역할을 한다고 하겠습니다.

Q
&
A

■Q■ 형상으로 보면 나노입자는 구형을 하고 있는데, 타원이나 네모진 것을 만들 수도 있습니까?

●A● 구형이 되기 쉬운 것은 열역학적으로 좀더 안정화되기 위해서라고 생각합니다. 입자가 큰 것의 경우 그 결정구조를 반영하여 육각형이나 삼각형이 되는 것이 있지만, 작은 것의 경우는 구형이 가장 안정한 구조가 됩니다. 타원 모양이 만들어지는 경우도 있지만 상세한 것은 잘 모르겠습니다.

■Q■ 촉매작용에 대해서 소개하셨는데, 일렉트로닉스나 광학기능 등과도 관련해서 말씀해 주실 수 있습니까?

●A● 금속 나노입자를 접촉시키면 전도성을 나타내지만, 2개의 나노입자를 조금 떨어뜨려 놓으면 터널(tunnel)전류를, 더욱 떨어뜨려 놓으면 절연성을 나타냅니다. 나노입자가 늘어서는 방법에 따라 전자 디바이스나 IC 등 여러 가지가 만들어질 수 있다고 생각합니다.

금속 나노입자 자체라도 내부에 무엇을 포함하는지에 따라 성질이 변합니다. 플라즈몬 흡수, 비선형 광학재료 등 여러 가지 광학기능이 연구되고 있습니다.

전자 디바이스로서도 다양한 응용이 가능하다고 생각합니다. 바이오와 관련하여 DNA를 이용한다는 이야기도 있고, 금속 나노입자 자체로 여러 가지 기능을 발휘시키려 하는 이야기도 여기저기서 들려옵니다. 여러 분야에 도움이 되리라고 생각합니다.

원자 · 분자를 조작해서 전자소자를 만든다

와다 야스오
(주) 히타치제작소 기초연구소 주임연구원

고도 정보화사회를 지탱하는 소자에 대한 기대

현재의 정보기술은 표 1에 나타낸 것같이 정보처리와 정보전달, 그리고 정보축적의 3개 요소로 성립되어 있습니다. 기원전의 정보기술은 대부분 돌로 이루어졌습니다. 오베리스크(obelisque)나 점토에 기록을 남겼다는 뜻입니다. 그 후 기원전 · 후에 종이가 발명되어, 이 종이를 사용한 정보기술이 20세기 중반까지 이어져 왔습니다. 20세기 중반에 트랜지스터(transistor)나 화이버(fiber)가 발명되면서 정보처리는 반도체, 정보전달은 레이저(laser)나 화이버, 정보축적은 자기디스크 등과 같이 각각 다른 재료에 분담하게 되었습니다.

재료의 관점에서 이러한 진보를 보면 무기 구조재료에 이어서 유기 구조재료, 그 다음으로 무기 기능성재료로 변천해 왔습니다. 그리고 21세기의 정보기술은 모두 분자, 즉 유기 기능성재료로 진행된다는 것이 오늘 제가 말씀드리려고 하는 핵심입니다.

분자로 어떤 일이 가능하고 어떤 것을 할 것인가라는 의문이 생길지도 모르겠지만, 저의 꿈은 현재의 컴퓨터의 1,000배의 속도로서 분자 디스플레이나 분자 광 인터커넥트, 분자 디스크 등으로 이루어진 분자계산기를 실현하는 것입니다. 이러한 분자계산기는 손수건과 같은 디스플레이 안에 모든 기능을 채워 넣을 수 있을 것으로 생각합니다.

또한, 전부 분자로 구성되어 있기 때문에 유연해서 보통 때는 주머니에 접어 넣어 두었다가 사용할 때에 펴서 이용할 수 있습니다. 그리고 고장 나서 쓸모가 없어진 것을 걸레로 쓸 수 있다면 자원절약도 가능합니다. 이런 꿈과 같은 일이 이제부터 10년 정도의 사이에 가능해질 것이라는 것이 오늘의 이야기입니다.

표 1 역사적으로 본 정보기술의 디바이스 변천

	기원전	~19세기	20세기	21세기
정보처리 정보전달 정보축적	돌(봉화)	(주판) 종이	반도체 레이저/화이버 자기디스크	분자
	무기 구조재료/유기 구조재료		무기 기능성재료	유기 기능성재료

반도체소자의 발전

먼저 반도체의 역사를 간단히 되돌아봅시다. 세계 최초의 트랜지스터는 1947년 12월 24일에 쇽크레이, 바딘, 브라튼이라는 3명의 미국 과학자에 의해 발명되었습니다. 다음 혁명은 집적회로의 발명입니다. 1959년에 트랜지스터와 저항, 캐퍼시터(capacitor)를 전선으로 연결시킨 반도체 집적회로(Integrated Circuit; IC)가 TI사의 킬비에 의해 최초로 만들어졌습니다. 현재 CPU (Central Processor Unit)를 제조하고 있는 인텔(Intel)사는 원래 DRAM (Dynamic Random Access Memory) 메이커로 1971년에 세계에서 처음으로 1K비트(bit)의 DRAM를 상품화했습니다.

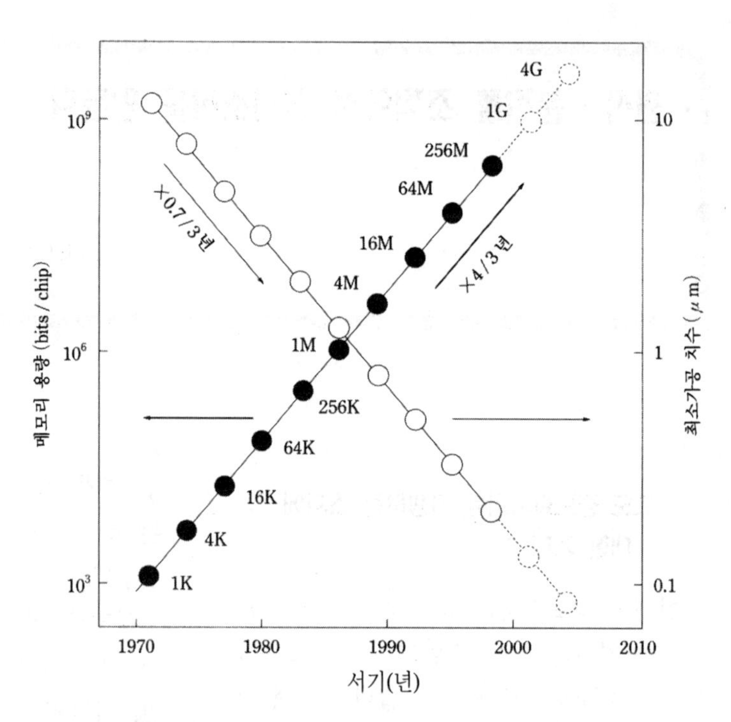

그림 1 집적회로의 진보 역사. 3년마다 최소가공 치수가 70%씩 감소, 집적도는 4배로 증가하는 변화가 30년 동안 계속 이어지고 있다.

현대사회는 이러한 IC에 의해 지탱되고 있다고 해도 과언이 아닙니다. 우리들의 주위에는 다양한 제품이 있지만 컴퓨터, 인터넷, 전화기 등에 그치지 않고 에어컨, 세탁기, 자동차, 신간센 등이 안전하고 효율적으로 움직이는 것은 모두 IC 덕분입니다. 이러한 IC의 발달은 1970년경부터 시작되어 30년 동안 3년마다 치수가 70%씩 축소되어, 1개의 칩(chip) 위에 트랜지스터 수가 4배씩 늘어났습니다. 다시 말해 성능이 1.5년에 2배, 5년에 10배, 30년에 100만 배라는 엄청난 속도로 진보해 왔습니다(그림 1). 현재는 트랜지스터의 길이가 약 0.2μm(1μm=0.001mm)로 1cm^2 안에 1억 개 이상의 트랜지스터가 나열된 초LSI(Large Scale Integration)가 양산되고 있습니다.

반도체 가공기술의 한계

그림 1에 나타낸 것과 같은 급격한 진보를 '로지스틱 곡선(logistic curve)'이라고 부르는데 철강, 플라스틱 등을 포함한 대부분의 모든 주요산업이 경험해 온 것으로 일반적으로 30~40년간 계속 이어진다고 합니다. 따라서 초LSI도 지금부터 10년 후면 이러한 급속한 진보에 마침표를 찍고, 안정성장의 시대로 접어들 것으로 예상됩니다.

트랜지스터의 단면을 그림으로 나타내면 그림 2와 같습니다. 전자는 드레인으로부터 표면의 채널을 통해 소스까지 흐르고, 그러한 전자의 흐름을 게이트에 인가된 전압으로 제어함으로써 스위칭(switching)

작용이 일어납니다. 10년 전의 트랜지스터는 게이트의 치수가 0.7 μm였지만, 현재는 약 0.2 μm, 10년 후에는 0.06 μm(60nm)가 될 것입니다. 이처럼 트랜지스터의 치수가 0.06 μm로 바이러스보다도 작아지면 다양한 물리적, 화학적, 재료적인 한계에 직면하게 됩니다. 앞으로 10년 후면 그 시기가 도래합니다. 따라서 트랜지스터의 수명은 앞으로 10년이라고 할 수 있는지도 모르겠습니다. 그러나 인류의 정보처리기술의 진보는 초LSI의 한계를 훨씬 초과하는, 새로운 초고성능 디바이스를 필요로 하고 있습니다.

덧붙이자면 히타치제작소 중앙연구소에서 시작한 DRAM칩의 변천을 보면, 1세대마다 약 50%씩 커져 1995년에 개발된 1G[기가(giga)=10억]비트 DRAM은 2cm×4cm 크기였습니다. 실제로 제품은 작아지지만 칩의 크기는 조금씩 커지는 것을 알 수 있습니다.

이러한 길이의 축소는 초LSI 뿐만 아니라 자기디스크 등에서도 일어나고 있습니다. 자기디스크의 1비트의 크기와 반도체 메모리의 1비트의 크기를 비교하면, 1970년부터 30년 동안에 걸쳐 거의 같은 경향을 나타내고 있습니다(그림 3). 연율 약 60%의 속도로 작아지고 있지만, 반도체 메모리든 자기디스크든 앞으로 약 10년 정도 후면 물리적, 화학적, 재료적 한계에 도달한다고 할 수 있습니다.

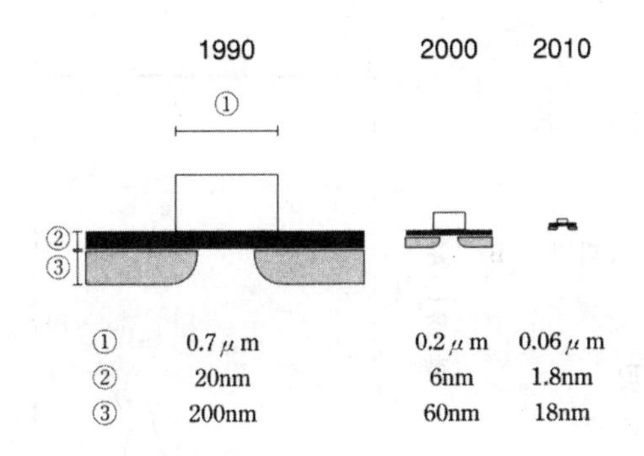

그림 2 트랜지스터의 단면 치수의 비교. 현재 약 0.2㎛로 2010년에는 0.06㎛(60㎚)의 한계에 도달할 것으로 예상된다.

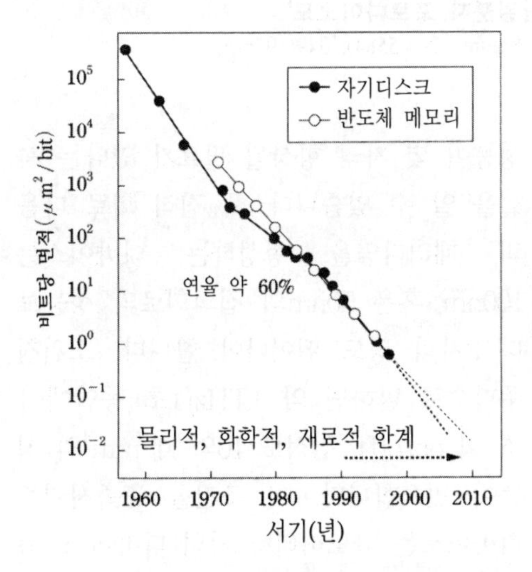

그림 3 반도체 메모리와 자기디스크의 면적비교. 30년간에 걸쳐 거의 같은 면적의 추이를 보이고 있다.

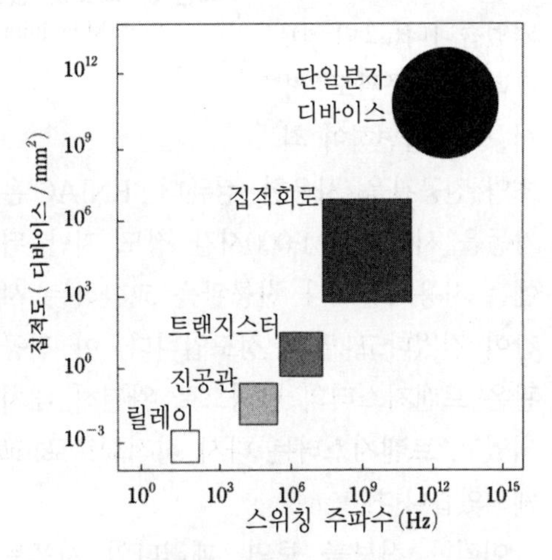

그림 4 인류가 이용해 온 전기적 정보처리 디바이스의 패러다임 시프트. 다음의 패러다임은 동작속도 1THz, 집적도 10^9/㎟를 갖는 디바이스를 요구한다.

왜, 원자 · 분자 크기의 전자소자인가

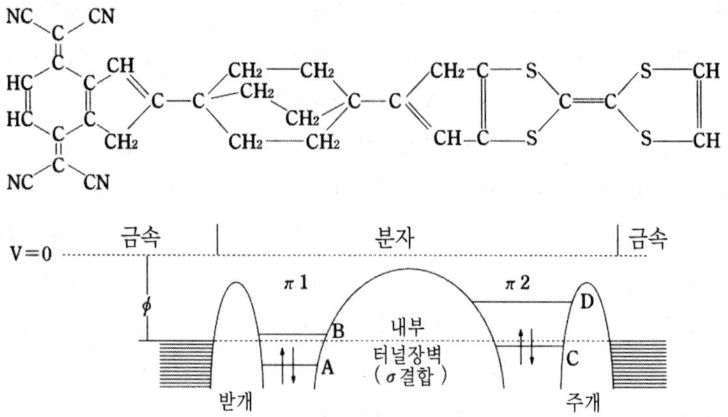

그림 5 최초의 '단일분자 디바이스'의 아이디어
(A.Aviram, et al., Chem. Phys. Lett., 29 (2), 277 (1974))

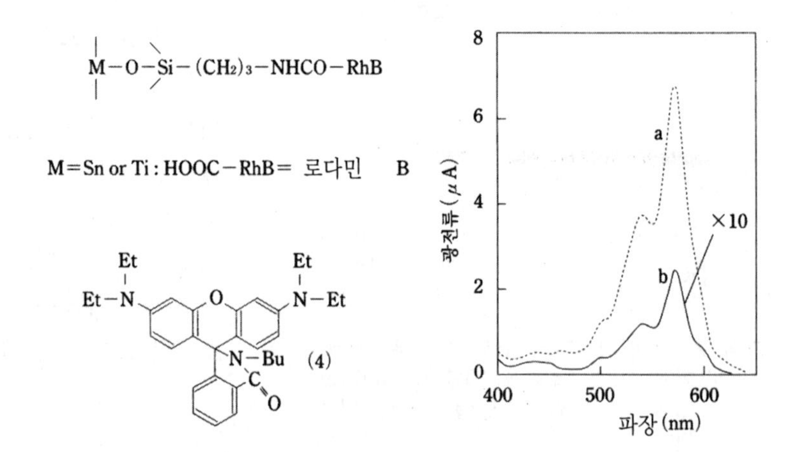

그림 6 최초로 실증된 '단일분자 포토다이오드'
(M.Fujihira, et al., Nature., 264(5584), 349(1976).)

반도체 메모리의 이전에는 어떤 것이 존재하였습니까?

예부터 전해오는 말로 '온고지신'이라는 격언이 있습니다. 이것은 "그 다음에 오는 것이 무엇인지를 알기 위해서 역사를 되돌아본다"라는 의미입니다. 그러면 컴퓨터용 디바이스의 역사를 되돌아봅시다.

인류는 전기적인 정보처리를 릴레이(relay)를 써서 시작했습니다. 그것은 바로 진공관으로 대치되었습니다(그림 4). 그러나 진공관도 커서 쓰기 불편하여 최초의 진공관을 사용한 컴퓨터 'ENIAC'은 가동을 시작해서 1,000시간 정도 지난 뒤에는 사용시간보다 진공관을 교환하는 시간이 길었다고 말할 정도입니다. 이 진공관은 트랜지스터의 발명으로 완전히 대치되었고, 트랜지스터는 다시 집적회로로 교체되었습니다.

이러한 진보를 보면, 패러다임 시프트(paradigm shift)가 일어나기 위해서는 스위칭 주파수나 집적도 등의 디바이스 성능이 몇 자리 향상될 필요가 있다는 사실을 알 수 있습니다. 즉 집적 회로 다음의 패러다임을 형성하는 디바이스는 100nm 혹은 50nm의 집적회로의 성능보다 3자리 정도 뛰어나야 합니다. 스위칭 주파수로 말하면 약 1THz(1초 동안에 1조 회 on/off), 집적도 10억 개/mm^2의 성능이 필요합니다. 이 조건을 충족시키는 디바이스는 나노미터 크기의 디바이스, 즉 분자의 크기가 됩니다.

원자 · 분자 크기의 전자소자 역사

분자를 디바이스로 사용할 것을 제창한 것은 물론 제가 처음은 아닙니다. 1974년 IBM의 아비람과 라토너가 분자 다이오드(molecular diode)의 개념을 발표한 것이 발단입니다(그림 5). 이것은 이론적으로 N형과 P형의 디바이스가 가능하여 이것으로 정류작용이 일어날 것이라고 제창하였습니다.

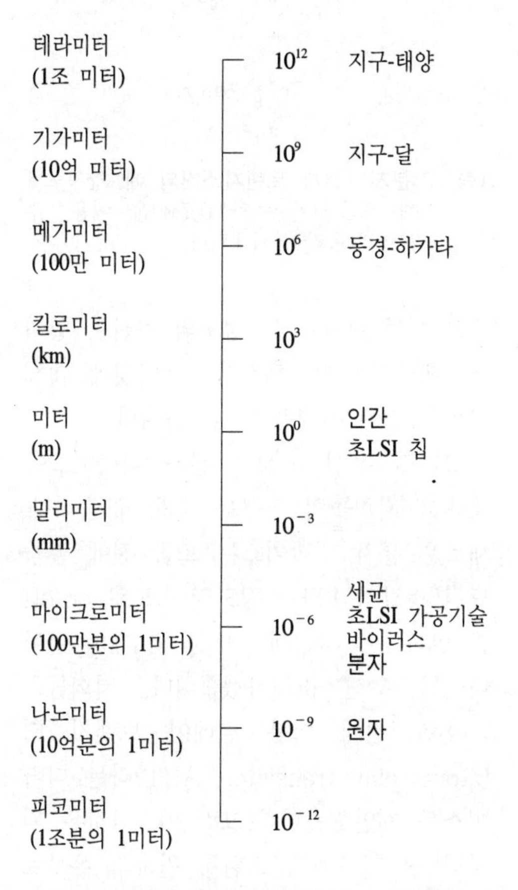

그림 7 인간이 분자를 조작하는 어려움을 모식적으로 나타낸 그림

그 다음해 토쿄 공업대학의 후지히라(藤平) 교수가 1개의 분자로 포토다이오드(photo diode)를 만들 수 있는 방법을 제안하였고, 기판표면에 분자를 늘어놓은 다음에 빛을 비추어 빛을 받아들이는 정도를 실험적으로 증명하였습니다. 그림 6은 최초로 실증된 단일분자의 디바이스 특성입니다.

그 후 1980년에 미국 해군연구소의 카터가 각종 분자 디바이스를 제안하였고, 이것에 흥미를 가진 화학자들을 중심으로 많은 변화가 제안되어 왔습니다. 그러나 거기에는 몇 가지 기본적인 문제가 있었습니다. 첫번째는 분자 다이오드가 될 수 있는 분자를 합성해도 1개 분자의 특성이 증명될 수 없었다는 것입니다. 주사터널현미경(STM)이 발명되기까지 1개의 분자를 다루는 것은 불가능한 일이었습니다. 두번째는 디바이스 성능이 비교적 낮아서 집적도는 컸지만 속도가 대단히 느렸습니다. 세번째는 분자 설계의 한계로 분자 디바이스의 설계에 필요한 컴퓨터용 소프트웨어와 하드웨어가 충분하지 않았습니다. 즉 작은 분자밖에 설계할 수 없어 매력적인 시스

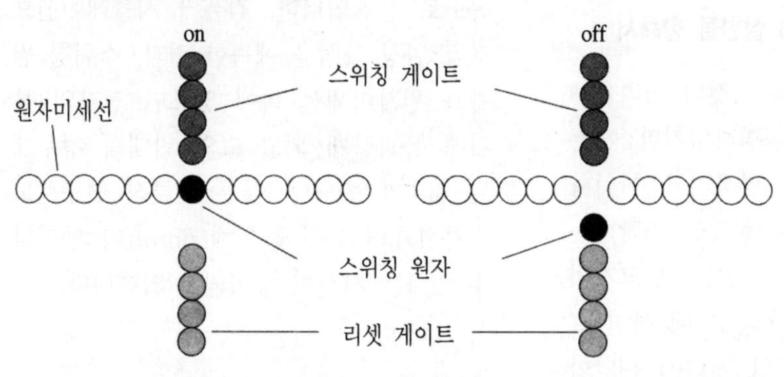

그림 8 고성능 분자디바이스의 아이디어의 예 : 아톰 · 릴레이 · 트랜지스터. 스위칭 원자의 움직임에 의해 on · off될 수 있다는 것이 이론적으로 확인되었다.

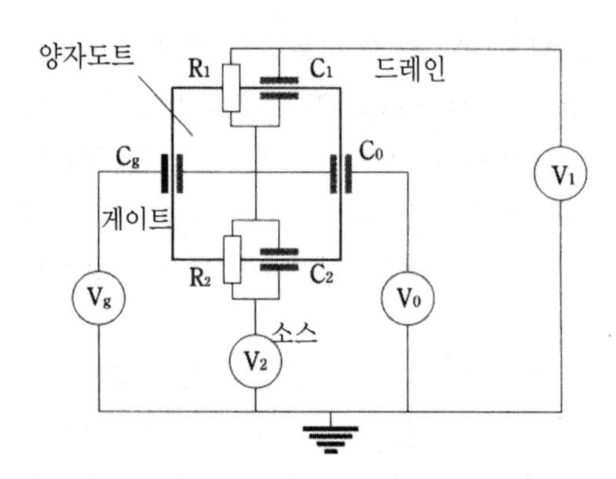

그림 9 고성능분자 디바이스의 예 : 분자 단전자 트랜지스터의 동작원리를 설명하는 그림

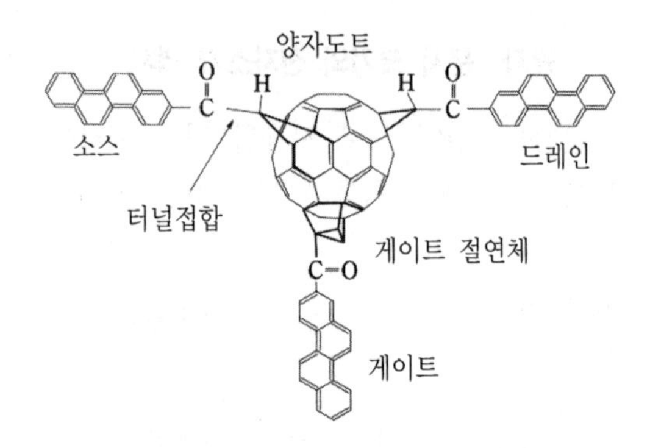

그림 10 분자단전자 트랜지스터의 예. 양자도트에 프라렌(지름 약 0.7nm)을 이용, 수 THz의 동작이 기대된다.

템을 제안하기가 불가능했습니다. 분자 디바이스를 제작하는 데 있어서 가장 어려웠던 점은 당시 실리콘 기술이 대단한 위세를 떨치고 있어서 '분자 따위는 필요 없다'라는 생각이 지배적이었다는 것입니다.

그러나 1990년대가 되면서 STM의 눈부신 발전이 이루어져 1개의 분자를 다룰 수 있게 되었고, 뛰어난 특성을 가진 디바이스의 제안이 가능하게 되었습니다. 분자 설계도 컴퓨터의 하드웨어와 소프트웨어의 발전과 더불어 가능해졌습니다. 최대의 계기는 조금 전에 이야기한 것같이 실리콘의 한계가 보이기 시작했다는 점입니다.

분자 일렉트로닉스의 실현을 향해서

분자나 원자를 조작하는 것의 어려움에 대해서는 다른 분들도 설명하였지만, 저는 좀더 다른 관점에서 설명하려고 합니다(그림 7). 인간이 분자나 원자를 조작하는 경우 인간과 분자(또는 원자)는 10^9크기의 차이를 나타냅니다. 인간을 10^9배 하면 그 거리는 지구와 달 사이의 거리에 해당합니다. 즉 분자나 원자를 조작하는 것은 지구와 달 사이에 인간을 늘어놓는 것과 같다고 하겠습니다. 그 정도의 곤란한 일이 어떻게 하면 가능해질까요? 이것에 대해서는 나중에 설명을 드리겠습니다.

그러면 우선 고성능 분자 디바이스에 대해서 저희들의 연구를 소개하겠습니다. 새로운 분자 디바이스는 조금 전에 말씀드린 것같이 1THz 정도의 속도로 on/off를 반복해야 하는데, 그 중 몇 개의 아이디어를 우선 소개하겠습니다. 저희들은 7~8년 전에 아톰·릴레이·트랜지스터(atom relay transistor, ART)라는 디바이스를 제안했습니다(그림 8). 이것은 원자의 열 가운데에 스위칭 원자의 유무로 on/off가 결정됩니다. 이 원자는 30THz의 속도로 움직입니다. 컴퓨터 시뮬레이션으로 스위칭 특성을 예측한 결과, 스위칭 원자가 원자미세선 속에 있으면 전자의 물결이 통과하게 되고 그와 반대의 경우에는 멈추게 됩니다. 다른 이론적 연구로도 원자 1개의 유무에 의해 on/off가 일어날 수 있다는 사실이 증명되고 있습니다.

분자 단전자 트랜지스터

또 하나는 분자 단전자 트랜지스터

(MOSES)입니다(그림 9). 앞에서 '양자도트(quantum dot)' 안에서는 전자의 에너지준위가 이산(離散)된다고 하였습니다. 즉 이 양자도트 부분에 형성된 일정 간격의 전자 준위를 드레인으로부터 전자가 1개씩 들어와 소스 쪽으로 빠져나갈 수 있습니다. 이것이 단전자 트랜스퍼의 원리입니다. 그러한 트랜스퍼의 상태를 게이트에서 제어하는 것이 단전자 트랜지스터입니다. 양자도트 거리를 1~2nm 정도로 할 수 있으면 고성능화가 가능해지는데 이것을 분자로 만든 것이 분자 단전자 트랜지스터입니다.

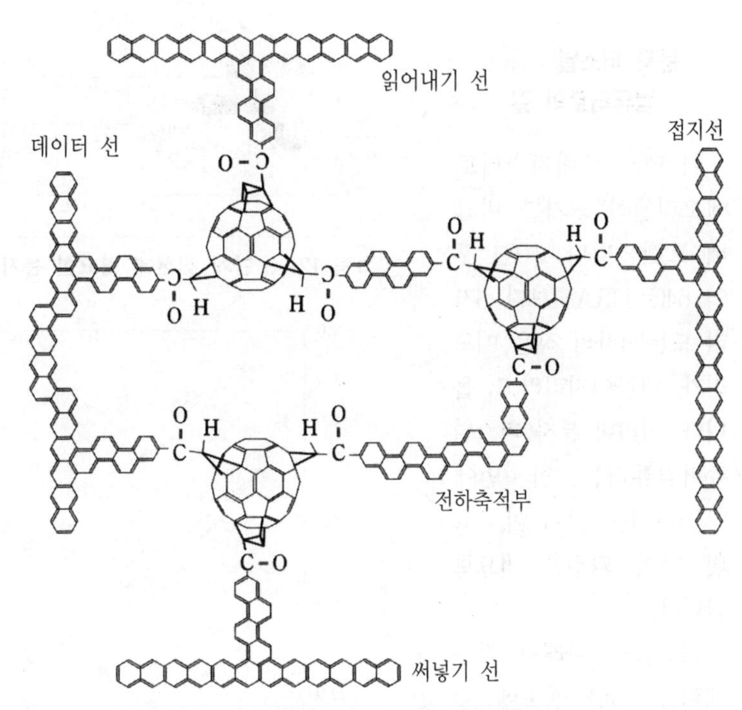

그림 11 분자단전자 트랜지스터를 이용한 메모리의 예. 1비트의 지름이 6nm로 현재보다 1만분의 1 이하로 작아질 수 있다.

좀더 구체적인 예를 가지고 설명하겠습니다(그림 10). 양자도트에 2개의 터널 접합을 붙여, 드레인으로부터 양자도트에 주입되는 전자의 속도를 게이트에서 제어하도록 한 것입니다. 이 현상을 이용하면 메모리셀(memory cell)이나 로직회로를 만들 수도 있습니다.

메모리셀의 크기는 지름이 6nm 정도입니다(그림 11). 현재의 메모리 지름이 1μm 정도이므로 면적으로는 약 7자리가 작습니다. 동작원리는 써넣기 트랜지스터를 on으로 하면, 데이터선으로부터 전자가 축적노드에 들어와 전하가 저장됩니다. 읽어내기 트랜지스터를 on으로 하면, 축적노드에 전하가 저장되어 있을 경우에는 축적 트랜지스터가 on이 되고, 저장되어 있지 않은 경우에는 off가 되어 축적노드 부분의 퍼텐셜의 고저를 읽어낼 수 있습니다.

표 2 ①단계 실현에 필요한 분자의 특성

2단자 계측용 분자의 구성
(1) 전도성 : '금속적 전도성'
(2) 양말단의 접속기 : '옴 접속'
(3) 기판과의 절연 : '분자 에나멜선'
(4) 강직 : '전극간을 직선적으로 결합'
(5) 전자적 기능 : '제로밴드갭'
'n형, p형'
'터널접합'
'자성 · 자기검출'
'선택반응 · 센서' 등

분자 퍼스널 컴퓨터로의 길

이러한 트랜지스터로 메모리셀의 크기를 비교해 보겠습니다. 10년 후의 64G DRAM보다 3자리 또는 4자리 작은 메모리가 만들어지리라고 봅니다. 이러한 분자 퍼스널 슈퍼컴퓨터는 한 번에 만들어지는 것이 아니고 몇 단계 과정을 필요로 합니다.

저희들은 아래와 같은 계획을 10년 정도에 걸쳐 실현하려고 합니다.

① 단일분자의 특성 계측기술의 개발
② 트랜지스터 동작의 실증
③ 집적화기술의 확립

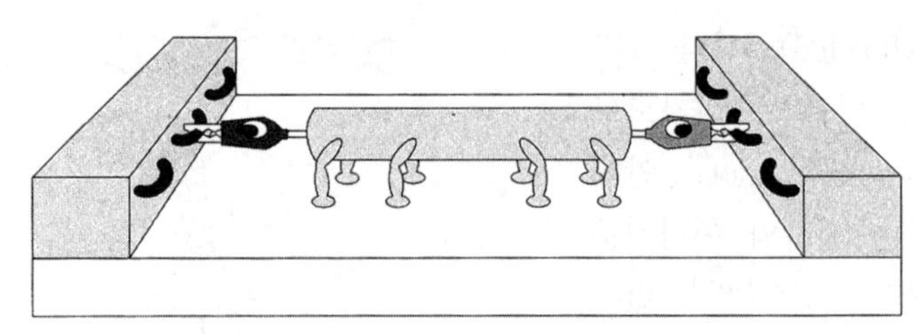

그림 12 ①단계 실현에 필요한 분자 모식도

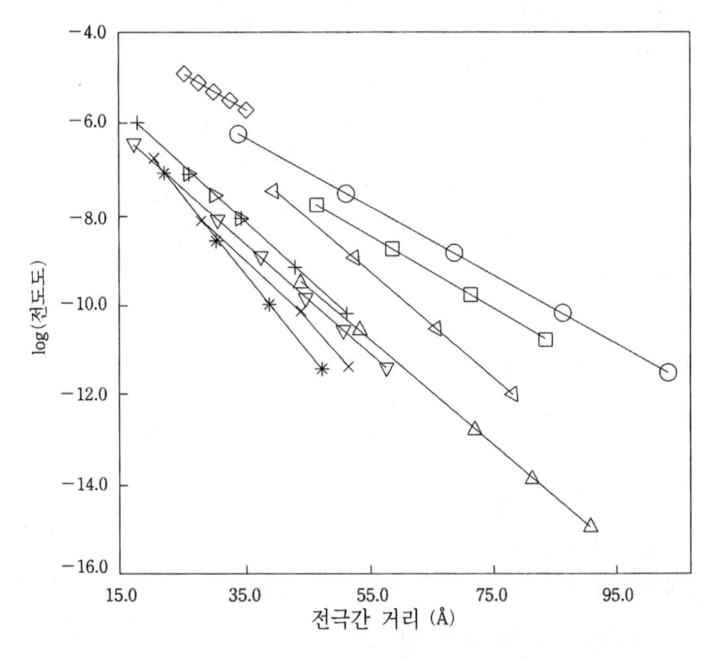

그림 13 전도도와 전극간 거리와의 상관관계. 일반적인 절연성 분자에서는 길이가 수 nm가 되면 완전한 절연체가 된다.
(C. Joachim, et al., Phys. Rev., B56, 4722 (1997))

①단계에 대한 접근은 다음과 같습니다. 단일분자의 특성을 계측하는 것은 대단히 어려운 일로 이것을 해결하기 위해서는 계측될 수 있는 분자와 계측수단이 필요합니다. 계측이 용이한 분자의 특성으로서 전도성, 양말단 접속기, 기판과의 절연성, 강직성, 전자적 기능을 열거할 수 있습니다(표 2). 다시 말해 모식적으로 나타내면 그림 12와 같은 분자가 필요합니다. 양말단의 전극에 저 저항으로 접속하는 부분(악어입)과 중심의 저 저항·직선부분(동체), 절연체부분(발)으로 이루어져 있습니다. 양말단에 접속될 수 있는 작은 전극을 준비하면 이 특성을 계측할 수 있습니다.

이러한 분자를 여러 사람들이 제안하였습니다. 예를 들면 π컨쥬게이트 올리고머나 포르피린 등 많은 종류가 있지만, 유감스럽게 모두 절연체입니다. 지금까지 제안된 많은 분자는 금속과는 다른 밴드갭(band gap)이 있어 원래의 상태로는 전자가 흐르지 않습니다. 절연성을 나타내는 경우는 2개의 전극 사이가 조금 길어지는 것으로 인해 전도도가 3자리에서 4자리가 감소하여(그림 13), 길이가 수 nm가 되면 전류가 전혀 흐르지 않습니다. 그러면 금속과 같이 전류가 흐르는 분자는 실제로 존재할까요?

이것은 상당히 어려운 문제입니다. 분자연구소의 타나카(田中) 씨는 비벤젠계의 컨쥬게이트 분자를 만들면 밴드갭이 거의 제로가 되어 금속과 같은 전도성을 나타낸다고 주장하고 있습니다.

STM의 원리

어떻게 하면 1개 분자의 특성을 계측할 수 있을까요? 계측에는 STM을 이용합니다(그림 14). 100nm 이하의 텅스텐 등의

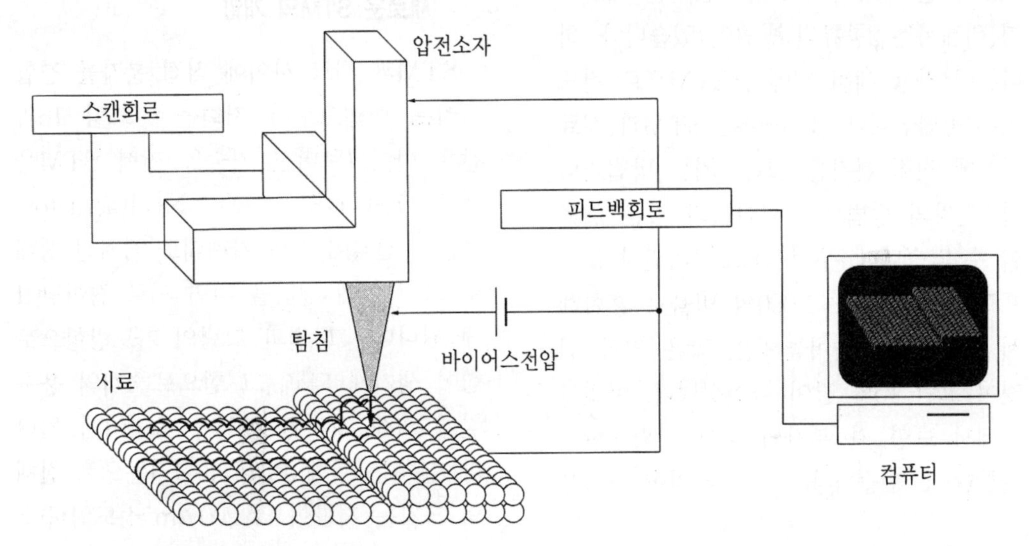

그림 14 주사터널현미경의 모식도

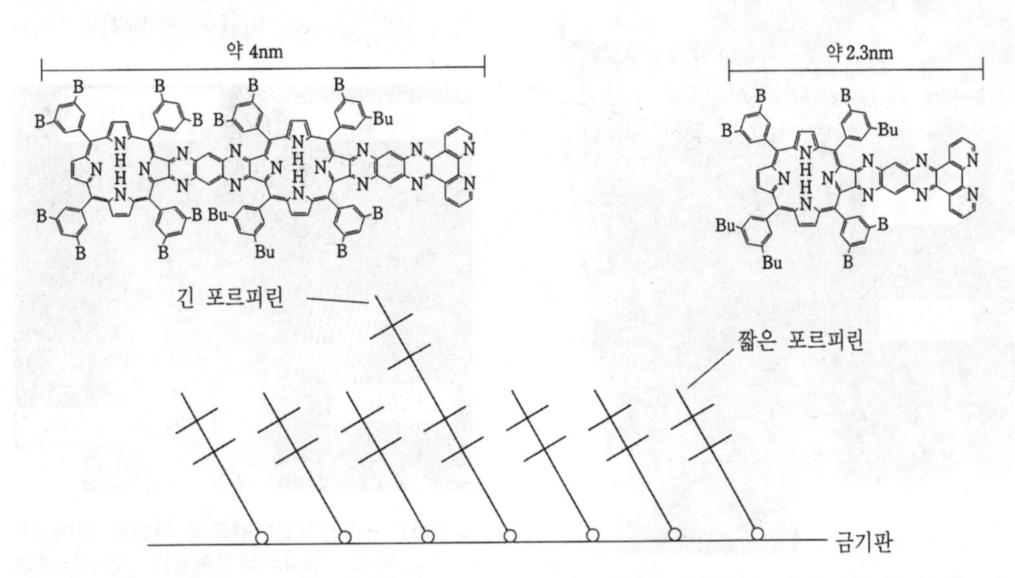

그림 15 긴 포르피린과 짧은 포르피린을 약 1 : 1,000의 비율로 혼합하여 기판 위에 늘어놓은 경우의 모식도

가는 바늘 끝과 시료 사이에 1V 정도의 전압을 가한 다음 압전소자를 이용하여 피드백을 걸어가면서 시료에 접근시킵니다. 그러면 탐침과 시료 사이의 거리가 약 1nm, 즉 원자나 분자 크기 정도까지 근접하면 전류가 흐르기 시작합니다. 그 전류가 일정해지도록 피드백을 걸면서 표면을 주사하면 시료의 표면 모양을 알 수 있습니다.

STM를 사용하여 1개의 분자를 계측하기 위해서는 2종류의 방법이 있습니다. 하나는 분자를 세워 위에서 STM으로 건드리는 방법입니다. 또 하나는 STM과 시료 사이에 직접 분자를 결합시키는 방법입니다. 전자의 방법으로는 다음과 같은 일을 할 수 있습니다. 우선 긴 포르피린과 짧은 포르피린을 약 1 : 1,000의 비율로 혼합해서 기판 위에 늘어놓으면, 짧은 것과 긴 것이 그림 15와 같이 늘어섭니다. 이것을 위에서 보면 긴 분자의 부분을 확실하게 관찰할 수 있습니다. 즉 긴 분자에 바늘을 가까이 하여 그 분자만의 특성을 계측할 수 있습니다(그림 15).

포르피린은 절연체이므로 계측한 저항은 1MΩ 정도로 높아 그 상태로는 전자 디바이스로서 이용할 수 없지만, 전자를 도입하는 등의 연구를 통해 가능해지리라 봅니다.

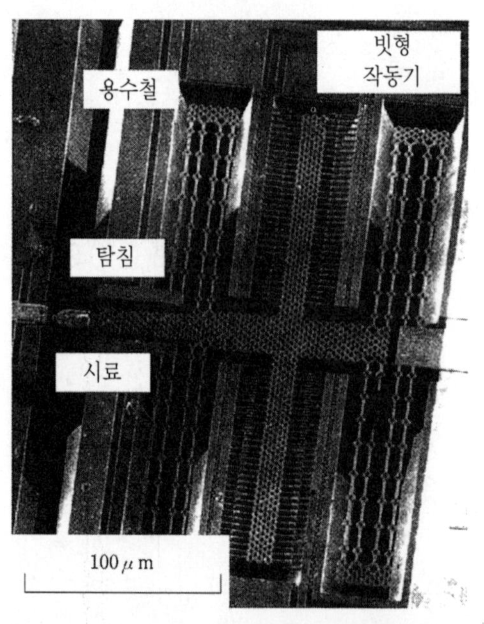

그림 16 마이크로머신 기술로 제작한 주사터널현미경의 주사전자현미경 사진.

새로운 STM의 개발

STM과 시료 사이에 직접 분자를 결합시키는 방법으로서 저희들은 그림 16과 같은 마이크로머신 기술을 써서 STM을 개발하였습니다. 빗형 작동기(actuator) 부분은 전극이 서로 차례대로 겹쳐진 형태로 그 사이에 전압을 걸면 서로 잡아당기게 됩니다. 그 결과 그림의 가로방향으로 힘이 생기게 되고, 그 힘으로 4개의 용수철에 의해 지지된 본체가 움직이게 됩니다. 본체는 두께 1 μm의 실리콘으로 전체의 크기는 지름이 약 200 μm 정도입니다.

빗모양의 전극에 전압을 가해 본체를 움직이면 금으로 만들어진 탐침과 시료

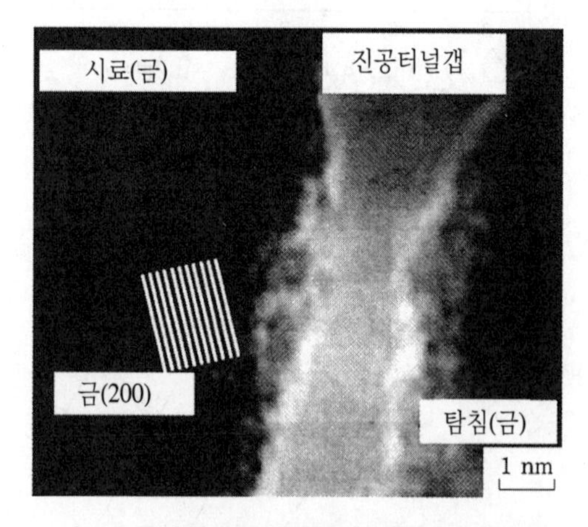

그림 17 투과전자현미경으로 관찰한 마이크로머신 주사터널현미경의 진공터널갭. 약 1nm인 것이 실험적으로 처음으로 실증되었다.

사이에 분자를 늘어뜨릴 수 있을 것으로 생각하여 전자현미경으로부터 터널상태에서의 탐침과 시료 사이의 갭(gap)을 조사해 보았습니다. 그 결과를 그림 17에 나타내었습니다. 오른쪽이 탐침 쪽의 금, 왼쪽이 시료 쪽의 금으로 금(200)의 면이 보입니다. 금의 격자상 크기로 부터 탐침과 시료 사이가 진공 터널갭이 1nm 정도 떨어져 있다는 것을 알 수 있습니다.

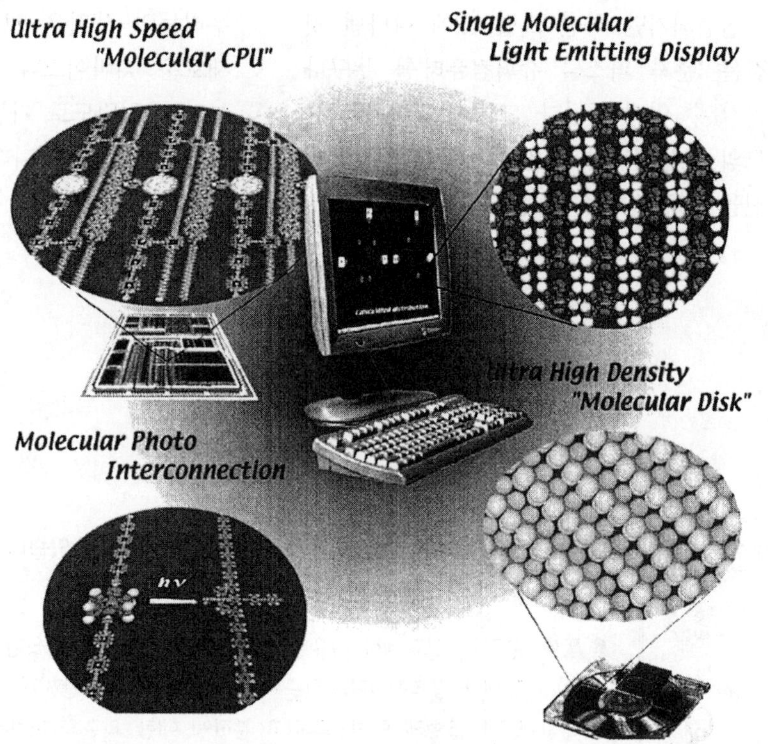

Ultra High Speed "Molecular CPU"
Single Molecular Light Emitting Display
Ultra High Density "Molecular Disk"
Molecular Photo Interconnection

그림 18 분자 퍼스널 슈퍼컴퓨터의 모식도. 현재의 슈퍼컴퓨터의 1,000배 성능의 컴퓨터를 개인이 소유할 수 있다.

STM은 1982년에 발명되어 개발자 비닉과 로러는 1986년에 노벨상을 수상하였습니다. 발명되고 나서 15년 이상 진공터널갭이 실제로 존재하는가 아닌가가 불분명했지만, 저희들이 세계에서 처음으로 이것을 실증했습니다. 이 사이에 분자를 끼워 넣으면 그 특성을 계측할 수 있을 것입니다. 그를 위해서는 보다 높은 해상도의 전자현미경, 더욱 안정성이 높은 마이크로머신의 기술개발이 필요합니다.

분자 디바이스의 새로운 가능성

이론적인 예상으로 얼마만큼 재미있는 현상을 예측할 수 있는지 간단히 소개하겠습니다. 토쿄대학 이학부의 쯔카다(塚田) 교수는 계산물리나 계산화학의 기술을 이용하여 분자를 2개의 금속전극 사이에 끼워서 전류를 흘려보냈을 때 일어나는 현상에 대한 시뮬레이션을 하였고, 전류가 소용돌이 상태로 흐르는 사실을 알아냈습니다. 즉 분자를 2개의 전극 사이에 끼워 전류를 흘려보내는 것만으로 자석이 될 수 있다는 가능성을 내포합니다.

21세기 정보처리의 패러다임 시프트를 떠맡은 원자·분자소자는 현재의 디바이스의 1,000배의 고성능화를 1,000분의 1의 자원으로 가능하게 할 것입니다. 그렇게 해서 만들어지는 컴퓨터는 현재의 컴퓨터의 1,000배 이상의 성능을 가지리라고 봅니다.

실현되기만 하면 그림 18에 나타낸 것 같은 '분자 퍼스널 슈퍼컴퓨터'를 누구나 가질 수 있게 됩니다. 그렇게 되면 지구규모의 기상예측이나 온난화 등의 시뮬레이션을 고정밀도로 측정할 수 있게 되고, 우리들의 생활은 보다 안전해질 것이며, 새로운 디바이스나 재료에 관한 연구가 보다 고정밀도로 가능해져 인류의 발전에 크게 공헌할 것입니다.

?

Q & A

■Q■ 대상이 되는 시료의 문제점으로는 어떤 것이 있습니까? 또한 이러한 기술, 재료에 요구되는 것은 무엇입니까?

●A● 분자를 컴퓨터에 사용한다는 꿈 같은 이야기가 실현되기 위해서는 몇 개의 단계가 필요합니다. 지금까지 설명한 최초의 단계가 해결될 수 있으면, 다음 단계, 3번째 단계, 그리고 분자에 대한 요구도 해결될 수 있습니다. 최초단계에서는 쉽게 계측하는 것이 중요합니다. 지금까지 아무도 단일분자의 특성을 조사한 적이 없습니다. 그것을 깊이 생각해 보면 분자의 측면에서도, 계측의 측면에서도 서로 문제점이 있다는 것을 알 수 있는데, 그런 문제점을 해결하기 위해서는 양쪽에서 서로 다가설 필요가 있습니다.

현재 분자 측면에서의 문제는 이미 존재하고 있는 분자를 어떻게 계측할 것인가 하는 점입니다. 다음 단계로서 트랜지스터로서의 분자의 필요성을 들 수 있는데, 최후의 집적회로라는 면에서 다양한 수준으로의 업그레이드가 필요하다고 생각합니다.

■Q■ 전자의 터널링(tunneling)이라든가 전도성 외에 빛이나 스핀, 자성과 같은 물성을 미세하게 계측할 수 있는 기술이 있습니까?

●A● 자성이나 스핀을 측정하기 위하여 지금 페이즈콘트라스트를 사용한 투과전자현미경을 개발하고 있습니다. 그것을 이용하면 자성이나 전류의 흐름을 알 수 있습니다.

■Q■ 패러다임 시프트에는 1,000배의 성능향상이 요구된다고 하셨는데, 21세기를 지탱하는 새로운 기술로서 나노소자는 어떠한 가능성을 갖습니까?

●A● 마지막 부분에서 말씀드린 것처럼 이러한 방향의 연구는 전자공학만으로도 화학만으로도 될 수 없습니다. 화학이나 물리, 전자공학, 바이오, 기계공학 등의 다양한 분야의 전문가가 하나의 팀을 결성하여 새로운 패러다임에 도전할 필요가 있다고 생각합니다.

D 세션

분자를 모은다

사회——오사카대학 산업과학연구소 교수
—— 타카하시 시게토시

분자가 만드는 메조스코픽 세계

키미즈카 노부오
규슈대학 대학원 공학연구과 교수

용액 중에서의 2분자막 형성

저희들이 최근 몇 년간 진행중인 연구 가운데에서 메조스코픽 영역의 크기를 갖는 새로운 분자조직체의 형성에 관해서 소개하겠습니다.

일반적으로 분자집합체라는 말을 듣고 쉽게 연상할 수 있는 것으로 비누의 미셀(micelle)이 있습니다. 비누 분자는 소수성의 알킬사슬과 친수성의 친수기로 이루어지는데 이 알킬사슬에는 물과 접촉을 피하려는 성질이 있기 때문에 수중에서 미셀이라고 불리는 부드러운 회합체를 형성합니다. 그러면 친수기에 2개의 알킬사슬을 붙이면 어떻게 될까요? 1977년에 쿠니타케 교수는 이러한 2개의 긴 사슬의 알킬기를 갖는 분자가 수중에서 생체막과 유사한 2분자막 구조(합성2분자막)를 형성한다는 사실을 세계에서 처음으로 발견하였습니다(그림 1).

제가 17년 전에 큐슈대학의 쿠니타케 연구실에서 맨 처음으로 접한 화학의 새로운 키워드가 바로 2분자막이었습니다. 2분자막의 형성은 수중에서 뿐만 아니라 유기용매 중이라도 일반적으로 가능합니다. 다시 말해 매체에 친숙해지는 부분(친매부)과 친숙해지기 어려운 부분(소매부)을 가지고 배열하기 쉽도록 설계된 양친매성 분자라면, 물 또는 유기용매를 막론하고 2분자막을 형성합니다. 예를 들면 탄화불소사슬과 탄화수소사슬을 결합시킨 분자에서는 탄화불소사슬 부분이 용매인 탄화수소를 피해서 늘어서기 때문에 유기용매 중에서도 2분자막을 형성합니다. 즉 매체에 대한 양친매성을 적절하게 분자

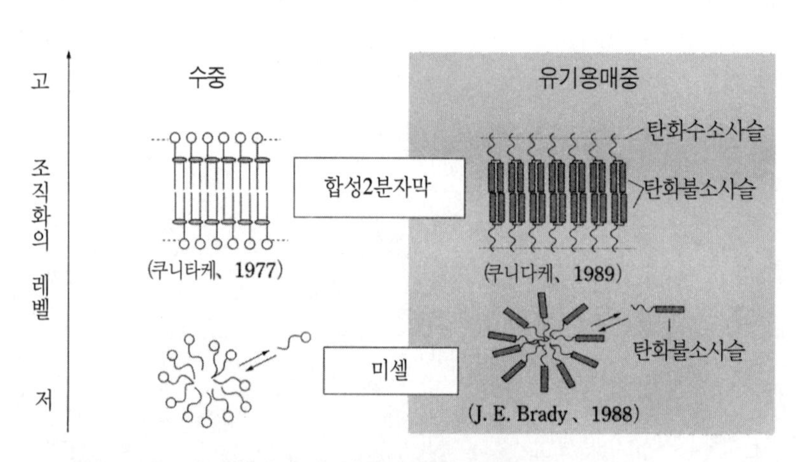

그림 1 물, 유기용매 중에 형성된 분자 집합체

설계하는 것이 2분자막 형성의 필요조건입니다.

메조스코픽 영역이란

그러면 생체계로 눈을 돌려봅시다. 분자인식에 근거한 자기조직화(自己組織化)를 대표하는 예로서 담배 모자이크 바이러스가 알려져 있습니다. 이 바이러스는 껍질단백질과 RNA의 복합체입니다(그림 2). 생화학자인 콘라트가 껍질단백질과 RNA를 분리 정제하여 시험관 안에서 두 물질을 혼합한 결과, 불가사의하게도 원래의 형태로 되돌아오는 사실을 발견하였습니다. 즉 껍질단백질과 RNA는 서로를 인식하여 복합화될 수 있습니다. 이러한 생체계의 분자조직화의 특징은 상대를 정확하게 인식한다는 점입니다.

이러한 분자인식에 있어서 분자가 만드는 계층구조를 생각해 보겠습니다(그림 3). 생체계에는 아미노산으로부터 펩티드, 단백질, 바이러스 그리고 염색체로부터 세포에 이르기까지 다양한 계층구조가 있습니다(그림 3 왼쪽). 한편 합성계의 분자집합체로서는 위에서 언급한 미셀이나 2분

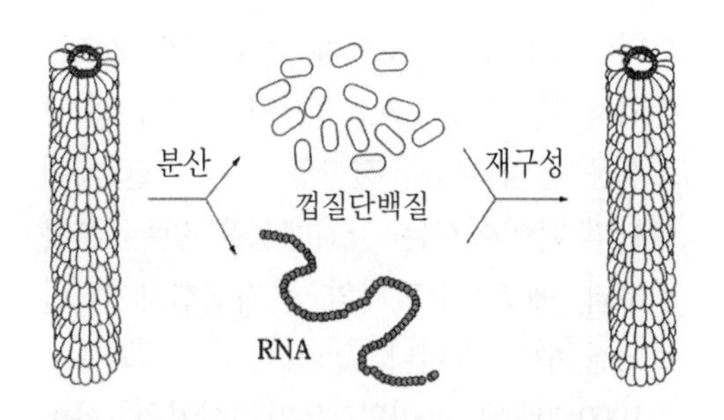

그림 2 담배 모자이크 바이러스의 재구성

자막이 있습니다. 한마디로 2분자막이라고 해도 그 형태는 다양해서 테니스 공을 닮은 베시클이나 2분자막이 평면상태로 발달한 라멜라 구조가 있습니다(그림 3 오른쪽). 이것은 농도가 높아짐에 따라서 다층화되고 고체결정이 될 때까지 연속적으로 다양한 회합형태를 나타냅니다.

여기에서는 10nm～10μm 정도의 크기를 메조스코픽 영역으로 정의하겠습니다. 물리학의 전문가들로부터 "그렇게 적당히 말해서는 안 된다"라는 지적을 받을 수도 있지만, 메조스코픽 영역이란 원래 반도체에서 100Å 정도의 파장과 구조가 일치하는 영역에서 일어나는 특이적 현상으로부터 유래된 말입니다. 좀더 포괄적인 의미로 매체 중에 안정하게 분산되어 있는 분자조직체의 크기를 나타냅니다.

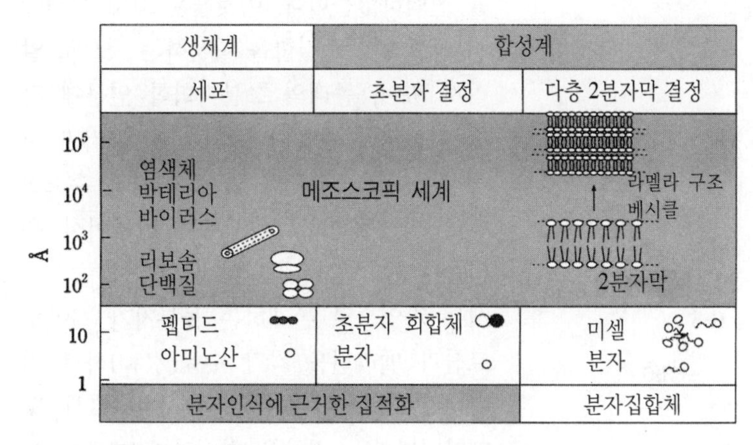

그림 3 생체계, 합성계에서 분자가 만드는 계층구조

메조스코픽 영역에서의 초분자조직의 개발

생체는 분자에서 세포기관에 이르는 다양한 메조스코픽 영역에서 단백질, 다당, 핵산, 생체막 등을 구성요소로 하는 다양한 초분자조직들을 발달시켜 왔

습니다. 이 메조스코픽계 초분자의 구조를 유지시키는 것은 수소결합이나 소수성 상호작용 등의 비공유결합입니다. 한편 계면화학의 분야에서는 양친매성을 갖는 분자로부터 메조스코픽계의 분자집합체가 만들어질 수 있습니다.

1990년대에 들어와 유기화학자들 사이에서 단지 자기회합을 통해 회합체를 형성하는 것이 아니라 생체계에서 볼 수 있는 것 같은 분자인식에 근거하여 이종의 분자를 집합시키려는 기운이 높아졌습니다. 이러한 분자인식의 수단으로서, 특히 수소결합을 이용하려는 시도가 활발히 진행되어 왔습니다. 예를 들면 미국의 Whitesides는 DNA에서 볼 수 있는 상보적 수소결합을 이용하여 2종류의 분자가 특정한 집합 패턴을 형성하는 연구를 하였습니다. 또한 노벨상 수상자인 프랑스의 Lehn도 결정이나 액정 가운데서 2종류의 분자가 상보적인 수소결합 네트워크를 형성하도록 하는 연구를 하였습니다.

그렇지만 이들 연구는 모두 수소결합이 형성되기 쉬운 클로로포름 등의 유기용매 또는 결정, 액정 등을 대상으로 하고 있어 용액 중에서는 일반적으로 저분자량 회합체밖에 얻을 수 없었습니다.

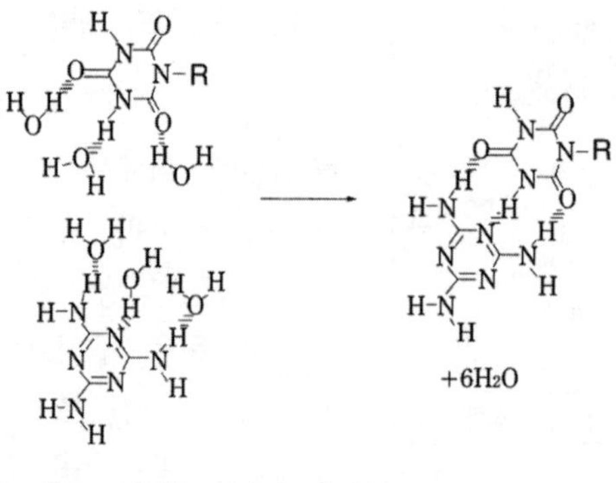

+6H₂O

그림 4 시아누르산과 멜라닌

수중에서의 수소결합 형성

위에서 언급한 것처럼 클로로포름과 같은 유기용매 중에서는 수소결합을 방해하는 것이 없기 때문에 비교적 쉽게 수소결합이 형성됩니다. 결정 중에서도 마찬가지로 수소결합이 형성되는 것은 그 형성을 방해하는 것이 없기 때문입니다. 한편 "수중에서는 물분자가 수소결합의 형성을 저해하기 때문에 수소결합을 이용한 인공 초분자를 얻을 수 없다"라는 것이 이 연구를 처음 시작했을 당시의 일반적인 생각이었습니다. 게다가 물이나 유기매체에서 안정하게 분산되는 메조스코픽 레벨의 초분자 조직체를 설계하기 위한 방법론도 없었습니다. 거기서 저희들은 다음 두 가지 문제를 해결하려고 하였습니다. 첫번째는 상보적 수소결합을 사용하여 용액에 안정하게 분산될 수 있는 메조스코픽 영역의 초분자 조직체를 설계하는 것, 두번째는 생체계와 같이 수중에서도 수소결합이 유효하게 작용하는 초분자의 설계방법을 개척하는 것이었습니다.

우선 상보적인 수소결합기로서 시아누르산(cyanuric acid)과 멜라닌(melamine)을 선택하였습니다. 이것들은 고체 상태에서 상보적 수소결합을 형성하는 것으로 알려져 있어, 종래의 초분자화학 연구에 자주 이용되어 왔습니다(그림 4). 그러면 시아누르산과 멜라닌을 물에 녹이면 수소결합이 형성될까요? 실제로는 만들어질 수 없습니다. 그림 4에 나타낸 것같이, 수중에서는 과잉으로 존재하는 물분자가 시아누르산과 멜라닌을 각각 수화(水和)하고 있습니다. 수화수(水和水)는 시아누르산 및 멜라닌과 수소결합을 형성하기 때문에 이것들을 절단하지 않으면 상보적 수소결합이 형성될 수 없습니다. 그러나 이러한 상보적 수소결합이 형성되었다고 해도 엔탈피효과는 수화수의 수소결합 절단과정에서 상쇄되어 버립니다. 다시 말해 수소결합은 수중에서 분자회합의 구동력이 될 수는 없습니다. 이런 이유로 세계의 많은 연구자들이 물 대신에 유기용매 중에서 수소결합을 형성하는 연구를 지금까지 해오고 있습니다.

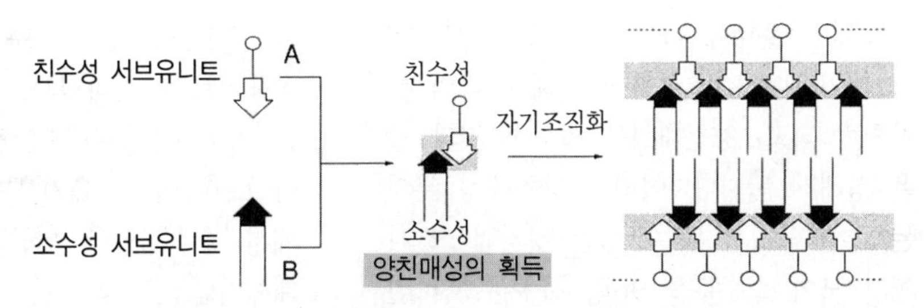

그림 5 상보적인 서브유니트 분자 A, B의 결합에 의한 양친매성의 획득과 초분자구조의 형성

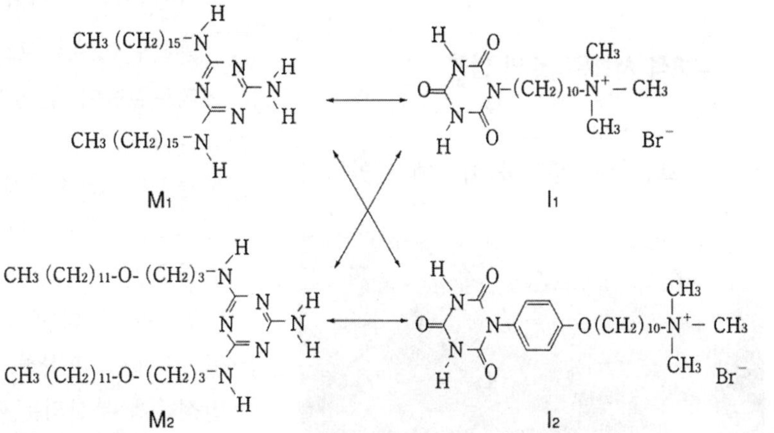

M1 ⟷ I1, M2 ⟷ I2

$CH_3(CH_2)_{15}$-NH- (triazine) ... M1; $(CH_2)_{10}$-$N^+(CH_3)_3$ Br^- ... I1; $CH_3(CH_2)_{11}$-O-$(CH_2)_3$-NH- ... M2; -O$(CH_2)_{10}$-$N^+(CH_3)_3$ Br^- ... I2

그림 6 상보적 서브유니트 분자와 그것들의 조합

초분자화학에 양친매성 개념의 도입

그러나 우리는 상보적 수소결합에 의해 DNA의 2중나선이 형성된다는 사실을 알고 있습니다. 어떻게 DNA사슬은 물 속에서 수소결합을 형성할 수 있을까요?

DNA의 구조로부터 그 힌트를 얻을 수 있습니다. DNA의 수소결합 쌍은 친수성의 당-인산결합으로 이루어진 주사슬의 안쪽에 있습니다. 2중나선의 안쪽에는 각각의 수소결합 쌍이 트럼프의 카드와 같이 쌓여 소수성부분을 형성하고 있고, 물분자가 들어와 수소결합을 절단하는 것을 막습니다[스텍킹(stacking)]. 따라서 수중에서 수소결합을 이용하여 분자를 집합시키기 위해서는, 수소결합과 물을 피하는 성질이라는 두 가지 관점에서 분자를 설계할 필요가 있습니다.

앞에서 2분자막은 친수부와 소수부를 모두 갖는 양친매성 분자가 수중에서 자발적으로 집합해서 얻어지는 분자레벨의 초박막이라는 사실을 말씀드렸습니다. 상보적 수소결합을 이용한 이러한 양친매성 분자를 만들 수 있으면, 그것들이 수중에서 더욱 자기조직화하여 메조스코픽 레벨의 초분자구조로 성장할 것입니다. 따라서 친수성 서브유니트A와 소수성 서브유니트B가 각각 상보적 수소결합을 형성할 수 있는 유니트의 도입을 검토해 보았습니다. 만약에 수중에서 수소결합이 작용하면 그림 5의 가운데에 나타낸 것 같은 모양이 될 것입니다. 수소결합에 의해 하나의 분자처럼 되고, 양친매성을 획득한 것과 같은 상태가 됩니다. 이러한 양친매성 분자는 2분자막에서 볼 수 있는 것처럼 그 자체가 모여 소수부를 안쪽, 친수부를 바깥쪽으로 한 4분자층의 초분자조직(그림 5 오른쪽)으로 성장할 것입니다.

상보적 서브유니트의 합성

이런 아이디어를 실증하기 위해서 여러 가지 서브유니트 분자를 합성해 보았습니다(그림 6). 상보적 수소결합을 형성하는 작용기로서 멜라닌과 시아누르산의 조합을 이용하였습니다. 이것들은 Whitesides나 Lehn 등도 유기용매 중이나 고체 중에서 수소결합을 만들기 위해서 이용한 계이지만 그들과 다른 점은 멜라닌에 알킬사슬을 붙여서 소수성 분자로 만들고, 한편으로 시아누르산에 암모늄기를 붙여서 친수성을 도입한 것입니다.

그림 7 M_2-I_2 수용액의 전자현미경 사진(우라닐 아세테이트 염색)

멜라닌으로는 포화알킬사슬(M_1) 이외에 에테르결합이 들어간 화합물(M_2)을 합성했습니다. 또한 시아누르산에 대해서는 암모늄염을 포화탄화수소사슬로 연결시킨 것(I_1)과 방향족발색단(페닐기)을 도입한 화합물(I_2)도 합성해 보았습니다. 그것들을 그림 6에 나타낸 4가지 형태의 조합으로 물 속에서 혼합하고 초음파를 이용하여 안정하게 분산되는 경우를 찾았습니다. 그 결과 에테르결합을 갖는 긴 사슬의 멜라닌분자(M_2)와 페닐기를 갖는 시아누르산 암모늄 화합물(I_2)을 1 : 1로 혼합한 경우만이 물에 안정하게 분산된다는 것을 알

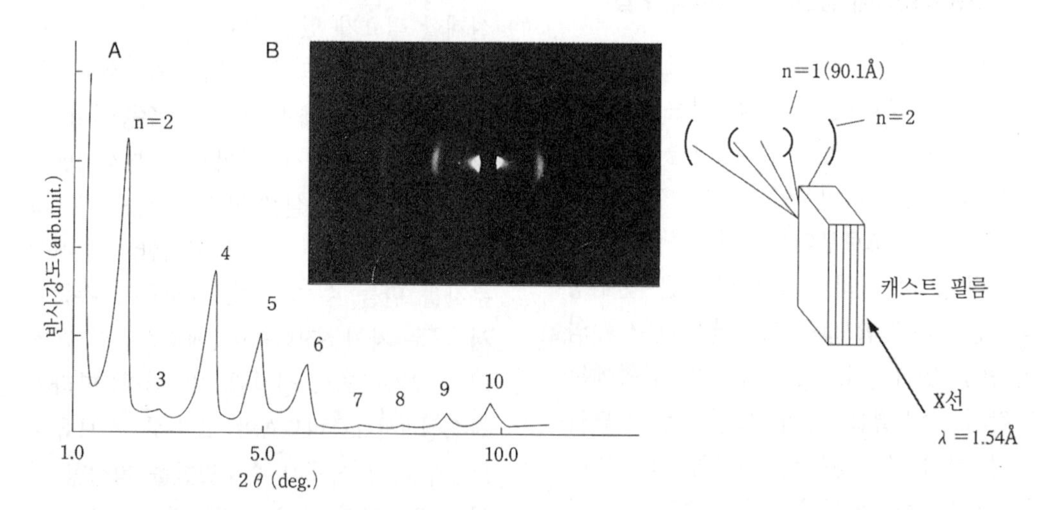

그림 8 M_2-I_2 복합체 캐스트 필름의 X선 회절

A : 반사법에 의한 회절 패턴, B : 투과법에 의한 X선 회절 패턴

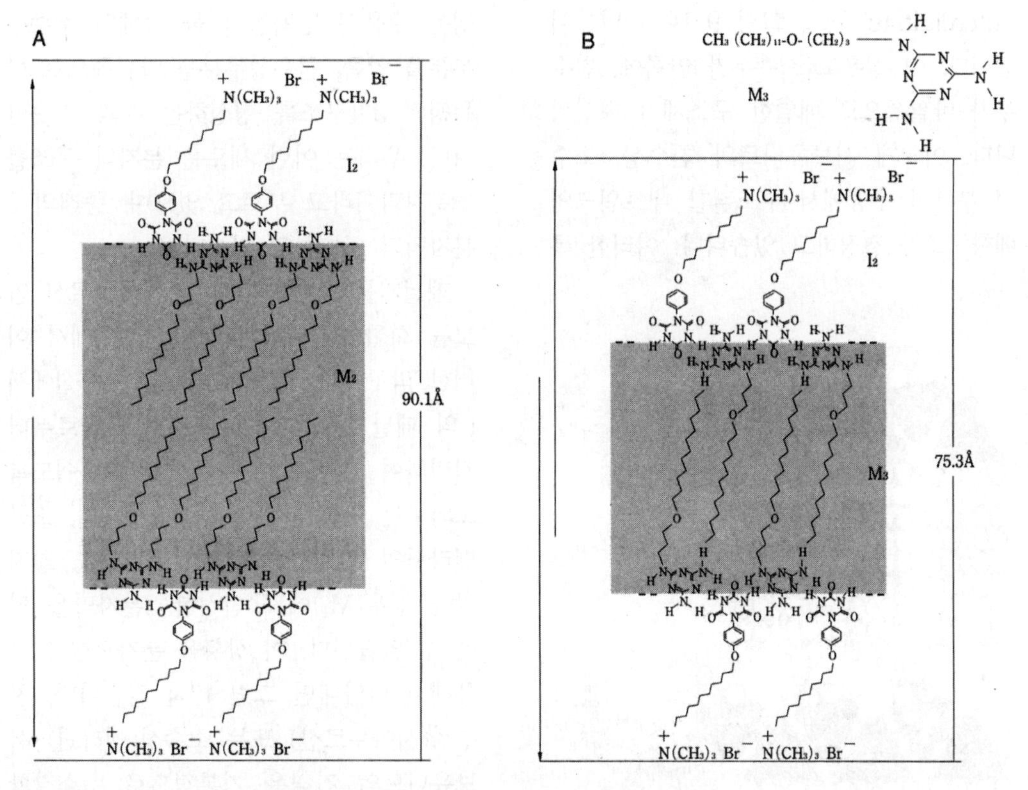

그림 9 상보적 수소결합을 통한 분자막 구조(초분자막)의 분자배향

았습니다.

초분자막의 형성

그림 7은 M_2-I_2의 1 : 1 혼합수용액의 전자현미경사진입니다. 마치 원반과 같은 구조가 여러 곳에서 관찰되고, 일부 원반이 세워져 있는 것 같은 구조도 보입니다. 그 원반의 두께는 100Å 정도입니다. 이 원반이 기대했던 것처럼 수소결합을 통해서 2분자막 상태로 조직화된 것인가 아닌가를 X선 회절로 조사해 보았습니다(그림 8). 고체기판 위에서 앞의 1 : 1 수용액을 증발시키면 얇은 필름을 얻을 수 있고, 그 얇은 필름의 X선 회절을 조사한 결과 적도방향에 회절피크가 얻어졌습니다. 이 피크로부터 얻어진 장주기는 90Å으로서 소수성 서브유니트를 안쪽에, 친수성 서브유니트를 바깥쪽으로 한 2분자막(4분자층) 구조가 형성되었다는 것을 알았습니다. 또한 이 두께는 전자현미경관찰에서의 원반 두께와도 일치하는데, 이 구조가 수중에서 안정하게 유지된다는 것을 의미합니다.

이처럼 어떤 구조요소를 만족시킬 경우 상보적 수소결합을 통한 막구조를 수중에 분산시킬 수 있습니다. 2가닥 사슬형의 멜라닌(M_2)과 페닐기를 갖는 시아누르산 암모늄염(I_2)을 조합시킴으로써 두께 90.1Å의 4층으로 이루어진 집합체(그림 9 A)가 얻어졌습니다. 1가닥 사슬형 멜라닌(M_3)의 경우에는 1가닥의 사슬부분이 서로 위・아래로 맞물린 것과 같은 모양

(interdigitate 구조, 그림 9 B)이 만들어집니다. 이 경우도 소수부가 안쪽에, 친수부가 바깥쪽으로 배열한 구조체가 형성됩니다. 이렇게 서브유니트의 친수성, 소수성 부분이 수중에서 수소결합 네트워크의 배향구조를 결정하고 있습니다. 이러한 특징은 수용성 단백질이 물 속에서 소수성 부분을 안쪽, 친수성부분을 바깥쪽으로 한 특정의 3차구조를 형성하는 것과 비슷합니다. 우리는 이런 새로운 분자막 구조를 초분자막이라고 부르고 있으며, 종래의 2분자막과 구별하고 있습니다.

페닐기를 포함하지 않는 시아누르산 암모늄 화합물(I_1)을 이용하면, 수중에서 이러한 막구조가 만들어지지 않는 사실에서 I_2의 페닐기는 수소결합 부분을 물로부터 격리하여 분자와 분자가 늘어서기 쉽도록 도와주는 역할을 한다고 생각합니다. 또한 멜라닌의 알킬사슬에 에테르결합을 넣지 않을 경우(M_1)에도 안정한 2분자막을 얻을 수 없습니다. 이 상황을 분자모형을 사용해서 나타내면 그림 10과 같습니다. 친수성(시아누르산) 또는 소수성(멜라닌) 서브유니트의 간격은 기본적으로 수소결합의 거리에 의해 결정됩니다. 그런데 안정한 분자막이 형성되기 위해서는 알킬사슬 부분이 규칙적으로 패킹되어야 합니다. 포화 탄화수소사슬로 된 멜라닌 분자(M_1)의 경우(그림 10 위), 시아누르산을 사이에 두고 멜라닌분자와 멜라닌분자 사이의 틈

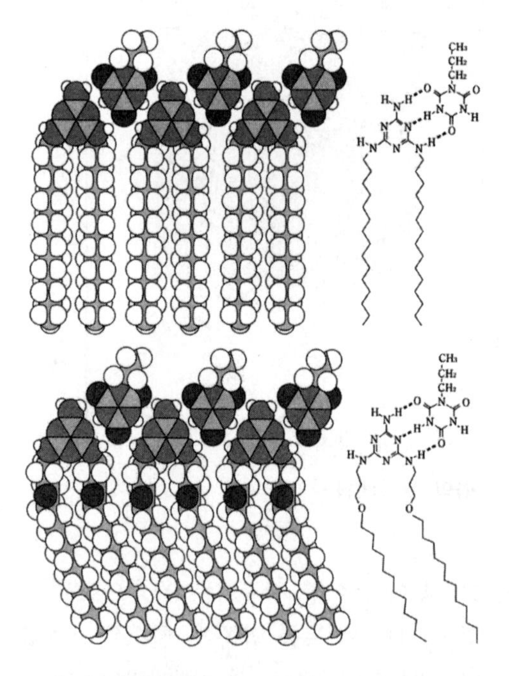

그림 10 에테르결합이 알킬사슬 방향에 미치는 효과(CPK 모델). 위 : M_1과 시아누르산의 복합체, 아래 : M_2와 시아누르산의 복합체.

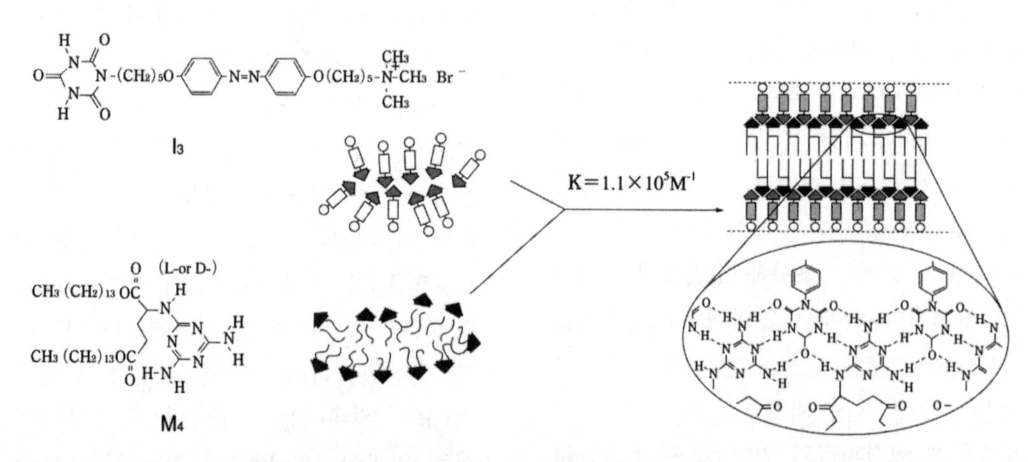

그림 11 수중에서의 상보적 수소결합의 형성과 초분자막의 재구성

이 벌어져 있어 안정한 분자막을 형성하지 않습니다. 그러나 에테르결합을 첨가함으로써 알킬사슬이 유연하게 구부러질 수 있게 되고, 상보적 수소결합의 형성과 알킬사슬의 양호한 패킹이 가능해집니다(그림 10 아래). 이렇게 수중에서 상보적 수소결합으로 구조가 결정된 초분자조직을 얻기 위해서는 상보적 수소결합에 친수성, 소수성을 도입하는 아이디어만으로는 불충분하며, 수소결합 네트워크 자체의 분자 배향성을 향상시키는 연구가 필요합니다.

수중 재구성에 의한 초분자막의 형성

담배 모자이크 바이러스는 껍질단백질과 RNA를 수중에서 혼합하는 것만으로 저절로 재구성된다는 사실을 앞에서 설명하였습니다. 저희들이 합성한 인공의 상보적 서브유니트에 대해서도 양자를 수중에서 혼합함으로써, 상보적 수소결합에 의해 초분자막(4분자층) 구조가 재구성될 수 있는지를 조사하였습니다. 여기서 이용한 시아누르산 암모늄염 I_3는 아조벤젠 발색단을 갖고 있습니다(그림 11). 이 화합물은 수중에서 단독으로 둥근 회합체를 형성한다는 것을 전자현미경관찰으로

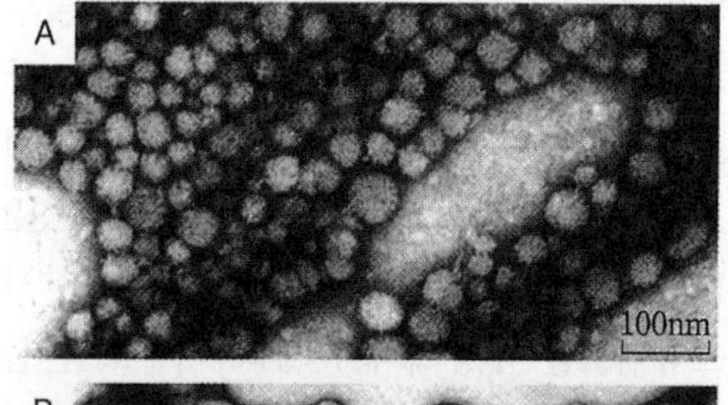

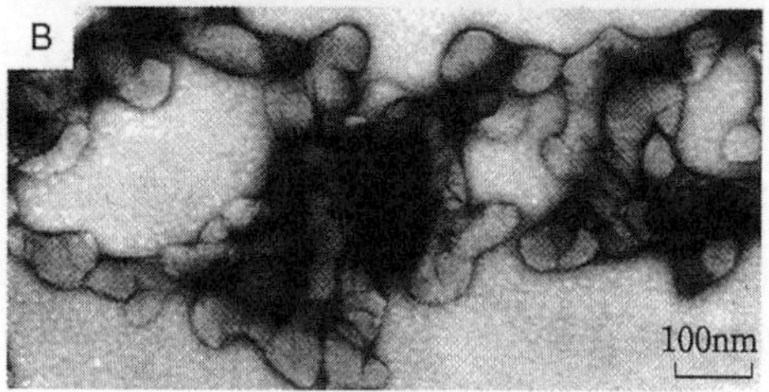

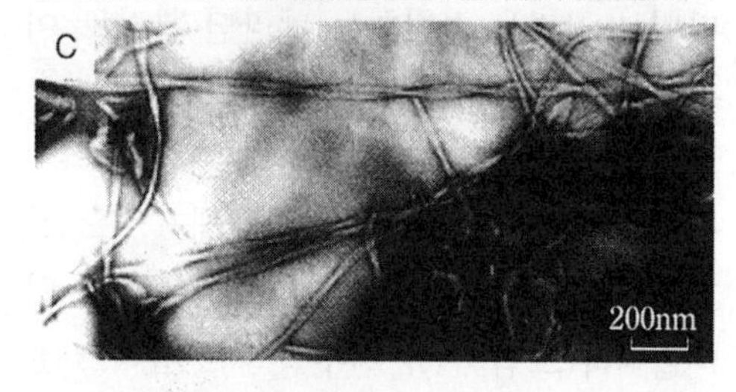

그림 12 전자현미경 사진
A : I_3, B : M_4, C : $M_4 - I_3$

수용성 받개 분자

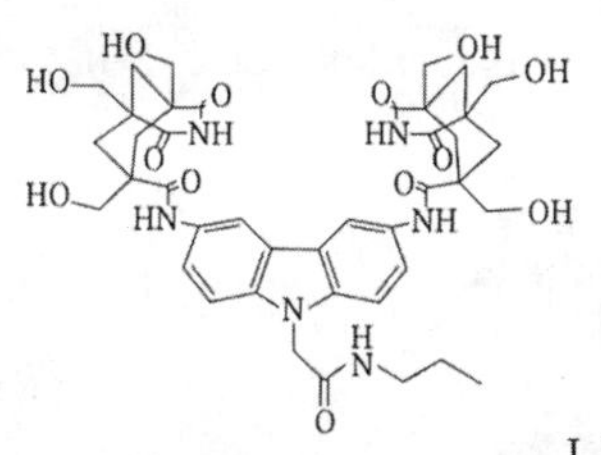

왓슨-크릭형 수소결합 호그스틴형 수소결합

방향족 고리

Ka=35M^{-1}

J. Rebek. Jr. et. al, *Proc. Natl. Acad. Sci.*, **92**, 1208 (1995)

계면 단분자막

공기
물

Ka=2.1×10^{3}M^{-1}

T. Kunitake et. al, *Chem. Eur. J*, **3**, 1077 (1997)

그림 13 위 : 수중에서의 수소결합성 받개, 아래 : 공기/물 계면 단분자막에서의 상보적 수소결합의 형성

확인하였습니다(그림 12 A). 한편 L-글루타민산(glutamic acid) 유도체를 갖는 상보적인 멜라닌 분자 M_4를 물에 녹이면 찌그러진 구조체가 만들어집니다(그림 12 B). 그런데 놀라운 것은 이들 상보적인 서브유니트를 수중에서 1 : 1의 비율로 혼합하면 나노크기의 리본구조가 형성되었습니다(그림 12 C). 이러한 나선구조는 과거에는 고도로 배향된 카이랄 분자막에서만 관찰되었습니다. 이 나노리본의 두께는 아조벤젠을 포함하는 시아누르산 분자와 글루타민산 골격을 포함하는 멜라닌 분자로 이루어진 4분자층에 대응하고 있습니다.

다시 말해 이 결과는 인공분자이면서도 수중에서 특정의 초분자 조직체가 수소결합을 통해서 재구성될 수 있다는 것을 의미합니다(그림 11). 친수성 서브유니트 I_3와 소수성 서브유니트 M_4가 1 : 1의 비율로 재구성되는 것이나 규칙적인 초분자막의 나노리본이 형성되는 것은 아조벤젠 발색단의 전자스펙트럼, 원편광이색성(CD)스펙트럼 측정으로 확인할 수 있습니다. 이들 상보적 서브유니트를 수중에서 혼합하였을 때의 회합상수는 놀랍게도 $1.1 \times 10^5 M^{-1}$이었습니다.

초분자막의 형성과 회합상수

여기서 $10^5 M^{-1}$이라고 하는 회합상수에 어떤 의미가 있을까요? 유기화학자의 대부분은 수중에서 수소결합을 만들려고 합니다. 예를 들면, 미국의 Rebek는 그림 13 위와 같은 수용체분자를 합성하여 기질인 아데닌 유도체와 스텍킹이 가능하도록 카르바졸(carbazole)이라는 소수성의 방향족고리를 도입하였지만, 이 때의 회합상수는 $35M^{-1}$에 지나지 않았습니다.

또한 쿠니타케 교수는 공기/물 계면 단분

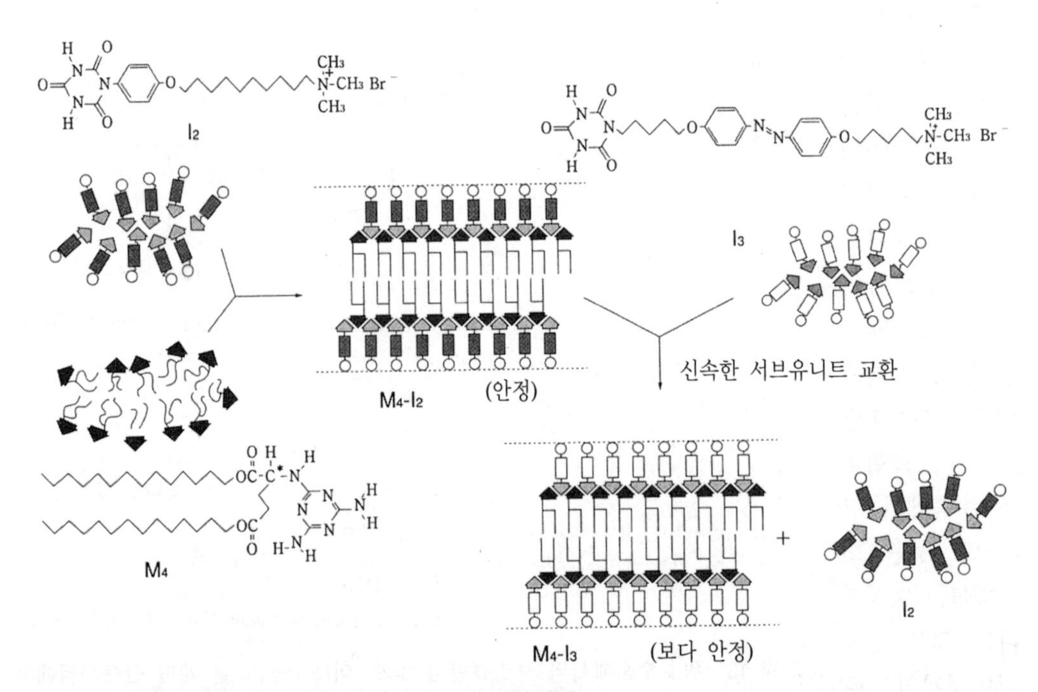

그림 14 수중에서의 초분자막 서브유니트의 교환현상

자막이 벌크 상태와 비교해서 수소결합을 형성하기 쉽다고 보고하고 있습니다(그림 13 아래). 이 경우 멜라닌과 상보적인 바르비트르산(barbituric acid)을 조합시킨 것으로 단분자막의 회합상수는 $2.1 \times 10^{3}M^{-1}$입니다. 이번에 제가 보고한 계는 수중이면서 $10^{5}M^{-1}$로 계면 단분자막과 비교해도 수소결합이 훨씬 형성되기 쉽다는 사실을 알 수 있습니다.

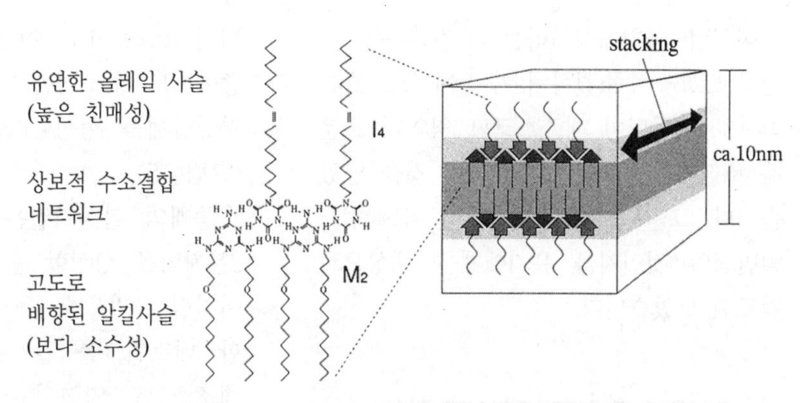

그림 15 유기용매 중에서의 초분자막 형성

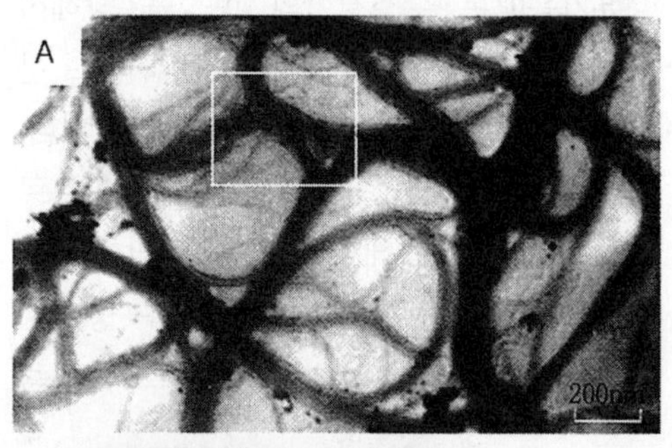

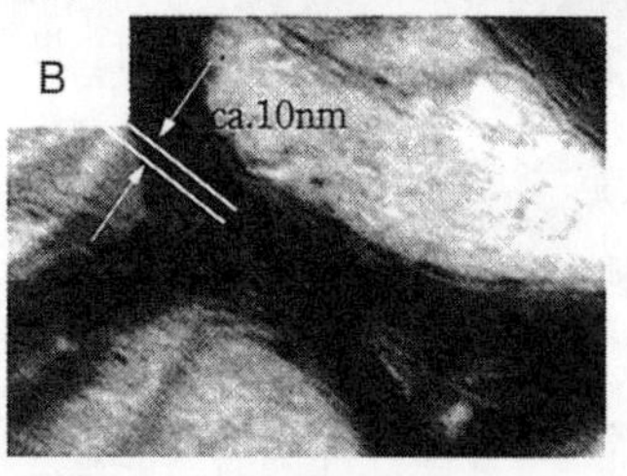

그림 16 A : M_2-I_4 전자현미경 사진(용매 : 클로로포름), B : 확대사진

초분자막과 2분자막의 차이

이런 초분자막은 종래의 2분자막과 무엇이 다를까요? 종래의 2분자막의 양친매성 분자는 수중에서 자기회합을 통해 2분자막을 형성합니다(그림 1). 그러나 초분자막에서는 2종류의 서브유니트가 수중에서 수소결합을 통해 양친매적인 구조를 형성합니다(그림 9). 이렇게 복수의 서브유니트의 회합을 통해서 양친매성이 획득되는 원리는 초분자막 고유의 특징입니다.

두번째 차이는 구조의 다이나믹스입니다. 예를 들면 페닐기를 포함하는 시아누르산 분자 I_2(친수부)와 소수성 멜라닌 분자 M_4를 수중에서 혼합하면 수소결합을 통한 2분자막 구조가 재구성됩니다(그림 14 가운데). 이것은 원래 안정한 회합체이지만, 앞에서 말한 아조벤젠기를 포함하는 시아누르산 분자 I_3를 첨가하면, 순간적으로 페닐기를 가지는 시아누르산 분자 I_2가 아조벤젠형의 I_3로 치환됩니다(그림 14 아래). 이 현상은 페닐기와 비교해서 아조벤젠기의 분자간 상호작용이 크기 때문으로 보다 안정한 초분자막 구조가 형성되는 것을 의미합니다. 따라서 이런 초분자막계에서는 서브유니트의 성질에 의해 다양한 레벨의 준안정구조가 만들어질 수 있고, 서브유니트 분자의 동적인 치환반응이 실현될 수 있습니다. 이러한 분자인식에 근거한 동적인 구조제어는 종래의 분자집합계에서는 실현될 수 없었던 것입니다.

이처럼 양친매성이라는 구조인자를 도입함으로써 수소결합이 수중에서도 효율적으로 형성되어 메조스코픽 영역의 초분자 조직체가 얻어질 수 있다는 것을 알았습니다. 그 다음으로 이 개념이 어느 정도 일반적인 것인지를 유기매체를 대상으로 검토해 보았습니다.

유기용매 중에서의 초분자막 형성

유기용매는 수소결합의 형성을 방해하지 않기 때문에 유기용매 중에서의 초분자막형성은 수중과 비교해서 간단합니다. 앞서 말한 멜라닌 화합물 M_2와 시아누르산 유도체로서 올레일 사슬을 도입한 I_4를 조합시키면(그림 15), 클로로포름 중에서 최소폭이 약 100Å의 화이버 구조가 관측됩니다(그림 16). 이것은 비극성 유기용매 중에서도 수소결합을 통한 4분자층의 분자집합체를 형성한다는 것을 나타냅니다(그림 15).

종래의 합성지질은 클로로포름 중에서 2분자막을 형성할 수 없었습니다. 그러나 이처럼 유기용매 중이라도 상보적 수소결합 네트워크를 잘 이용함으로써 안정한 메조스코픽 영역의 초분자 구조체를 형성할 수 있게 되었습니다. 또한 이러한 안정한 초분자구조는 에탄올 중에서도 형성됩니다. 에탄올도 2분자막 구조를 파괴하는 전형적인 용매이지만 상보적 수소결합 네트워크를 이용함으로써 안정한 분자집합체를 형성할 수 있습니다.

비2분자막계 초분자조직의 설계

다음으로 바르비트르산 유니트를 분자의 양쪽 말단에 갖는 2작용기 화합물 I_5와 앞서 말한 에테르결합을 갖는 멜라닌분자 M_2를 조합시킨 예를 설명하겠습니다. 알킬에테르 사슬은 유기용매에 친숙해지기 때문에 바르비트르산 부위와 멜라닌에 의한 상보적 수소결합 네트워크가 형성되면, 바르비트르산형 2작용기 분자를 안쪽으로 배향한 3분자막 구조를 얻을 수 있다고

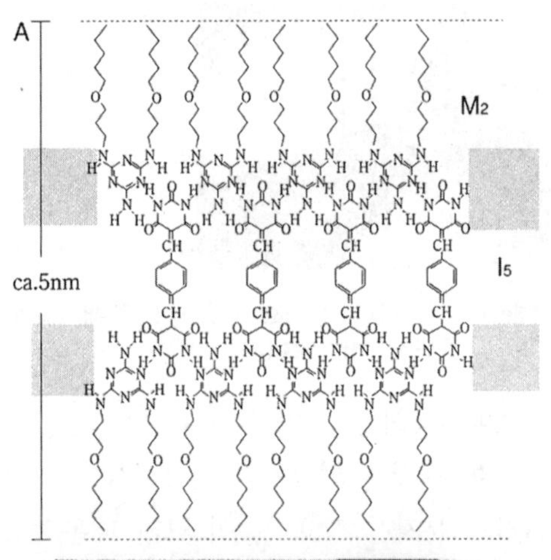

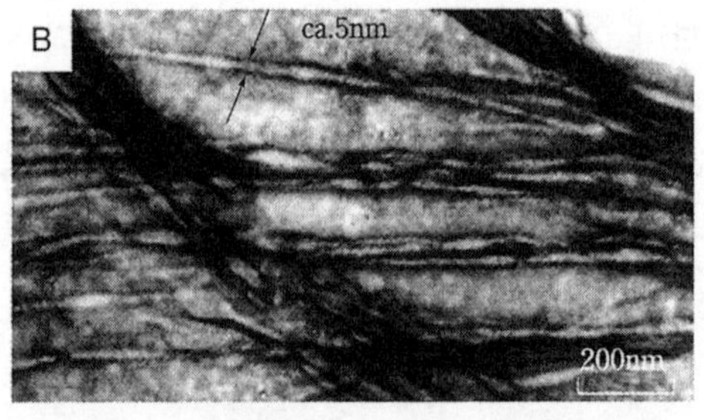

그림 17 A : 3분자막의 분자배향, B : $(M_2)_2$-I_5 전자현미경 사진(용매 : 클로로포름)

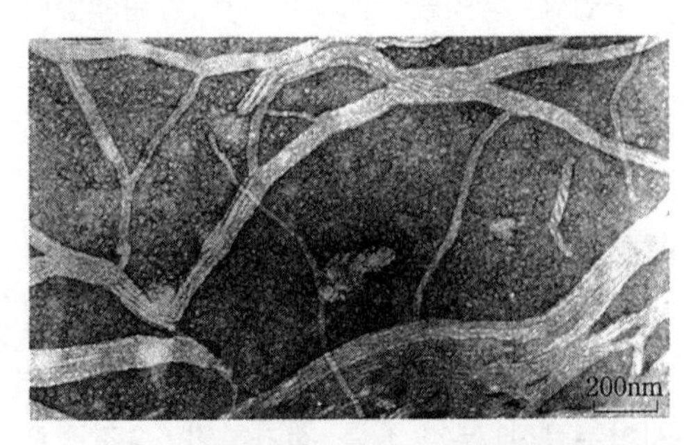

그림 18 나프탈렌디이미드-M_2 복합체의 전자현미경 사진(용매 : 메틸시클로헥산)

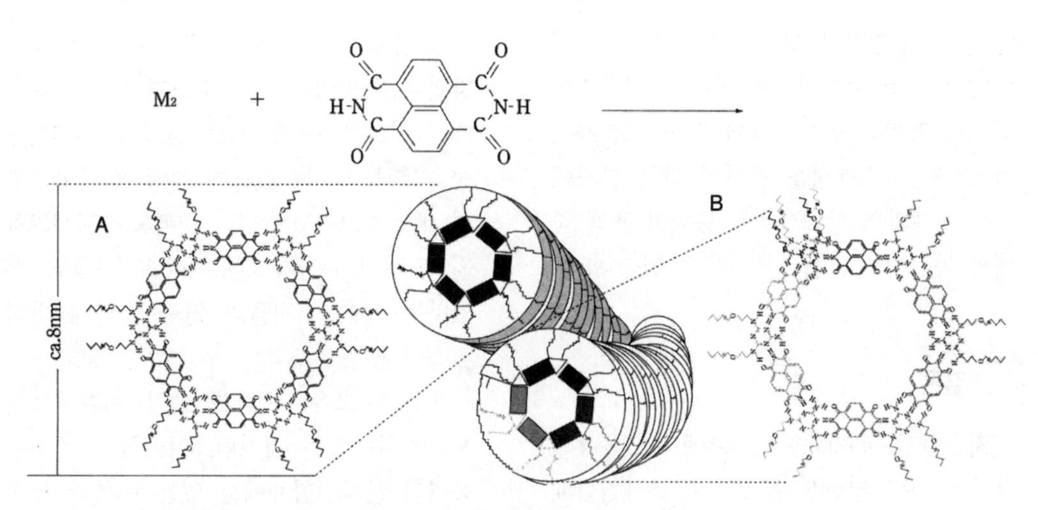

그림 19 나프탈렌디이미드-M_2 복합체의 유기용매 중에서의 초분자구조 형성. 소매부가 안쪽, 친매부가 용매 쪽으로 배향된 여러 겹으로 겹쳐진 구조를 형성한다.

생각하였습니다(그림 17 A). 클로로포름 용액의 전자현미경관찰로 강직한 나선구조가 확인되었는데 그 최소폭(약 50Å)은 실제로 분자막의 두께와 일치합니다(그림 17 B). 다시 말해 기대했던 대로 3분자막 구조를 얻을 수 있다는 것을 알았습니다. 지금까지 2분자막이나 1분자막의 분자설계수법은 확립되었지만, 3분자막 형성에 관한 예는 이번이 처음입니다.

이처럼 상보적 수소결합을 이용함으로써 종래에 없는 분자조직 구조를 디자인할 수 있고, 또한 층상 구조 이외의 것도 설계할 수 있습니다. 그 하나의 예로서 방향족 나프탈렌디이미드와 멜라닌 화합물(M_2)을 조합시킨 예를 소개하겠습니다. 나프탈렌디이미드는 대부분의 용매에 녹지 않지만, 긴 사슬의 멜라닌분자(M_2)와 상보적 수소결합을 형성하면 메틸시클로헥산 등의 유기용매에 분산될 수 있습니다. 원래 나프탈렌디이미드는 유기용매에 친숙해지기 어려운 소매성이지만, 멜라닌분자의 알킬에테르 사슬이 친매부로서 작용하기 때문에 유기용매에 분산될 수 있습니다. 전자현미경관찰로 지름 80Å 정도의 화이버 구조가 유기용매 중에 안정하게 녹아 있는 것을 알았습니다(그림 18). 이것의 구조모델은 그림 19와 같습니다. 다시 말해 유기용매에 친숙하지 않은 부분을 안쪽에, 친숙한 부분을 바깥쪽으로 한 양친매성 구조가 원자간력현미경(AFM) 관찰로도 증명되었습니다. 단, 그것이 그림 19 A와 같이 고리가 겹친 것인지 아니면 B와 같이 나선상의 고분자를 형성한 것인지는 현재로는 확인할 수 없지만, 유기용매에 대한 친화성의 차이를 구동력으로서 고차구조가 형성될 수 있다는 것은 명확합니다.

이러한 결과는 2종류의 분자로 이루어지는 상보적 수소결합 네트워크가 유기용매 중에서 친매성·소매성에 근거하여 나선 구조를 형성할 수 있다고 하는 최초의 결과입니다. 물론 이러한 현상은 반드시 초분자계에 한정되는 것은 아닙니다. 최근 미국의 Moore는 올리고에테르 곁사슬을 갖는 페닐아세틸렌 올리고머에서도 소매성을 구동력으로 해서 분자가 나선구조를 나타낼 수 있다고 보고하고 있습니다. 이렇게 상보적 수소결합을 통한 비공유결합형 고분자이건 공유결합에 의한 고분자이건 친매성·소매성을 동시에 갖는 분자에서는 매체와의 상호작용을 통해서 용액 중에서 특정의 구조를 나타낼 수 있습니다.

결론

지금까지 유기화학 분야에서 2종류의 분자로 수소결합을 이용하여 분자집합체를 합성하는 연구가 유기용매를 중심으로 진행되어 왔습니다. 한편 결정 중에서 2종류의 분자가 수소결합을 통해 네트워크 구조를 형성하는 연구도 진행되어 왔지만, 지금까지 메조스코픽 정도의 초분자 집합체를 수중 또는 유기용매 중에서 만드는 방법론은 없었습니다. 수소결합을 통해 2개의 서브유니트를 서로 결합하고 양친매성을 획득할 수 있도록 분자 설계함으로써 메조스코픽 영역의 초분자 조직체(2차원 또는 1차원)가 자유자재로 구축될 수 있다는 것이 저희들의 연구에 의해 밝혀졌습니다.

또한 서브유니트의 신속한 치환반응에서 알 수 있는 것처럼, 이러한 구조체는 종래의 분자집합체에는 없는 독특한 동적 특성을 나타낸다는 것을 알았습니다. 아직 메조스코픽계 초분자라고 부를 수 있는 예가 그렇게 많지는 않지만 메조스코픽계에서만 느낄 수 있는 물성이 이제부터 많이 발견될 것으로 기대합니다.

Q & A

■Q■ 조직체를 형성하는 경우 초음파를 이용한다고 하셨는데, 초음파로 분자를 미셀상태로 만드는 것은 원리적으로 어떤 것입니까?

●A● 분자집합체를 물 등의 용매에 분산시킬 때 초음파를 자주 사용합니다. 이것은 고체 중에서 회합하고 있는 분자를 소리에너지로 분산시켜 매체 중에서 더욱 더 안정한 회합구조를 만드는 수단입니다.

■Q■ 전자현미경관찰로 얻어진 디스크나 튜브모양의 조직체를 정교하게 나열할 수도 있습니까?

●A● 전자현미경을 찍을 때는 용액을 떨어뜨리고 나서 완전히 건조된 것을 관찰하기 때문에 뿔뿔이 흩어진 구조가 보입니다. 그것을 한 방향으로 늘어놓는 연구도 있습니다. 구슬 같은 둥근 모양의 것을 늘어놓는 것은 곤란하지만 막대 모양의 구조라면 용액의 흐름과 일치하는 배열을 나타낼 수도 있습니다.

■Q■ 벤젠고리를 나열하여 수중에서 수소결합을 형성하는 것은 큰 특징의 하나라고 생각합니다. 그 경우 벤젠고리는 단지 소수성만이 아니라 스테킹에 의해 물분자를 멀리한다고 생각합니다만, 그 점에 대해 어떻게 생각하십니까?

●A● 그대로입니다. 벤젠고리는 소수성의 평면이기 때문에 스테킹을 일으키기 쉽고 그로 인해 효과적으로 물과 멀어질 수 있다고 생각합니다.

전기를 통하는 액정분자
—빛을 발하는 액정분자

아카기 카즈오
쯔쿠바대학 물질공학계 교수

액정의 분류

일상생활에서 흔히 접하는 액정분자라고 하면 컴퓨터의 디스플레이 또는 계산기나 시계의 표시부 등에 사용되는 것으로 생각합니다. 액정분자는 막대 또는 원반 모양을 하고 있고, 분자의 형상에 따라서 네마틱(nematic)상과 스메틱(smetic)상, 그리고 디스크(disc)상으로 구별됩니다.

한편 액정은 분자의 크기에 따라서 저분자 액정과 고분자 액정으로 구별됩니다. 고분자 액정은 액정분자가 연결되어 고분자 주사슬을 형성하는 주사슬형 액정 고분자와 액정분자가 고분자의 곁사슬에 치환기로 결합된 곁사슬형 액정 고분자가 있습니다. 이들 액정은 유기 화합물로 구성되어 있기 때문에 저분자 또는 고분자에 관계없이 전기 절연체입니다.

액정성과 전도성의 융합

약 30년 전에 쯔쿠바대학의 시라카와(白川) 교수는 막 상태의 폴리아세틸렌이 전도성을 나타내는 것을 발견하였습니다. 이후 폴리아세틸렌은 기능성 컨쥬게이트 고분자를 대표하는 전도성 고분자로서 폭넓게 연구되어 왔습니다.

현재 고분자화학 분야에서 여러 종류의 컨쥬게이트 고분자가 합성되고 있습니다. 이 컨쥬게이트 고분자는 단일결합과 이중 또는 삼중결합이 1차원으로 나열되어 있는 주사슬에 비편재화 π전자가 존재하는 것이 특징입니다. 이 컨쥬게이트로 인해 주사슬은 강직성을 나타내며, 폴리아세틸렌의 경우에 섬유상의 결정을 형성합니다. 그러나 이 섬유상의 결정은 결정성이 높아 용매에 잘 녹지 않으며, 온도를 가해도 잘 융해되지 않는 것이 성형상의 커다란 문제점이었습니다. 곁사슬에 알킬기를 도입하면 가용성은 증가하지만 배향성 등은 개선되지 않습니다. 그러나 이 곁사슬의 수소원자를 액정기로 치환하면 고분자 액정, 즉 곁사슬형 액정 고분자가 만들어집니다(그림 1).

또한 전자 수용체나 전자 공여체를 이용한 화학도핑으로 주사슬의 전자를 빼내기도 하고 여분으로 더할 수도 있습니다. 이렇게 하여 만들어진 양(+) 또는 음(−) 전하에 의해 전기가 통하게 됩니다. 그 때문에 컨쥬게이트 고분자를 전도성 고분자라고도 부르고 있습니다.

이러한 컨쥬게이트 고분자의 곁사슬에 액정기를 도입할 수 있다면, 전도성을 가지는 곁사슬형 액정 고분자, 즉 전기를 통하는 액정분자을 만들 수 있습니다.

액정성을 가진 전도성 고분자의 특징

컨쥬게이트 고분자의 곁사슬에 액정성을 도입하면 액정의 커다란 특징 중의 하나인 자율 배향성이 나타납니다. 일반적으로 컨쥬게이트 고분자는 유기용매에 잘 녹지 않아서 앞에서 말한 것같이 캐스팅 등의 성형이 곤란하지만, 고분자의 곁사슬에 액정기를 도입하면 가용・가융성이 얻어질 뿐만 아니라 액정이 가진 자율 배향성 및 외장(外場) 응답성을 이용해서 분자배향을 제어하고 컨쥬게이트 고분자 본래의 전도성이나 발광성에도 이방성을 부여할 수 있습니다.

폴리아세틸렌 이외에도 많은 컨쥬게이트 고분자가 있습니다. 벤젠고리를 1차원으로 배열한 폴리파라페닐렌(polypara-phenylene)은 전도성과 발광성을 가집니다. 티오펜고리나 피롤고리 등의 헤테로 고리화합물을 1차원으로 배열해도 전도성이나 발광성이 나타납니다. 도전재료 이외에 포토루미네센스(photoluminescence, PL)나 일렉트로루미네센스(electroluminescence, EL) 광학재료 등의 응용재료로서 컨쥬게이트 고분자의 이용이 기대되고 있습니다. 저희들도 발광성과 액정성 등 다양한 기능을 가진 자율배향형 고분자 재료의 개발을 위하여 여러 가지 액정성 컨쥬게이트 고분자를 합성하여 그것의 성질을 조사해 보았습니다(그림 2).

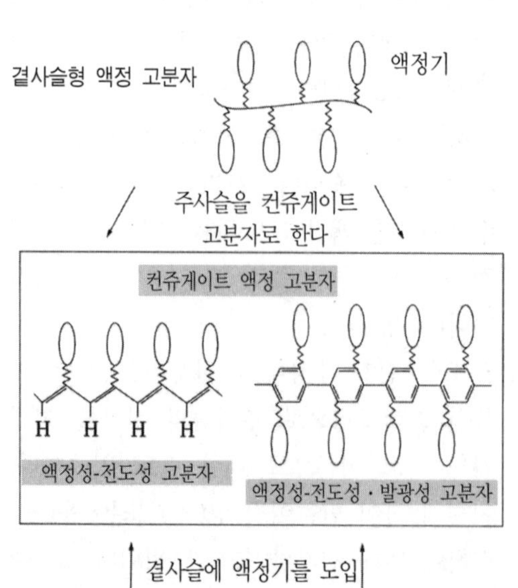

그림 1 전도성이나 발광성의 액정성과의 융합

액정성 컨쥬게이트 고분자의 합성

물론 방향족계의 컨쥬게이트 고분자라면 주사슬에 기초한 발광강도는 강하게 되고, 주사슬에 수직한 방향은 발광강도가 작아지는 발광 이색성을 가질 것입니다. 이 같은 사실에 근거한 분자설계와 실제의 합성과정에 대하여 설명하겠습니다.

페닐시클로헥실(phenylcyclohexyl)기나 비페닐(biphenyl)기를 메소겐 코어(core)로, 메틸렌 사슬을 스페이서(spacer)로, 그리고 알킬기나 시아노기를 말단부위로 하는 여러 가지 액정기를 합성하였습니다. 다음에 이것들을 치환기로 한 단량체를 합성하여 각각의 단량체에 맞는 중합반응을 통해 그림 2에 표시한 12종류의 액정성 컨쥬게이트 고분자를 합성하였습니다.

이 중에서 두 종류(10・11)는 조금 특이한 구조를 나타냅니다. 유니트 셀의 왼쪽 분자골격은 티오펜고리의 벤조노이드 구조이며, 오른쪽 분자골격은 티오펜 고리의 일종의 들뜸 상태인 키노이드 구조입니다. 이처럼 벤조노이드 구조와 키노이드 구조가 하나의 유니트가 될 경우 밴드 갭이 현저하게 작아지고 반대로 전도성은 높아져 종래에 없는 파장영역에서 발광성이 나타납니다. 이러한 사실로부터 저희들은 밴드 갭이 작고 메틸렌 부위에 액정기가 도입된 여러 종류의 액정성 고분자를 합성해 보았습니다.

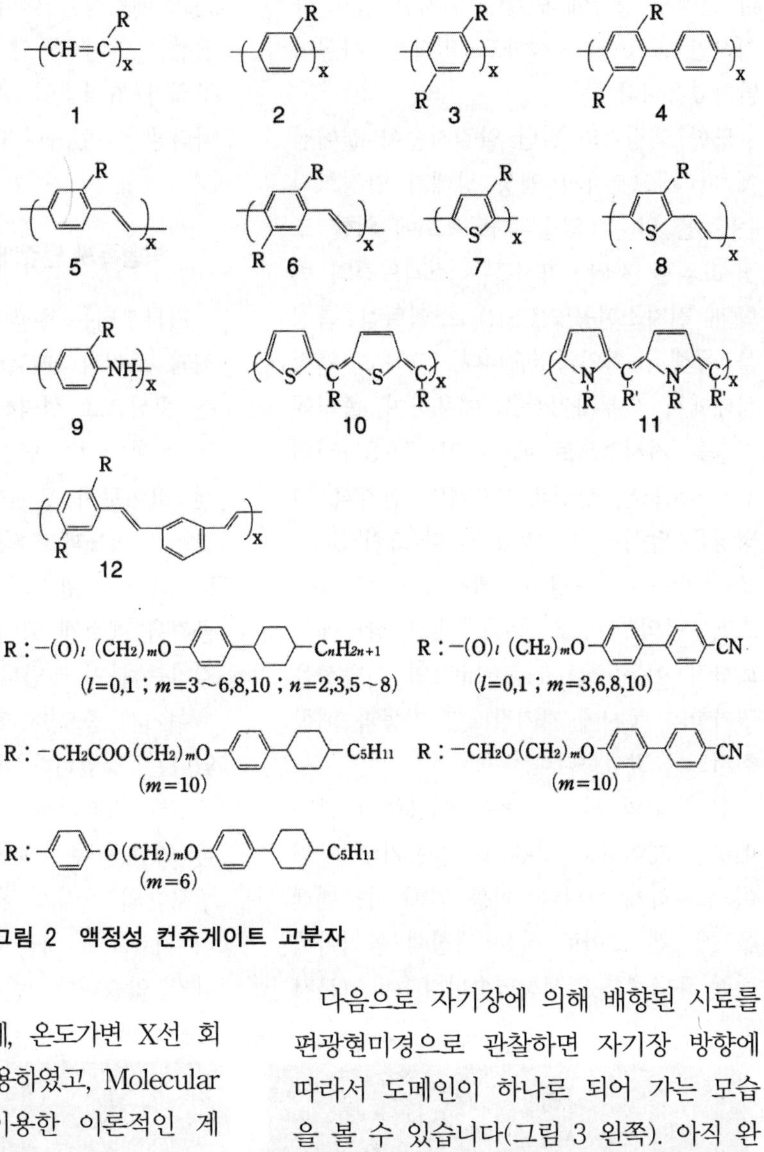

R : $-(O)_l\,(CH_2)_mO-$⟨benzene⟩$-$⟨cyclohexane⟩$-C_nH_{2n+1}$ (l=0,1 ; m=3~6,8,10 ; n=2,3,5~8)

R : $-(O)_l\,(CH_2)_mO-$⟨benzene⟩$-$⟨benzene⟩$-CN$ (l=0,1 ; m=3,6,8,10)

R : $-CH_2COO(CH_2)_mO-$⟨benzene⟩$-$⟨cyclohexane⟩$-C_5H_{11}$ (m=10)

R : $-CH_2O(CH_2)_mO-$⟨benzene⟩$-$⟨benzene⟩$-CN$ (m=10)

R : ⟨benzene⟩$-O(CH_2)_mO-$⟨benzene⟩$-$⟨cyclohexane⟩$-C_5H_{11}$ (m=6)

그림 2 액정성 컨쥬게이트 고분자

합성한 고분자의 액정성을 확인하기 위하여 편광현미경, 시차주사열량계, 온도가변 X선 회절 등의 측정장치를 이용하였고, Molecular Mechanics(MM)을 이용한 이론적인 계산을 해보았습니다.

그림 3은 액정성 컨쥬게이트 고분자로서는 최초의 예인 액정성 폴리아세틸렌의 편광현미경 사진입니다. 오른쪽 그림을 보면 만화경을 들여다보았을 때처럼 여러 가지 형상과 모양을 관찰할 수 있습니다. 부채를 반쯤 접은 것 같은 광학 모양은 부채상 조직이라고 부르는데, 이 같은 전형적인 부채상 조직은 스메틱상이 나타내는 커다란 특징입니다.

다음으로 자기장에 의해 배향된 시료를 편광현미경으로 관찰하면 자기장 방향에 따라서 도메인이 하나로 되어 가는 모습을 볼 수 있습니다(그림 3 왼쪽). 아직 완전하게 배향된 상태는 아니지만 액정이 상당히 자기장 방향과 평행한 모노 도메인 상태를 형성하는 것을 알 수 있습니다.

액정성 폴리아세틸렌 유도체

액정성 폴리아세틸렌 유도체는 모두 에난티오트로픽 스메틱 A(enantiotropic smetic A)상을 나타내며, 액정 결사슬은 폴리엔 주사슬의 유니트 셀에 대해서 하나 걸러서 양쪽에 번갈아 위치한 입체 규칙적인 구조를 형성하고 있다는 사실이 밝혀졌습니다.

또한 액정기의 말단 알킬사슬이 길어짐에 따라 고분자의 액정 상태가 안정화되는 것을 알 수 있습니다. 요소에 의한 도핑 효과를 자외·가시흡수 스펙트럼의 변화와 전자스핀공명(ESR) 스펙트럼 측정을 통해서 확인하였습니다. 그리고 액정 상태에서 외부자기장을 이용하여 폴리엔 사슬을 거시적으로 배향시켜, 2~3자리의 전기전도도의 향상과 2자리의 전기적 이방성을 달성할 수 있었습니다(그림 3 참조). 더욱이 용융 ^{13}C-핵자기공명(NMR) 스펙트럼의 측정을 통해, 액정 상태에서 화학적 이동(chemical shift)의 이방성을 평가함과 동시에 자기장배향 거동과 배향 질서도를 밝혔습니다.

한편 빛의 외부 섭동을 이용하여 분자 배향을 제어하는 경우 광 감응기의 도입이 필요하게 됩니다. 이를 위해 아조벤젠을 메소겐 코어로 하는 액정성 폴리아세틸렌 유도체를 합성하였습니다. 이 고분자는 스메틱상을 나타내며 자외선이나 가시광선을 비추면 액정 결사슬의 아조벤젠 부위가 가역적인 시스-트랜스 광이성화를 나타낼 수 있습니다.

방향족계 컨쥬게이트 고분자

지금부터는 폴리파라페닐렌(PPP) 유도체와 폴리파라페닐렌비닐렌(PPV) 유도체를 중심으로 설명하겠습니다. 그 중 하나는 벤젠을 2개 연결한 비페닐고리를 메소겐 코어로서 말단에 극성의 시아노기를 갖는 시아노페닐 액정기를 붙인 것입니다. 또 하나는 벤젠과 시클로헥산을 연결한 골격을 메소겐 코어로 하여 말단에 긴 알킬기를 붙인 것입니다(그림 4).

여기서 중요한 것은 메틸렌 스페이서가 있다는 것입니다. 앞에서 설명한 것처럼 메틸렌 스페이서의 길이가 액정성에 미묘한 영향을 주는데, 짧으면 액정 결사슬과 주사슬의 거리가 짧아지기 때문에 결사슬의 자유도가 사라져 버려 액정성이 나타나지 않습니다. 반대로 길어지면 액정의

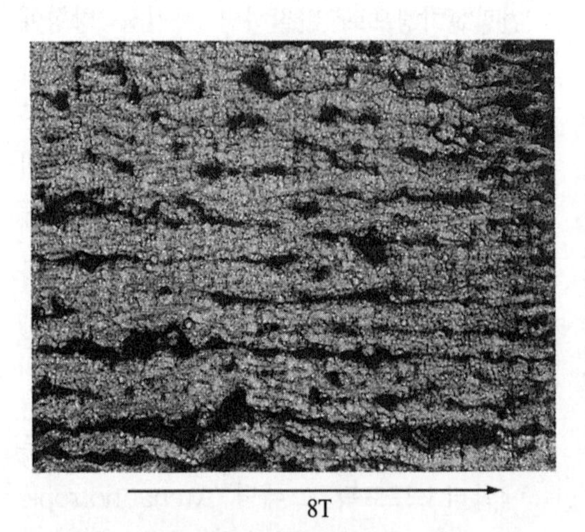

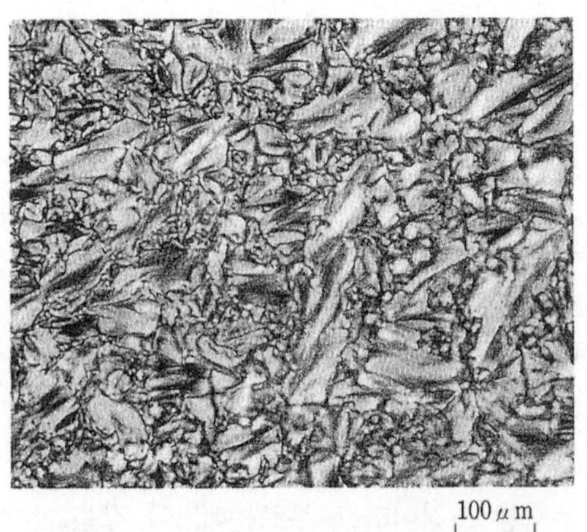

그림 3 액정성 폴리아세틸렌 유도체의 편광현미경사진. 오른쪽 : 부채모양의 스메틱상, 왼쪽 : 8T(테슬라)의 자기장으로 배향시킨 후의 광학모양.

배향성이 주사슬에 파급될 수가 없고 화학적으로는 결합해 있는 것의 배향력이 약해지게 됩니다.

PPP와 PPV의 합성법

액정 부위를 합성하는 모식도를 그림 4에 나타내었습니다. 우선 페닐시클로헥실계 또는 시아노비페닐계의 메소겐 코어에 메틸렌 사슬을 스페이서로 연결한 액정기를 합성하였습니다. 다음으로 그림 5에 나타낸 것처럼 주사슬의 기본 분자골격이 되는 디브로모벤조산의 카르복실기와 액정기의 수산기를 에스테르결합으로 연결하여 액정 치환 단량체를 합성하였습니다. 그리고 니켈 촉매를 이용하여 단량체의 브롬을 떨어뜨리는 탈 할로겐화 축중합을 통하여 PPP를 얻었습니다.

C_5H_{11}–(H)–(Ph)–OH → C_5H_{11}–(H)–(Ph)–O–$(CH_2)_m$–OH (m=6,8,10)
$X(CH_2)_mOH$, Na,KI, 에탄올、60℃

CN–(Ph)–(Ph)–OH → CN–(Ph)–(Ph)–O–$(CH_2)_m$–OH (m=6,8,10)
$X(CH_2)_mOH$, K_2CO_3, 디메틸퓨란/아세톤、60℃

X=Cl (m=6)
X=Br (m=8,10)

R^1 : –$(CH_2)_m$O–(Ph)–(Ph)–CN
R^2 : –$(CH_2)_m$O–(Ph)–(H)–C_5H_{11}

그림 4 액정 치환기의 합성 모식도

전구체의 합성

Br–(Ph, COOH)–Br + R^2OH → Br–(Ph, $COO-R^2$)–Br
DCC,DMAP, 실온, 24시간, 디클로로메탄 중

DCC=N,N'-Dicyclohexylcarbodiimide
DMAP=4-Dimethylaminopyridine

중합

Br–(Ph, $COO-R^2$)–Br → [–(Ph, $COO-R^2$)–]$_n$
$Ni(cod)_2$,bpy, 120℃, 48시간, 디메틸퓨란 중

$Ni(cod)_2$=Bis(1,5-Cyclooctadiene)Ni(0)
bpy=2,2'-Bipyridine

그림 5 액정성 폴리파라프로필렌(PPP) 유도체의 합성 모식도

전구체의 합성

Br–(Ph, COOH)–Br + ROH → Br–(Ph, COO-R)–Br
DCC,DMAP, 실온, 24시간, 디클로로메탄 중

DCC=N,N'-Dicyclohexylcarbodiimide
DMAP=4-Dimethylaminopyridine

중합

Br–(Ph, COO-R)–Br → Step 1 → Step 2 → [–(Ph, COO-R)–CH=CH–]$_n$

Step 1: $Bu_3SnCH=CH_2$, $Pd(PPh_3)_4$, 60℃、24시간、테트라하이드로퓨란 중

Step 2: $Pd(OAc)_2$, Tri-o-tolylphosphine, 100℃、1주간、트리에틸아민, 디메틸퓨란 중

$Pd(PPh_3)_4$=Tetrakis(triphenylphosphine)Pd(0)
$Pd(OAc)_2$=Pd(2)Acetate

그림 6 액정성 폴리파라페닐렌비닐렌(PPV) 유도체의 합성 모식도

PPV의 경우도 단량체의 합성까지는 똑같습니다(그림 6). 중합의 최초 단계에서 단량체에 비닐기를 도입하고, 팔라듐 촉매를 사용한 헥크(Heck) 반응까지를 한 번에 중합하는 방법으로 주사슬에 페닐기와 비닐기를 연결한 PPV를 합성하였습니다. 2치환의 액정 곁사슬을 가진 PPV합성법도 1치환의 경우와 거의 비슷합니다.

PPP와 PPV의 액정성을 그림 7, 8에 정리하였습니다. PPP는 네마틱상이 되지만, PPV의 경우에는 주로 질서도가 약간 높은 스메틱상이 형성되고 일부 네마틱상이 형성되는 큰 차이를 나타냅니다.

액정성 컨쥬게이트 고분자의 온도 특성

일반적으로 PPP는 네마틱상, PPV는 스메틱상을 나타냅니다. 이 같은 액정성의 차이를 스페이서 차이로 생각하면 다음과 같습니다. 페닐시클로헥실계와 비교해서 비페닐계 고분자에서는 고분자 사슬 사이에 곁사슬의 시아노기가 번갈아 들어간 구조가 되어 정전기적으로 서로 끌어당기기 때문에 고분자로서의 강직성이 커지고 액정 온도범위가 고온 쪽에 위치하게 됩니다(그림 7, 8).

고분자를 이용하는 이 계의 특징은 액정 온도범위가 50~200℃로 넓고, 인위적으로 배향을 조작할 수 있는 충분한 온도범위를 가지고 있다는 것입니다. 그 때문에 가열장치를 사용해서 자기장을 배향시킬 수 있습니다. 그러나 합성한 고분자에 불순물이 많이 남아 있거나 분자설계가 잘못되었을 경우 액정성이 극히 작아, 예를 들어 0.5℃나 1℃ 정도의 온도범위밖에 되지 않습니다.

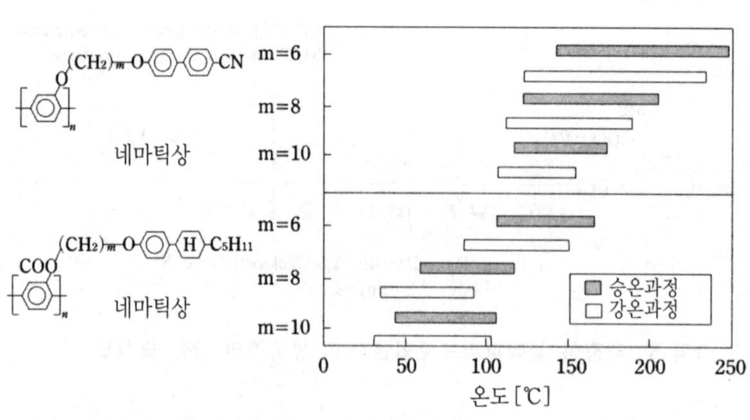

그림 7 PPP 유도체의 액정상과 액정 온도범위

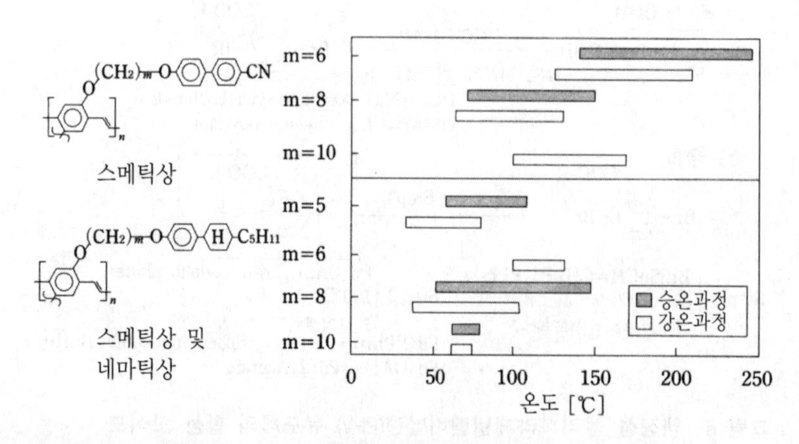

그림 8 PPV 유도체의 액정상과 액정 온도범위

발광성

이 연구에서 이용한 고분자에 어떤 발광성이 나타날까요? 고분자를 THF

용매에 녹인 용액을 석영셀에 넣고 빛을 비추면 PPP는 청색 또는 약간 녹색이 섞인 청색 빛을 나타냅니다(그림 9).

응용을 생각하는 경우, 용액보다 캐스트 필름 상태에서 발광하는 것이 바람직합니다. 그 한 예로서 유리기판 위에 고분자 용액을 떨어뜨리고 용매를 증발시켜 만든 필름에 빛을 비추면, 발광 강도가 강하고 양자 수율이 높은 형광 스펙트럼을 관찰할 수 있습니다.

2치환 PPV에서는 녹색과 적색이 조금 섞인 발광이 나타나며, 곁사슬이 시아노비페닐기가 되면 적색에 가까운 발광이 관찰됩니다(그림 9). 즉 유효 컨쥬게이트 사슬 길이에 따라 발광하는 색이 변합니다. 유효 컨쥬게이트 사슬 길이는 중합도에 의해서 변하고 중합도는 곁사슬의 영향을 받습니다. 또한 간접적으로는 스페이서 길이나 메소겐 코어가 중합도에 영향을 미치고 발광도 달라지게 됩니다.

붉은 등색이나 녹색, 청색 등 PL이나 EL의 재료로 사용할 수도 있는데, 이것들을 어떻게 잘 조합시킬까가 응용상의 문제입니다. 적색과 녹색과 청색의 빛을 잘 조절하면 가시영역을 커버할 수가 있으며, 백색 발광도 가능합니다. 색의 혼합비를 조합하는 것만으로 색이 다른 발광재료를 만들 수 있습니다.

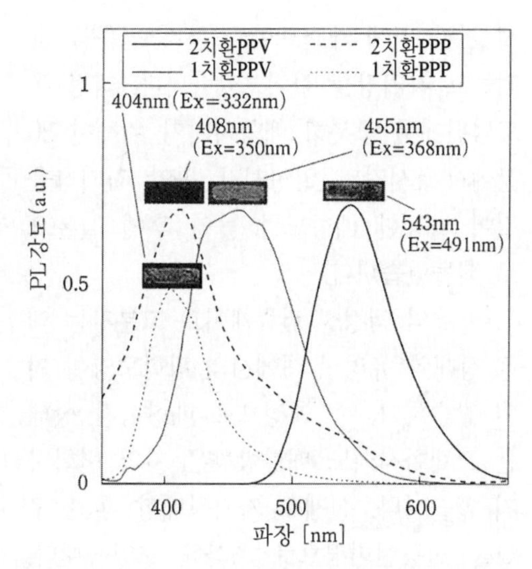

그림 9 1치환 및 2치환 PPP 유도체와 PPV 유도체의 형광 스펙트럼

액정성 컨쥬게이트 고분자의 자율 배향성

액정기를 도입한 컨쥬게이트 고분자는 최종적으로 모노 도메인을 형성할 필요가 있습니다. 쯔쿠바의 금속재료연구소 강자기장센터의 초전도자석을 이용해서 자기장배향 실험을 해보았습니다. 보통 초전도자석은 액체 헬륨으로 차갑게 할 필요가 있지만, 이 자석은 냉매를 사용할 필요가 없습니다. 이 속에 석영

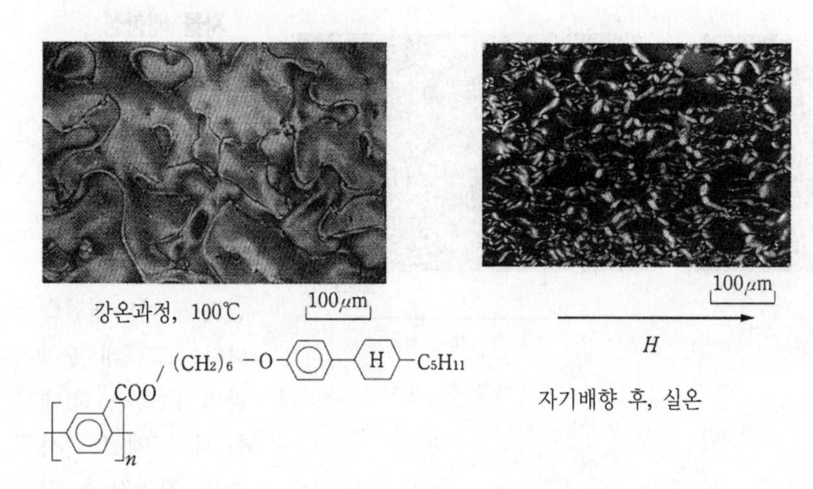

그림 10 PPP 유도체의 자기장배향 전후의 편광현미경 사진

셀 기판 위에 캐스트한 고분자 필름을 올려놓고 자기장을 걸어보았습니다. 액정 온도범위에서 충분히 배향시키기 위해서 30분에서 1시간의 일정시간 동안 자기장을 걸어 가능한 배향도를 높인 후에 실온으로 되돌렸습니다.

이 계의 액정성 컨쥬게이트 고분자는 액정 상태와 유리 상태에서의 광학모양이 거의 같습니다. 즉 액정으로 배향시킨 상태는 고체화시켜도 배향방향은 거의 변화하지 않습니다. 실제로 자기장배향 후의 모양을 편광현미경으로 조사해 보았습니다. PPP는 배향하지 않은 상태에서는 전형적인 네마틱상의 쉬리렌(schlieren) 구조이지만, 자기장으로 배향한 후에는 자기장방향에 평행하게 배향합니다(그림 10 오른쪽). 본래 유동성이 크기 때문에 배향하고 있다고 해도 완전하지는 않습니다. 약 0.6 정도의 오더파라미터를 나타냅니다.

PPV는 스메틱상의 질서도가 높고 점성도 높은 액정상을 나타내지만, 자기장을 이용하여 배향시키면 역시 자기장방향에 따라 커다란 도메인으로 나열합니다. 곁사슬에 시아노비페닐기를 갖는 고분자에서는 더욱더 고도로 배향하는 것을 알 수 있습니다(그림 11 오른쪽).

액정상을 구별하기 위해서는 X선 회절 측정으로 얻어지는 회절패턴을 검토할 필요가 있습니다. 일반적으로 액정은 자기장 방향에 평행하게 배열합니다. 네마틱상의 경우 자기장방향이 지면의 상하방향이 되면, 좌우(적도)방향에서 회절반점이 관찰됩니다. 스메틱상의 경우 이것 이외에도 층 간격에 해당하는 날카로운 회절반점이 상하방향의 소각 쪽에 나타납니다. 이것으로 스메틱상인지 네마틱상인지를 판단하게 됩니다(그림 12, 13).

또한 자외·가시흡수 스펙트럼과 형광 스펙트럼으로부터 예상한 컨쥬게이트 주사슬의 방향을 그림 12·13에 나타내었습니다. PPV의 경우에는 좌우의 회절반점 외에 상하방향에 날카로운 회절반점이 보이는데 이것은 거리가 먼 층간의 회절에 해당합니다. 따라서 가로로 늘어선 주사슬에 대해서 2치환의 액정 곁사슬이 스테킹 구조를 통해 세로로 배열한 모양을 한다고 생각할 수 있습니다.

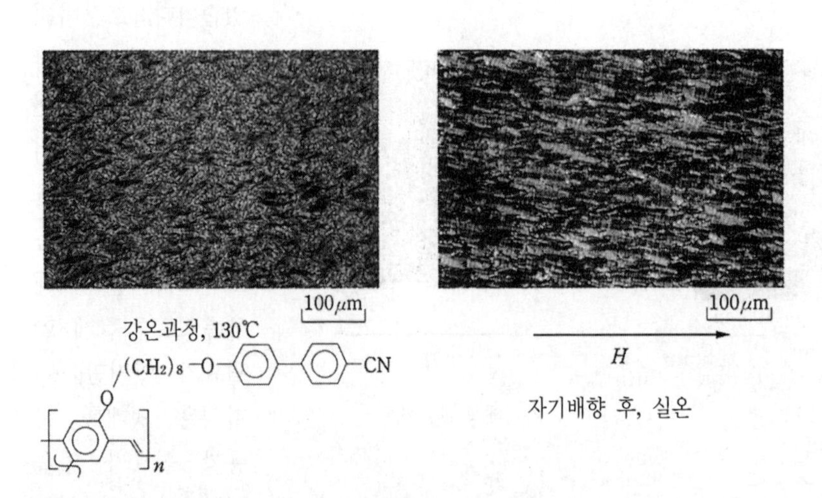

그림 11 PPV 유도체의 자기장배향 전후의 편광현미경 사진

자율 배향성

1치환의 PPP는 액정 곁사슬 뿐만 아니라 주사슬도 자기장에 평행하게 배열하는 예상외의 결과를 나타내었습니다. 그런데 2치환의 PPV는 기대한 대로 액정 곁사슬은 자기장에 평행하게, 주사슬은 이것에 수직한 방향으로 배열합니다. 이런 차이가 왜 생기는지를 이해하는 것은 중요한 일입니다.

주사슬의 메소겐 코어로서의 배향거동과 곁사슬 액정기의 배향거동의 상호작용에 의해 전체의 배향이 결정된다고 생각합니다. 분자구조를 잘 관찰해 보면 PPP나 PPV의 주사슬을 구성하고 있는 것은 벤젠고리로 이것은 일종의 메소겐 코어입니다. 어떤 의미에서 메소겐 코어의 연속체로 간주할 수 있습니다. 사실 1치환의 PPP와 PPV에서는 주사슬도 액정 곁사슬도 자기장방향에 평행하게 배향됩니다(그림 12 참조).

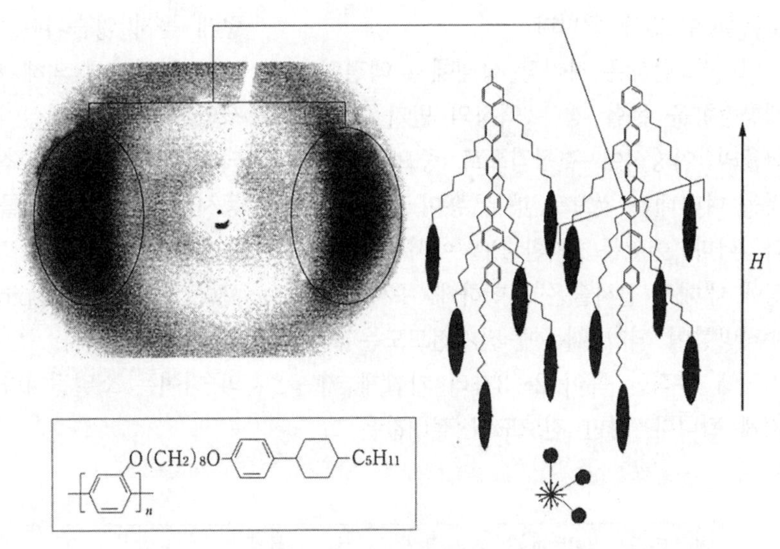

그림 12 1치환 PPP 유도체의 자기장배향 후의 X선 회절상과 배향구조

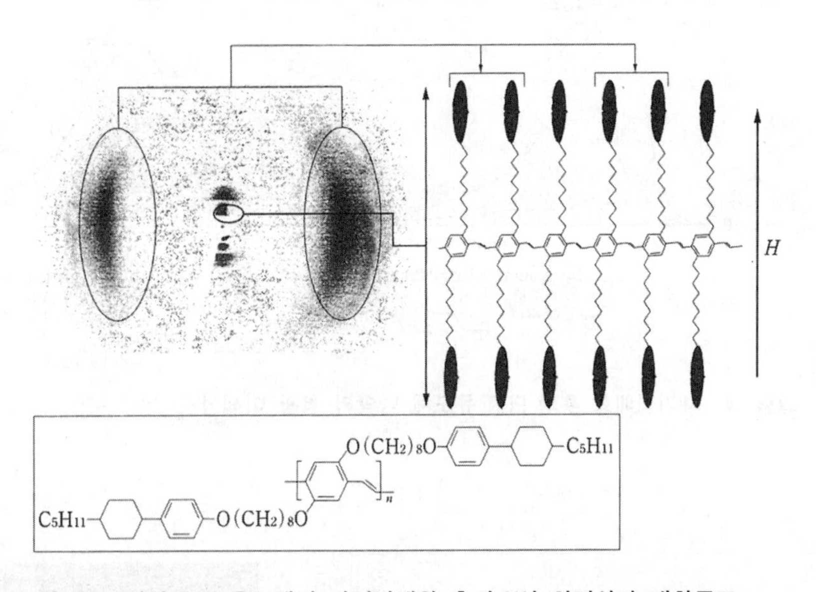

그림 13 2치환 PPV 유도체의 자기장배향 후의 X선 회절상과 배향구조

한편, 2치환의 PPP와 PPV의 경우에는 컨쥬게이트 주사슬은 메소겐 코어로서 간주할 수 있습니다. 동시에 주사슬을 구성하는 벤젠의 상하방향에 두 개의 액정기가 나와 있습니다. 즉 두 개의 액정 곁사슬과 이것을 연결하는 벤젠고리가 하나의 커다란 액정골격(세고리형 메소겐 코어)을 구성하고 있는 것으로 간주할 수 있습니다(그림 13). 이 커다란 액정골격의 배향능력은 주사슬형 메소겐 코어의 배향능력을 크게 웃돌기도 하는데, 결과적으로 이 액정골격이 우선적으로 자기장에 평행하게 배향하게 됩니다. 이렇게 해서 2치환의 PPP와 PPV에서는 예상대로의 구조가 만

들어질 수 있게 됩니다.

이러한 현상은 자기장 상태에서 액정의 배향방향을 논할 경우 액정의 반자성 자화율의 이방성이 결정적으로 중요하다는 것을 나타내는 것으로 매우 흥미 깊은 결과입니다. 어쨌든 2치환 PPV에서는 자기장에 대해서 곁사슬은 평행하게, 주사슬은 수직방향이 되기 때문에 전기전도도는 자기장에 수직한 쪽이 2~3자리 가깝게 커지게 됩니다. 다만 전도도의 절대값은 그렇게 높지 않습니다. 그것은 주사슬에 도입한 치환기에 의해 컨쥬게이트 고분자로서의 이온화 퍼텐셜이 절대적으로 커지게 되고 전자친화력이 작아지기 때문입니다. 동시에 액정 치환기를 도입함으로써 주사슬끼리 물리적으로 멀어져 전하를 띤 주사슬간의 호핑(hopping)이 거의 불가능해지기 때문입니다. 즉 주사슬간의 호핑전도의 기여는 소멸됩니다.

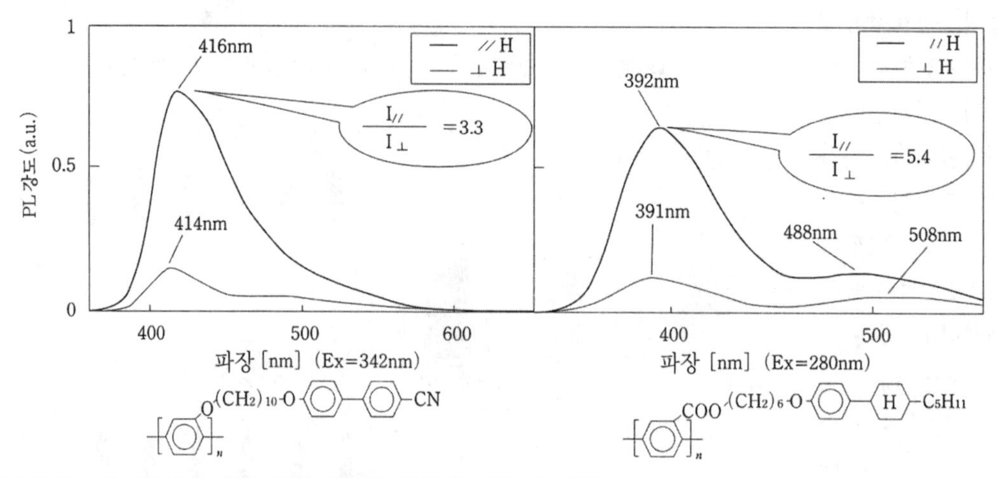

그림 14 자기장배향 후의 PPP 유도체 박막의 형광 이색성

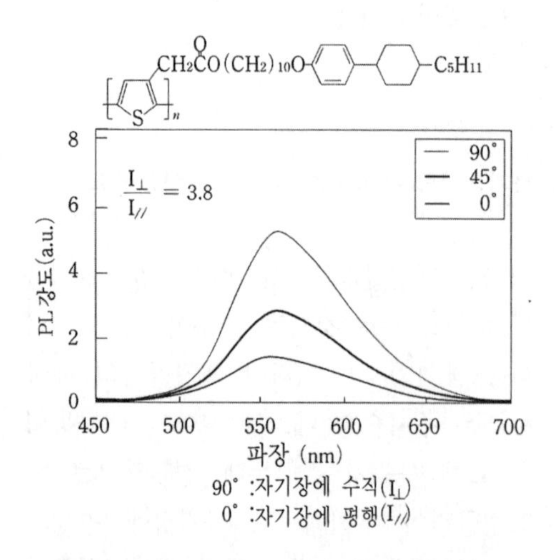

그림 15 자기장배향 후의 폴리티오펜(PT) 유도체 박막의 형광 이색성

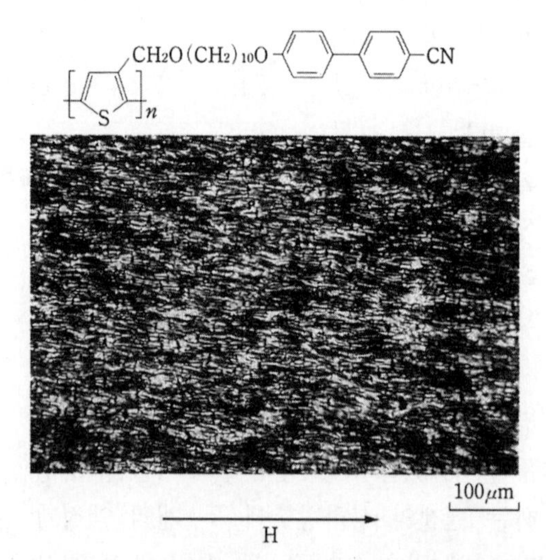

그림 16 PT 유도체의 자기장배향 후의 편광 현미경 사진

발광성의 이방성

전기적인 이방성 이외에 발광성에 이방성 혹은 이색성(二色性)이 존재하는가도 흥미로운 과제입니다. 배향처리 후, PPP는 주사슬과 곁사슬 모두 자기장에 평행하게 되기 때문에 발광시의 이방성이 3~5로 크게 증가합니다. 즉 한쪽은 밝은 형광, 또 한쪽은 어두운 형광이라는 이색성을 나타냅니다(그림 14). 이 결과는 언뜻보기에 별로 중요하게 생각되지 않을지 모르지만, 현실적으로 이 같은 발광 이색성을 컨쥬게이트 고분자로 실현하는 것은 이것이 처음이며, 또한 자기장 배향을 통해 달성된 예는 이것 외에는 없습니다. 이색비(二色比)로부터 판단하면 PPP쪽이 PPV보다 뛰어 납니다. PPV의 이색비는 최대 2 정도로 그렇게 크지 않습니다.

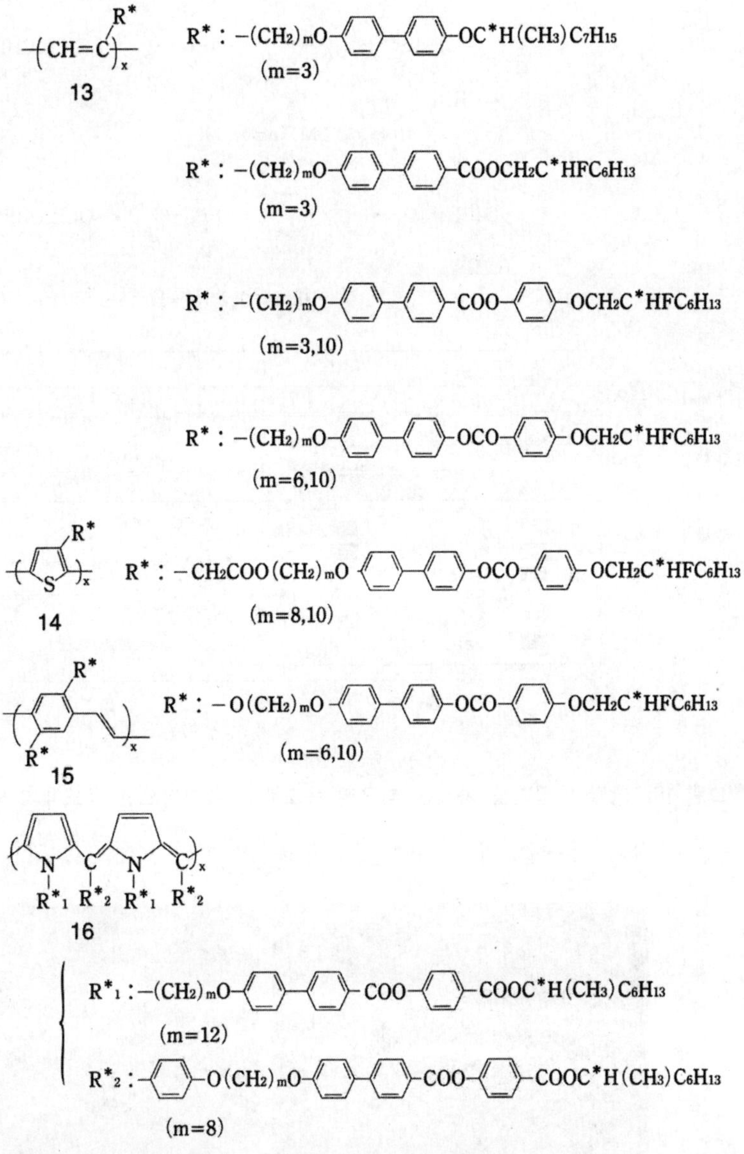

자기장으로 배향한 폴리티오펜(polythi-ophene)도 전기적 이방성 이외에 황녹색의 깨끗한 발광성을 보입니다. 자기장으로 배향한 필름의 형광 이색비는 2~4로 PPP와 PPV의 중간값을 나타냅니다(그림 15). 물론 이것들을 편광현미경으로 관찰하면 질서정연하게 배향한 광학모양을 볼 수 있습니다(그림 16).

13: $-(CH=C(R^*))_x-$

$R^*: -(CH_2)_mO-C_6H_4-C_6H_4-OC^*H(CH_3)C_7H_{15}$ (m=3)

$R^*: -(CH_2)_mO-C_6H_4-C_6H_4-COOCH_2C^*HFC_6H_{13}$ (m=3)

$R^*: -(CH_2)_mO-C_6H_4-C_6H_4-COO-C_6H_4-OCH_2C^*HFC_6H_{13}$ (m=3,10)

$R^*: -(CH_2)_mO-C_6H_4-C_6H_4-OCO-C_6H_4-OCH_2C^*HFC_6H_{13}$ (m=6,10)

14: $R^*: -CH_2COO(CH_2)_mO-C_6H_4-C_6H_4-OCO-C_6H_4-OCH_2C^*HFC_6H_{13}$ (m=8,10)

15: $R^*: -O(CH_2)_mO-C_6H_4-C_6H_4-OCO-C_6H_4-OCH_2C^*HFC_6H_{13}$ (m=6,10)

16:

$R^*_1: -(CH_2)_mO-C_6H_4-C_6H_4-COO-C_6H_4-COOC^*H(CH_3)C_6H_{13}$ (m=12)

$R^*_2: -C_6H_4-O(CH_2)_mO-C_6H_4-C_6H_4-COO-C_6H_4-COOC^*H(CH_3)C_6H_{13}$ (m=8)

그림 17 강유전 액정성 컨쥬게이트 고분자

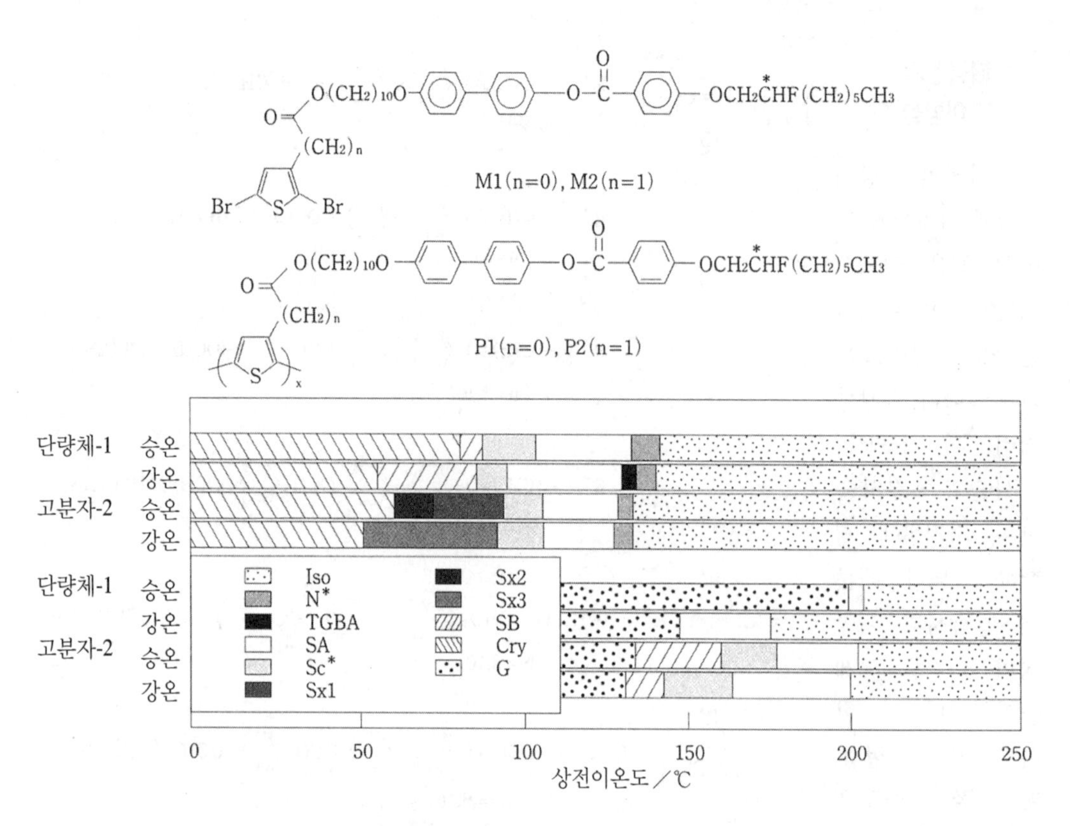

그림 18 키랄 액정기를 가지는 티오펜 유도체와 폴리티오펜 유도체의 액정상과 상전이온도

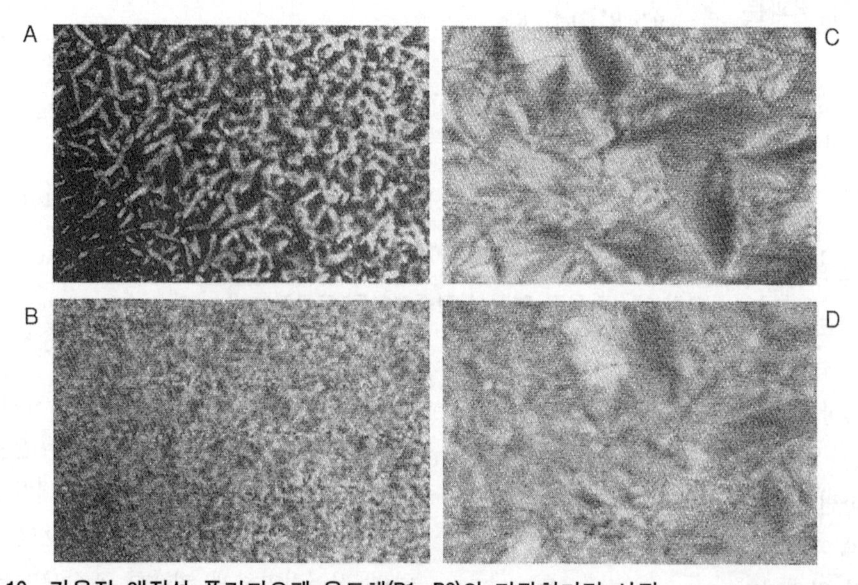

그림 19 강유전 액정성 폴리티오펜 유도체(P1, P2)의 편광현미경 사진

A : P2의 스메틱 A상 배턴 모양, 225℃(투명점 온도), B : P1의 스메틱 A상 다각형 모양, 225℃, C : P2의 스메틱 A상 부채 모양, 218℃, D : P2의 키랄 스메틱 A상 살이 들어간 부채 모양 162℃.

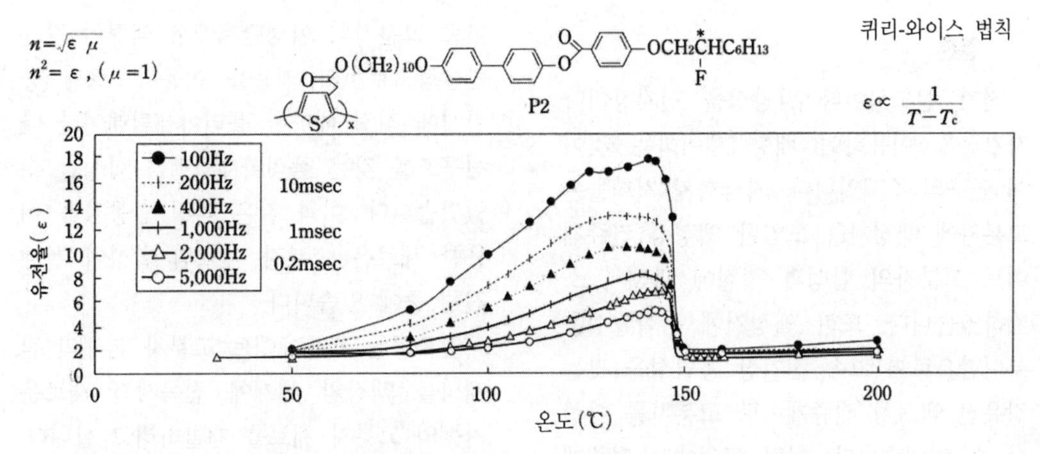

그림 20 강유전 액정성 폴리티오펜 유도체의 유전율의 온도 및 주파수 의존성

강유전성 액정을 갖는 컨쥬게이트 고분자

강유전 액정은 액정분자가 나선을 감고 있는 상태(chiral smetic C)입니다. 이것에 전기장을 가하면 스메틱 C상이 됩니다. 스메틱 C상에서는 액정분자가 층에 대해서 수직방향으로부터 일정 각도로만 기울어져 있습니다. 예를 들어 외부자기장의 극을 역으로 하면 왼쪽으로 기울어져 있던 액정기가 오른쪽 방향으로 기울어져 왼쪽-오른쪽의 스위칭(swiching) 작용을 할 수 있습니다. 더욱이 빠른 속도로 응답할 수 있어 강유전형 디스플레이로도 사용되고 있습니다.

저희들은 이 고속 응답성을 전도성이나 발광성의 이방성 제어에 활용할 생각을 하고 있습니다. 매우 어려운 분자설계가 필요하지만 액정기에 키랄 부위를 도입함으로써 실현이 가능했습니다. 또한 불소와 같은 전기음성도가 큰 원자를 도입함으로써 분자내의 분극현상을 유발시킬 수 있다고 생각하였습니다. 합성은 매우 어려웠지만 광학활성을 가진 강유전성 액정 컨쥬게이트 고분자를 합성할 수 있었습니다(그림 17).

폴리티오펜 유도체의 일례를 소개하겠습니다(그림 18). 폴리티오펜의 곁사슬에 광학활성인 액정기를 도입하면 키랄 스메틱상에서 특징적으로 나타나는 지문형태의 광학모양을 관찰할 수 있습니다(그림 19). 150~160℃의 저온영역에서 나선구조를 형성하고 있는 키랄 스메틱 C상입니다. 여기에 전계를 가하면서 유전율(ε)의 변화를 조사하면, 유전율이 퀴리온도(T_c)에서 급격히 증가하는 것을 알 수 있습니다(그림 20). 이 현상은 유전율의 온도의존성을 나타내는 퀴리·와이스 법칙[$\varepsilon \propto (T-T_c)^{-1}$]으로 설명될 수 있습니다. 즉 강유전체의 특징을 보여주고 있습니다. 주파수를 5,000Hz(0.2msec)부터 100Hz(10msec)로 변화시킬 경우 높은 점도를 가진 고분자로서는 응답하기 어려울 정도의 주파수로 전극의 극이 바뀌었음에도 불구하고, 유전율이 크게 변화하는 것을 이해할 수 있습니다. 물론 유전율(ε)과 굴절률(n)은 $\varepsilon \propto n^2$의 관계가 있기 때문에 굴절률도 비슷하게 변화될 것으로 추정됩니다.

결론

전기 전도성이나 발광성을 전기장이나 자기장을 이용하여 배향 제어하는 것이 이 연구의 주제입니다. 지금까지 저희들은 고분자에 액정기를 도입한 액정성 컨쥬게이트 고분자의 합성과 성질에 관해서 소개하였습니다. 또한 액정기에 광학활성을 부여함으로써 고속 전기장 응답성을 갖는 강유전 액정성 컨쥬게이트 고분자를 합성할 수 있었습니다. 이것 이외에도 컨쥬게이트 고분자의 합성단계에서 액정이 갖는 반응장으로서의 기능을 이용함으로써 중합시에 직접 배향한 폴리아세틸렌이나 나선구조를 갖는 폴리아세틸렌을 합성할 수 있었습니다. 이와 같은 액정 반응장을 이용한 새로운 고분자 재료의 합성이 현재 진행 중에 있습니다.

앞으로는 컨쥬게이트 고분자 본래의 잠재성을 액정의 세계에 접목시킨 새로운 기능의 고분자 재료를 개발하려고 합니다.

Q & A

■Q■ 액정을 전도성 고분자로 하는 경우 여러 가지 메소겐 코어를 도입함으로써 좋아진 예와 그렇지 않은 예가 있습니다. 액정성을 나타내기 위해서는 어떠한 점이 중요하다고 생각하십니까?

●A● 중요한 점은 스페이서의 길이입니다. 예를 들면 주사슬이 폴리아세틸렌인 경우와 PPP 같은 방향족계의 컨쥬게이트 고분자의 경우, 후자 쪽이 주사슬의 강직성이 훨씬 좋습니다. 액정의 스페이서를 길게 하지 않으면 주사슬의 강직성에 굳어져, 곁사슬은 자유롭게 움직일 수 없습니다. 역으로 폴리아세틸렌은 컨쥬게이트 고분자입니다만, 비교적 유연성이 있기 때문에 메틸렌 스페이서가 3 또는 4개 있어도 안정한 액정성을 나타냅니다. 주사슬이 강직하게 되면 될수록 주사슬에서 떨어진 부분에 액정 곁사슬을 가지게 하는 것이 바람직하다고 생각합니다.

■Q■ 폴리티오펜의 경우 배향의 방향은 PPP와 같았습니다. PPV는 자기장에 대해서 어느 쪽으로 배열됩니까?

●A● 폴리티오펜은 2치환의 PPV와 똑같고, 주사슬은 자기장에 수직방향으로, 곁사슬만이 자기장에 평행하게 배향합니다. 티오펜 고리도 1차원으로 연결한 경우에 메소겐 코어로서 작용하지만 티오펜 고리가 갖고 있는 반자성 자화율의 이방성이 작기 때문에, PPP 같은 벤젠 고리의 경우와 비교하면 메소겐 코어로서는 강하지 않습니다. 그 결과 곁사슬의 액정기 쪽의 배향이 우선적으로 결정됩니다.

Q & A

Q 액정성에 의하여 전기 전도도의 절대값이 약간 저하되는 것 이외에 광물성의 이방성이 관측되었다고 하셨는데, π 컨쥬게이트 전도체를 액정에 도입하면 어떠한 재료로 이용될 수 있습니까?

A 응용은 곤란합니다. 저희들은 처음에 배향성이 좋아지면 전도도가 증가할 것으로 생각했는데 결과적으로 전도도가 증가하지 않는 것은 주사슬의 전자적 요인도 있습니다만, 사슬간의 전하 지지체의 호핑이 매우 커다란 역할을 하기 때문입니다. 사슬간의 호핑을 저하시키면 전도도는 한 가닥 분자사슬에 한정되기 때문에 전도도가 감소합니다. 그러나 전도도로서 10^{-3} 정도의 절연체가 아니기 때문에, 정전 방지제 등에 사용하기에는 충분한 수치입니다. 사용하는 방법에 따라서는 전도도가 높지 않은 재료로서 전기적 이방성을 가진 디바이스로서 사용할 수 있습니다. 결론부터 말하면 외장에 의해 배향제어가 가능한 발광재료로서 사용하는 쪽이 좋다고 생각합니다.

단백질을 나열한다면

아이자와 마스오
토쿄 공업대학 대학원 생명이공학연구과 교수

단백질의 기능발현에는 공간구조가 중요

지금부터 기능성 단백질에 자기조직화 능력을 부여함으로써, 생체 밖에서의 단백질 초분자 구조가 초생물기능을 발현하는 것에 관해서 설명하겠습니다(그림 1).

기능성 단백질 중에 자기조직화 능력을 가지고 있는 대표적인 예는 막 단백질입니다. 그 밖의 단백질은 세포질 내에 균일하게 존재하는 용해상태의 단백질을 생체 밖에서 이용하는 것은 쉽지 않기 때문에, 재료로 사용하기 위해서는 고체의 매트릭스(matrix) 등에 고정화시킬 필요가 있습니다. 즉 용해성의 기능성 단백질을 자기조직화하여 고체 매트릭스 표면에 고정화시켜 기능을 발현시키는 것이 중요합니다. 자기조직화한 단백질의 공간구조(conformation)는 생체계와 다르지 않으면 안됩니다. 즉 단백질의 초구조는 생체계에서 볼 수 있는 기능 이외에 초생물 기능도 발현할 수 있을 것으로 기대됩니다.

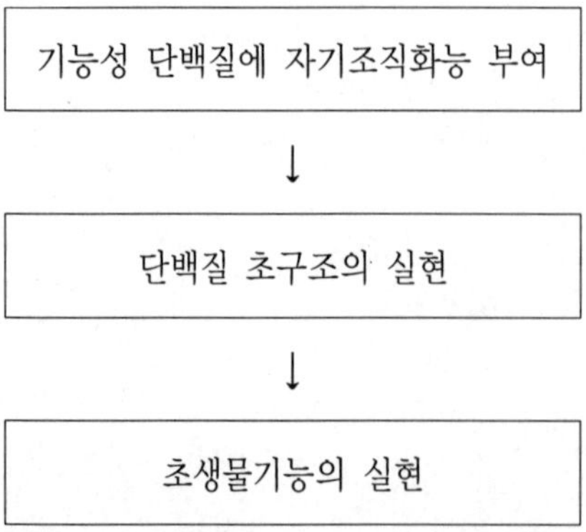

기능성 단백질에 자기조직화능 부여
↓
단백질 초구조의 실현
↓
초생물기능의 실현

그림 1 단백질 초구조가 추구하는 것

자기조직화로 단백질 초분자계의 공간구조 변화를 유도한다

단백질은 각종의 아미노산이 직선상으로 결합한 고분자이지만, 고분자 사슬은 복잡하게 접혀 있으며 고유의 공간구조를 형성하고 있습니다. 이 공간구조 형성이 단백질의 기능발현에 열쇠를 쥐고 있습니다. 예를 들면 그림 2에 나타낸 것처럼 2종류의 단백질 중에서 한쪽의 단백질이 리간드로 작용하여 물질을 분자인식하면 그 공간구조가 변화합니다. 그러한 공간구조의 변화가 인접한 초분자계의 또 다른 단백질의 공간구조 변화를 유도하여 기능을 발현시킬 수 있습니다. 즉 공간구조 변화가 차례차례 공간적으로 전달되어 기능의 확산이 가능해집니다. 생체 밖에서 단백질을 이용할 경우에는 생체내의 공간구조가 손상되지 않도록 하는 것이 중요합니다.

그러나 상대분자의 형상에 대응하여 공간구조의 변화를 일으킬 수 있는 분자를 합성하는 것은 쉽지 않습니다. 왜냐하면 분자간에 전자이동이 없는 계가 대부분이기 때문입니다. 또한 생체내의 공간구조를 유지하면서 기능성 단백질을 고체상 계면 등에 고정화하는 것은 중요한 과제이지만, 지금까지도 근본적인 방법이 개발되지 않은 상태입니다.

최근 유전자 공학이 급속히 발전하면서 단백질의 설계에도 혁신적인 변화가 일어나고 있으며, 이러한 단백질을 이용한 연구는 재료개발의 중요한 수단으로 응용되고 있습니다.

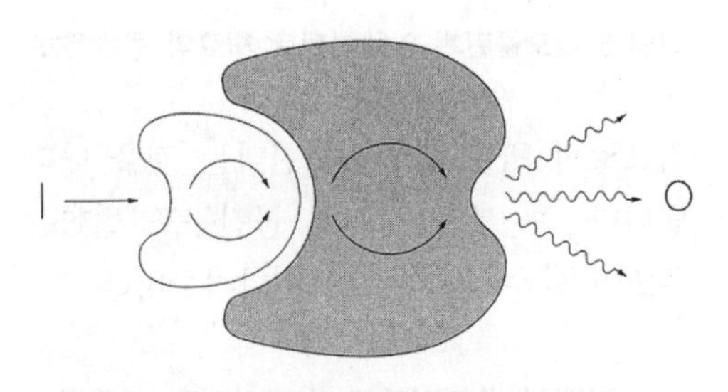

그림 2 단백질 초분자계에서 공간구조 변화의 분자간 이동

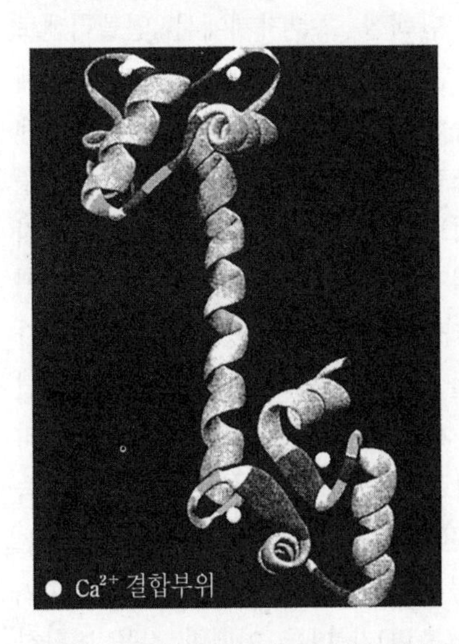

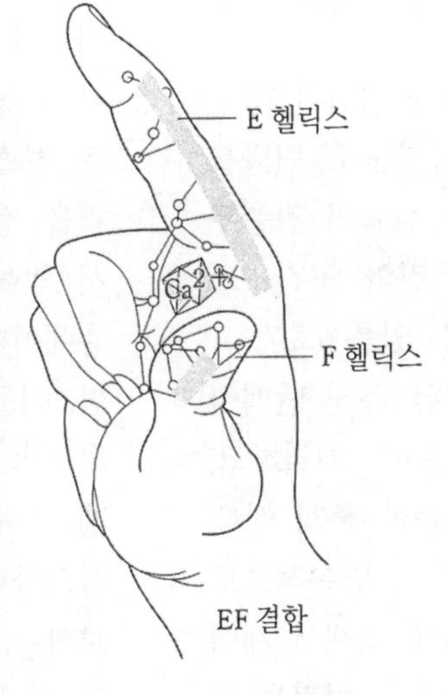

그림 3 칼모듈린 분자의 공간구조 이미지. 칼슘이온 결합부위의 구조 모델을 EF결합이라 부르고 있다.

칼모듈린의 공간구조 변화로 효소를 활성화한다

칼슘 결합 단백질인 칼모듈린의 예를 들어 보면, 칼모듈린의 칼슘이온 결합 부위는 4군데입니다(그림 3). 각각의 부위에 칼슘이 결합하면 공간구조가 변화합니다. 세포 내에는 칼모듈린과 초분자계를 형성하여 기능이 제어되는 단백질이 다수 존재합니다. 대표적인 예로 포스포제스테라제(PDE)라고 하는 효소가 있습니다(그림 4). 즉 세포 내의 칼슘이온 농도가 변하면 칼모듈린이 개입하여 세포 내의 PDE를 활성화시키고, 그 다음으로 여러 가지 단백질에 정보를 전달해 갑니다.

이러한 공간구조의 변화가 전달 가능한 단백질 초구조를 고체표면에 실현하고자 할 경우에 단백질을 어떻게 조직화할 것인가가 문제입니다. 칼모듈린의 공간구조 변화의 자유도가 손상되지 않도록 조직화하는 것은 매우 어렵습니다. 왜냐하면 부위 특이적으로 화학수식을 할 수 없기 때문이며, 이러한 방법에 의해서는 좋은 결과를 얻을 수 없습니다.

그러나 자기조직화를 위한 수식부위를 유전자조작으로 만들 수 있습니다. 대표적인 예로 글루타티온에 반응하는 글루타티온-S-전이효소가 있습니다. 글루

모듈레이터 분자에 의한 효소활성제어

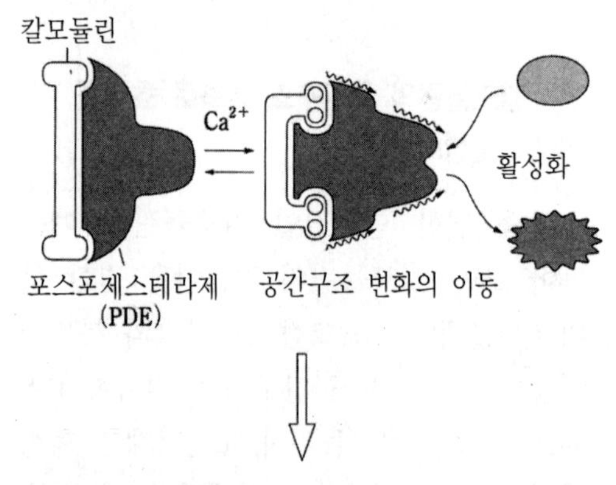

모듈레이터 분자를 고체기판 위에 자기조직화

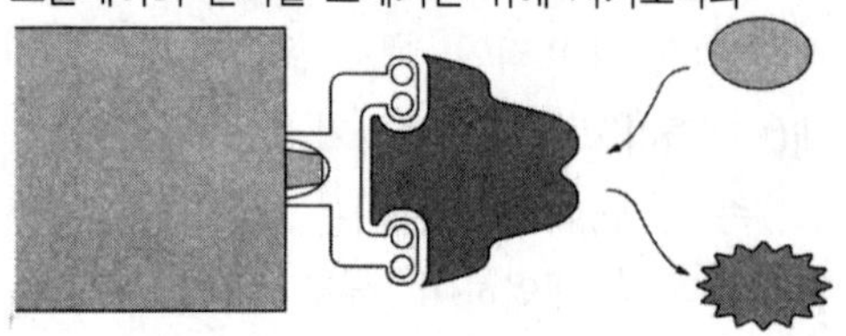

그림 4 칼모듈린에 의한 포스포제스테라제(PDE)의 효소활성제어

타티온-S-전이효소를 연결하여도 공간구조 변화를 억제하지 않는 칼모듈린 부위를 찾아 유전자조작으로 연결합니다. 이렇게 얻어진 단백질은 고체표면의 글루타티온에 자기조직화합니다. 즉 수용액계에서 고체상태로 집합합니다.

그러면 칼모듈린이 칼슘과 결합한 경우와 그렇지 않은 경우의 공간구조 변화를 제어할 수 있을까요? 또한 칼슘의 검출부위 PDE가 똑같이 칼모듈린의 공간구조 변화를 받아서 활성화될 수 있을까요?

유전자조작에 의해 합성한 퓨전 단백질(fusion protein)을 고체층에 배열하고, 용액층에 PDE를 넣어 칼슘의 존재 상태에서 효소활성을 조사한 결과, 반복적으로 PDE부분이 칼슘이온 농도에 의해서 제어될 수 있다는 것을 알았습니다. 이것은 칼슘이온이 칼모듈린의 공간구조 변화를 시

인텔리젠트 분리 시스템

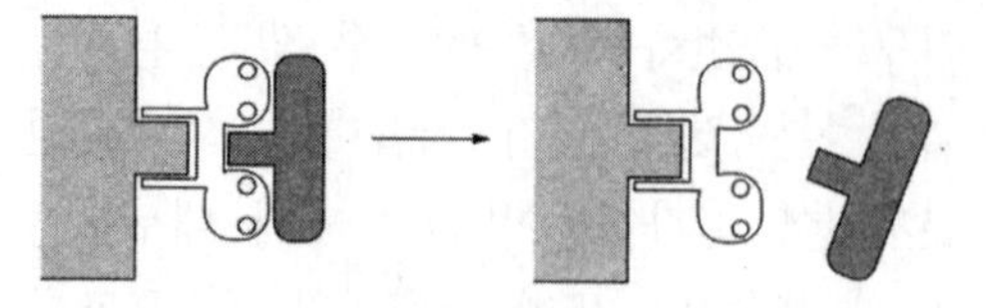

인텔리젠트 바이오리엑터

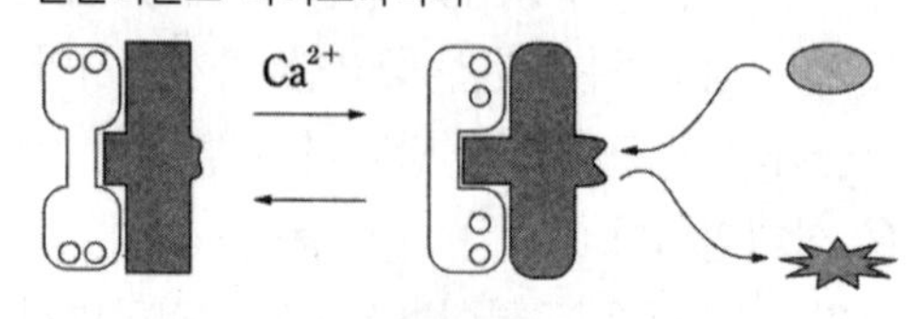

분자 기계 시스템

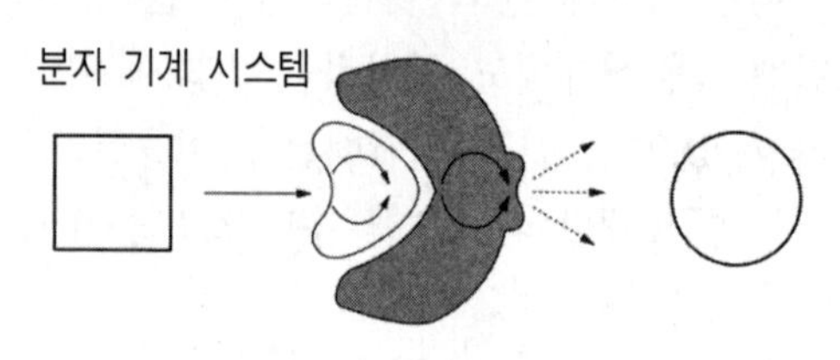

그림 5 칼모듈린계 인텔리젠트 재료의 응용전개

킴으로써 PDE를 활성화한다는 것을 나타냅니다. 즉 분자 사이에 공간구조 변화를 주고받을 수 있다는 것을 의미합니다.

단백질 초분자계로 인텔리젠트 재료를 실현한다

만약 단백질 초분자계에서 인텔리젠트 재료를 만들 수 있다면 다양한 재료 설계가 가능합니다(그림 5). 종래의 인텔리젠트 시스템은 정보를 감지하는 센서와 출력을 정보 처리하는 컴퓨터, 그리고 거기서 얻어진 결과에 근거하여 작동하는 액츄에이타(actuator)로 구성되어 있습니다만, 이들 디바이스를 시스템으로서가 아닌 하나의 재료로서 달성하려는 것이 인텔리젠트 재료의 중심적인 사고방식입니다. 즉 칼모듈린에서처럼 외부로부터 들어온 정보가 공간구조의 변화를 통해 처리되고, 그 결과(출력)가 다른 어떠한 것을 변환하는 시스템입니다(그림 6). 이처럼 1개의

분자계 재료로서 외부의 정보를 받아 처리하고 출력할 수 있는 시스템을 설계 중에 있습니다.

펩티드의 피치로 결정된 칼모듈린의 공간구조가 정밀한 톱니바퀴처럼 작동한다고 생각하면 1개 1개의 분자를 분자기계로 생각할 수도 있습니다(그림 4 아래). 그러나 이 같은 계는 모두 단백질로 구성되어 있기 때문에 각각을 유전자조작으로 부위를 정해 설계하고 기능을 발현시키는 것도 가능하다고 봅니다.

부위 특이적으로 단백질을 지질로 수식한다

저희들은 유전자공학에 의한 신규 기능성 단백질 재료를 합성하기 위하여 다양한 연구를 전개하여, 부위 특이적인 지질수식으로 자기조직화 능력을 갖는 기능성 단백질을 합성하는 방법을 개발하였습니다(그림 7). 이 방법은 지질수식 부위를 엄밀하게 제어할 수 있고, 단백질의 기능저하를 초래하는 부위에는 지질수식을 피할 수도 있습니다. 또한 지질분자의 자기조직화에 의하여 지질 분자막에 분자의 집적이 가능해져, 단백질의 공간구조 변화를 매우 효율적으로 억제할 수 있습니다.

박테리아 내막에서 단백질은 효소반응을 통해 지질로 수식되며, 페리플라스마층으로 전송됩니다(그림 8). 이 균체의 내지질 수식 프로세스에 착안하여 몇몇 기능 단백질의 부위 특이적인 지질수식법을 개발할 수 있었습니다.

기본적인 유전자의 설계는 목적 단백질, 지질수식 부위 펩티드(lpp) 그리고 시그널 펩티드의 시퀀스입니다. 이 같은 시퀀스 유전자를 집어넣은 플라스미드를 대장균에 도입하면, 전사·번역 프로세스를 거쳐 목적 단백질/lpp/시그널 펩티드가 만들어집니다. 그리고 시그널 펩티드의 유도에 의해 내막에 이동되면 막효소에 의해 lpp의 시스테인 부위가 지질로 수식되고, 시그널 펩티드가 절단되어 지질수식 단백질이 페리플라스마 층에 도달하게 됩니다.

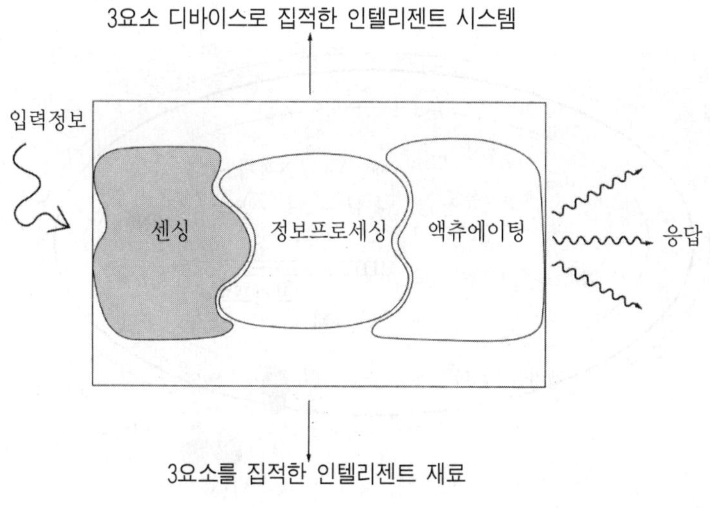

그림 6 인텔리젠트 재료의 설계 개념

단일 가닥 항체의 말단에 지질을 붙인다

항체는 분자인식 기능이 뛰어난 단백질의 대표적인 예입니다. 임의의 항원에 대해서 항체를 만들어 낼 수 있기 때문에 면역측정 등 그것의 응용분야는 매우 광범위합니다. 항체분자가 액상에 용해된 상태로 사용될 수 있다면 본래의 공간구조가 유지될 수 있지만, 고체상 효소면역 측정법(ELISA) 등과 같이 고체 표면에 고정되어 있을 경우에는 이 같은 공간구조를 유지하기가 쉽지 않습니다. 항원인식 부위의 공간구조를 손상시키지 않고 항원 인식 부위에 항원이 접근할 수 있도록 고체상 표면에 항체분자를 배열할 수 있는 방법의 개발이 기대되어 왔습니다.

항체 단백질인 면역 글로브린G(IgG)는 항원과 결합하면 공간구조가 변화하여 보체(補體)의 결합부위가 나타납니다. 그리고 거기에 보체가 결합하도록 연쇄반응이 일어납니다. 그러나 이 같은 일련의 반응을 실현하는 것은 어렵기 때문에, 실제로는 항원인식 부위를 부드러운 지질막 표면에 자기조직화하는 방법을 고안하였습니다. 즉 항체분자의 말단에 지질을 도입하고, 이 지질을 자기조직화 지질막에 고정시킬 수 있었습니다.

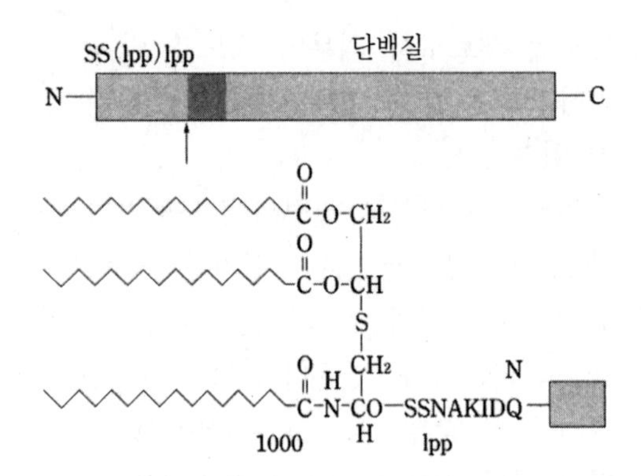

그림 7 부위 특이적으로 지질 수식된 단백질의 이미지

것인가입니다. 여기서는 부위 특이적으로 지질에 수식하는 것을 생각하고 있지만 목적 단백질의 유전자가 필요합니다.

항원 인식부위를 구성하는 단일 가닥 항체 V_H와 V_L을 지질 수식대상으로서, 단일 가닥 항체/lpp/시그널 펩티드를 코드하는 DNA를 삽입한 플라스미드를 대장균에 도입하고, 단일 가닥 항체의 말단을 부위 특이적으로 지질수식을 하였습니다(그림 9).

그리고 2종류의 서브유니트를 펩티드로 연결하여 항원인식기능이 손상되지 않도록 하였습니다. 또한 지질수식 단일 가닥

유전자공학에 의한 독특한 지질수식법의 개발

앞에서 설명한 것처럼 유전자조작으로 자기조직화에 의한 지질을 임의로 도입하는 것이 가능합니다. 예를 들면 글루타티온-S-전이효소와 같이 매우 짧은 아미노산을 몇 분자 배열하는 것은 가능합니다. 그러나 유전자조작에서 방법론적으로 문제가 되는 것은 아미노산의 배열 이외의 명령을 어떻게 유전자에 전달할

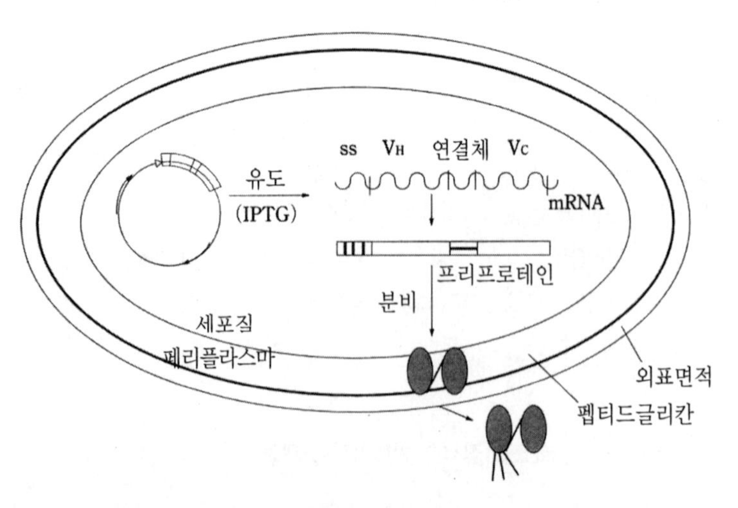

그림 8 대장균 내에서의 지질수식 프로세스

항체의 지질사슬을 리포솜의 지질층에 자기조직화하여, 리포솜 표면에 항체인식 부위를 배열 제어하였습니다.

항원인식 부위를 표면에 드러낸 임노리포솜의 제작

앞에서 설명한 단일 가닥 항체는 리포솜이나 평면 분자막의 지질과 길이가 같은 지질막을 형성하고 있기 때문에 앵커로서 그 속에 자기조직화되어 항원 인식부위를 리포솜의 바깥쪽을 향한 안정한 구조를 취합니다.

이것을 모식적으로 나타내면 그림 10 A~C처럼 됩니다. V_H와 V_L의 단일 가닥 항체의 또 다른 부위에 니켈이온과 착화합물을 형성하며 단백질의 정제과정에 사용되는 헥사히스티딘을 유전자조작으로

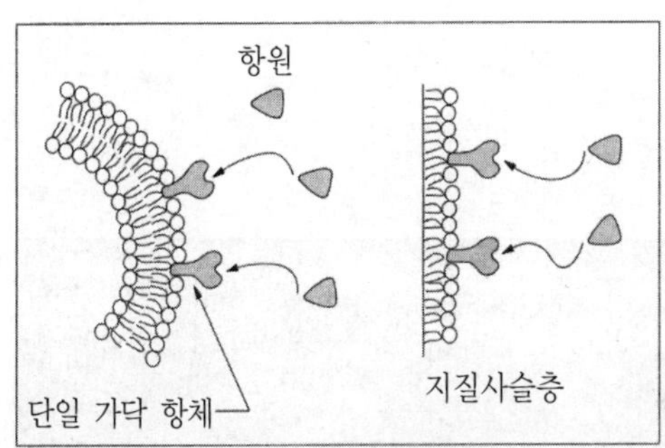

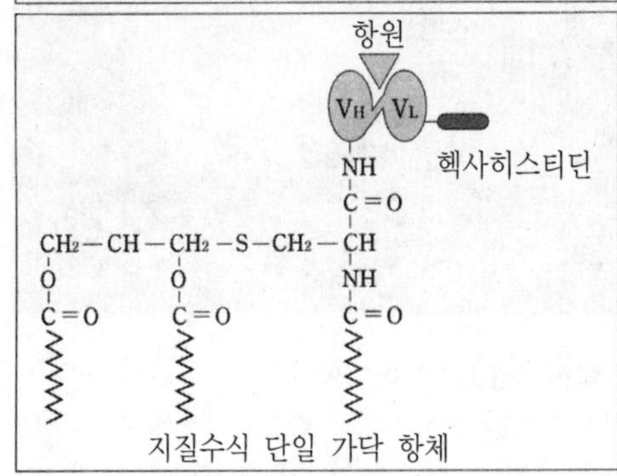

그림 9 말단을 지질수식한 단일 가닥 항체의 구조 이미지와 리포솜과 평면 분자막에 배향한 지질수식 단일 가닥 항체

붙입니다. 그리고 마이카 표면에 니켈이온을 코팅하여 히스티딘을 표면에 배향시켰습니다. 이 리포솜의 항원 인식부위가 표면에 배향하고 있는 모양이 AFM상으로 확인되었습니다(그림 10 E). 원래 리포솜은 부드럽기 때문에 AFM상으로 잘 관찰되지 않지만, 이렇게 깨끗한 상태를 관찰할 수 있는 것은 리포솜이 확실히 고정화되어 있기 때문입니다.

여기서 한 가지 문제점은 항원 인식부위가 바깥을 향하고 있는가 하는 것입니다. 항원을 고체표면에 고정화하여, 그 위에 항원 인식부위를 갖는 임노리포솜을 배향시키면 똑같은 AFM상이 관찰됩니다(그림 10 B).

용액 중에 같은 종류의 항원을 넣으면, 고체표면의 항원과 용액 중의 항원이 항체와 경쟁적으로 반응하여 일부분이 떨어져 나갑니다. 즉 임노리포솜의 표면에 히스티딘 꼬리와 항원 인식부위가 배향하고 있고, 또한 그 인식기능이 남아 있다는 것을 확실히 알 수 있습니다.

이처럼 유전자조작을 이용하여 단백질 말단에 지질을 부위 특이적으로 수식하거나 임노리포솜을 합성할 수가 있습니다. 유전자조작을 이용한 이 방법은 다른 여러 가지 단백질에도 일반적으로 응용이 가능하다고 생각합니다.

지질수식 항체 결합 단백질의 자기조직화막에 항체 분자를 배열한다

IgG의 Fc부위에 특이적으로 친화성을 나타내는 결합 단백질로서 잘 알려진 것이 단백질 A입니다. 이 단백질 A의 말단을 지질수식하면 리포솜 등의 지질막 표

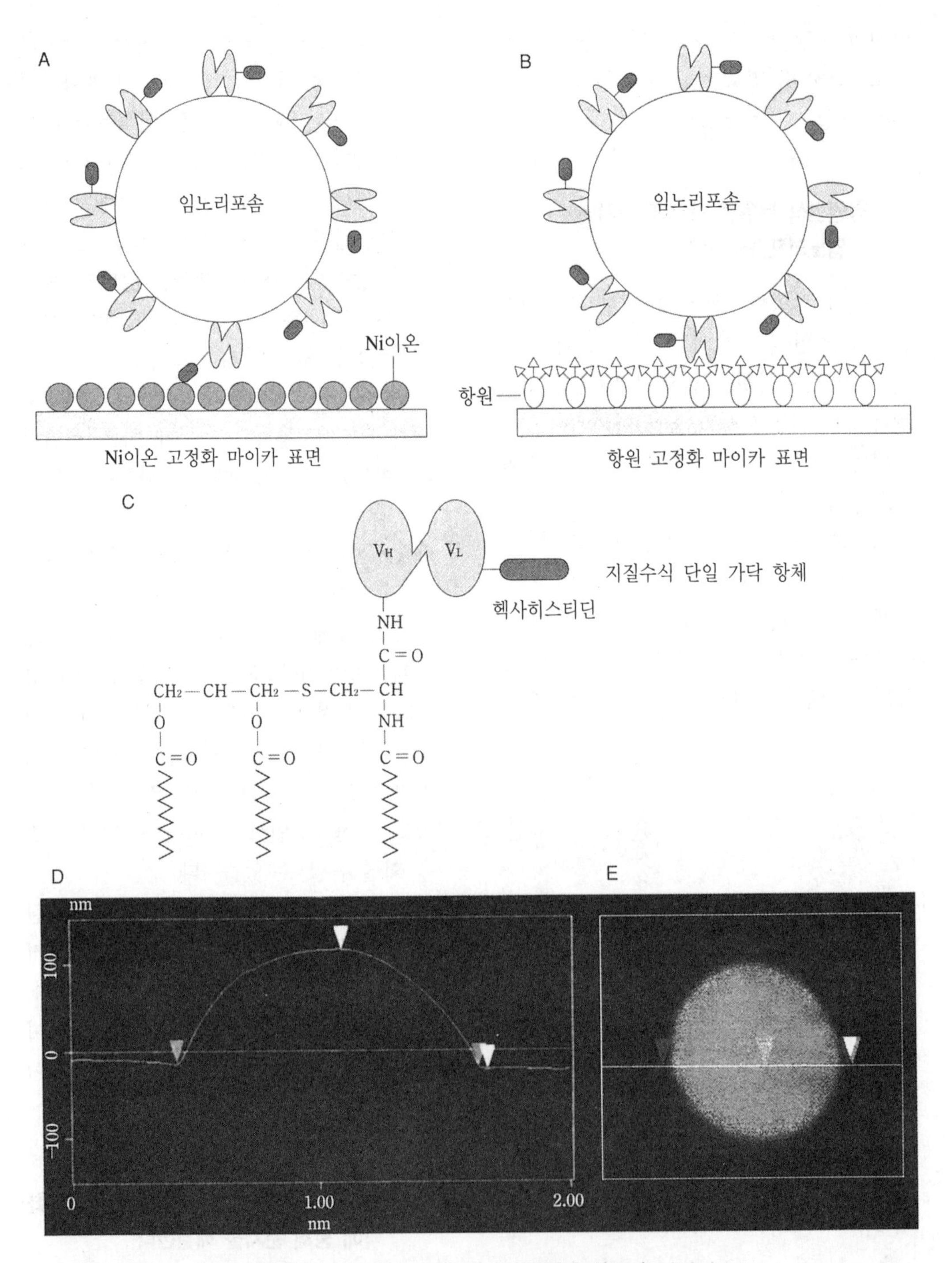

그림 10 마이카 표면에 고정화한 임노리포솜의 원자간력현미경(AFM) 이미지

A : Ni이온이 헥사히스티딘에 배위, B : 항원분자가 항체의 항원 인식부위와 복합체를 형성, C : 지질수식 단일 가닥 항체의 분자구조, D : AFM 이미지의 높이 프로파일, E : AFM 이미지

면에 항체 단백질을 고정시킬 수 있습니다(그림 11). 또한 항체인식이 가능한 사실로부터 다양한 형태의 항체를 자유롭게 결합시키는 것이 가능합니다.

단백질 A는 5개의 도메인으로 구성되어 있는데, 그 중에서 B도메인에 주목하여 여러 가지 도메인 길이의 항체 결합 단백질을 합성하였고 각각에 대해서 부위 특이적인 지질수식을 하였습니다. 더욱이 이들 지질수식 항체결합 단백질은 리포솜 표면에 고정되는데, 항체결합능을 가지는 프로테오리포솜이라는 것이 밝혀졌습니다. 이들 프로테오리포솜에는 임의의 항체 IgG를 자기조직화하여 집적하는 것이 가능하며, 현재 항원 인식부위에 입체적 장해가 없는 임노리포솜을 제작 중에 있습니다.

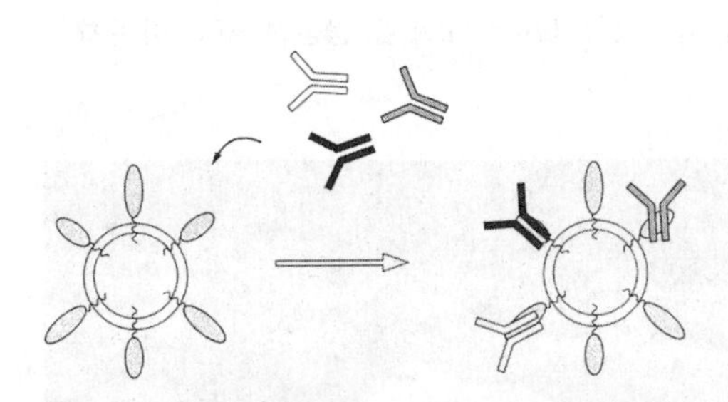

그림 11 부위특이적으로 지질수식된 항체결합 단백질을 표면 고정화한 리포솜과 항체분자의 결합

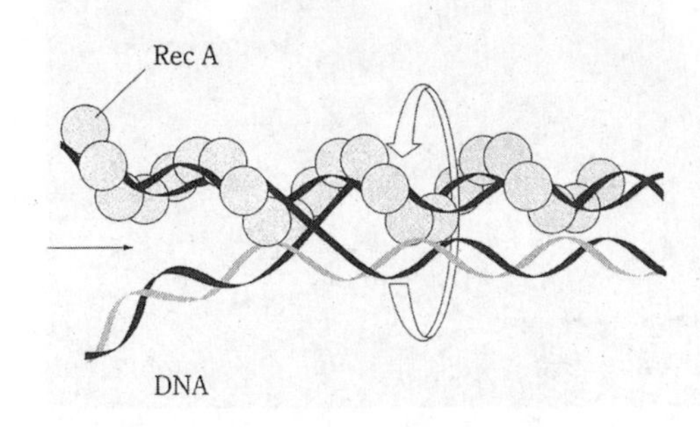

그림 12 RecA 단백질에 의한 이중 가닥 DNA의 사슬교환 반응 이미지

RecA 단백질로 단일분자 레벨의 DNA시퀀싱을 가시화한다

단백질 RecA는 DNA시퀀스와 복합체를 형성하여 또 다른 이중 가닥 DNA의 사슬을 풀 수 있는 단백질로서 예전부터 잘 알려져 왔습니다(그림 12). 그림 13에 나타낸 것처럼 단일 가닥의 프로브 DNA 시퀀스를 만든 후, 거기에 RecA를 작용시키면 이중 가닥 DNA의 동일한 염기배열을 갖는 부분과 사슬을 교환하여 루프를 형성합니다. 이 루프의 형성으로 동일한 시퀀스가 존재한다는 것을 알 수 있습니다.

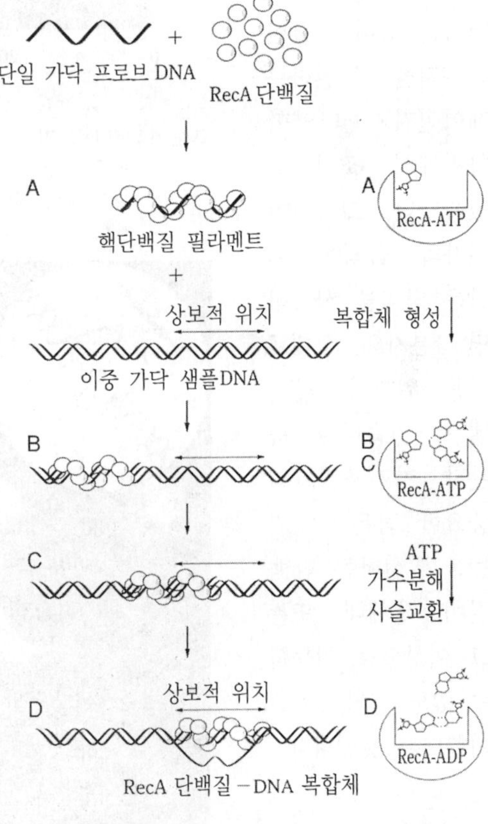

그림 13 단일 가닥 프로브 DNA와 RecA 단백질의 복합체가 이중 가닥 샘플DNA의 상보적 염기배열을 인식하여 사슬교환을 하는 이미지

DNA와 RecA가 복합체를 형성하면 RecA가 결합한 영역을 확실히 확인할 수 있습니다(그림 14, 15). 즉 단일 가닥의 DNA프로브와 RecA의 복합체를 통해 단백질과 DNA의 상호작용을 단일분자 상태로 직접 관찰할 수 있습니다.

게놈으로서 존재하는 유전자가 언제, 어떠한 상태로 발현하는지를 조절하는 제어인자가 다양한 차원에서 조사되고 있습니다. 그 제어인자의 탐색에 이 같은 방법을 사용하면 1분자의 상태로 작용부위까지 찾아낼 수 있습니다. 즉 분자 자기조직화의 중요한 점은 그 기능을 발현하는 단백질이 생체내 또는 그 이상으로 기능할 수 있도록 자기조직화한다는 것입니다.

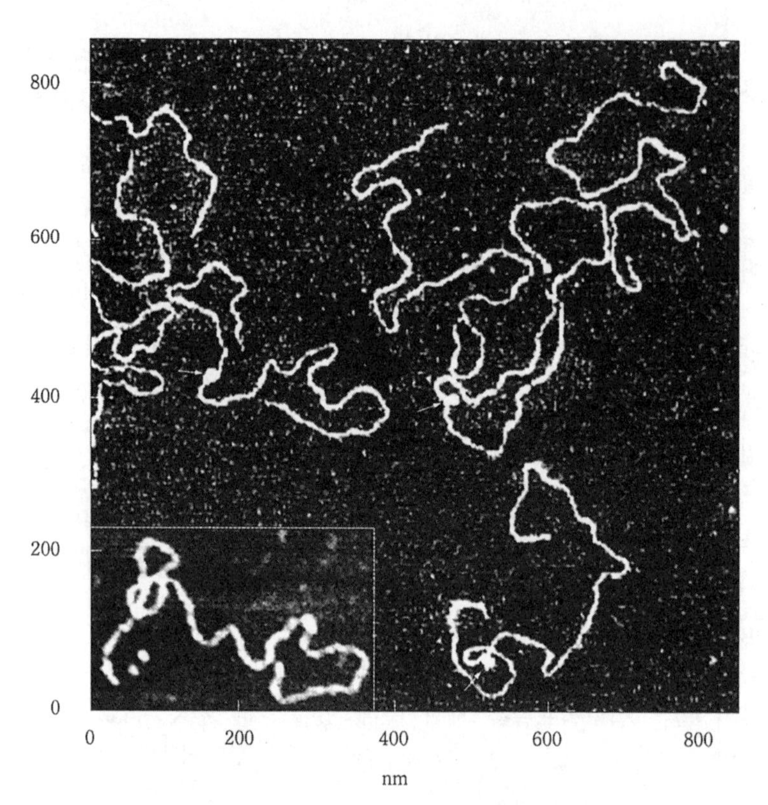

그림 14 이중 가닥 샘플 DNA의 특정 염기배열 부위에 RecA/단일 가닥 프로브 DNA 복합체가 결합하여 D루프를 형성한 AFM 이미지

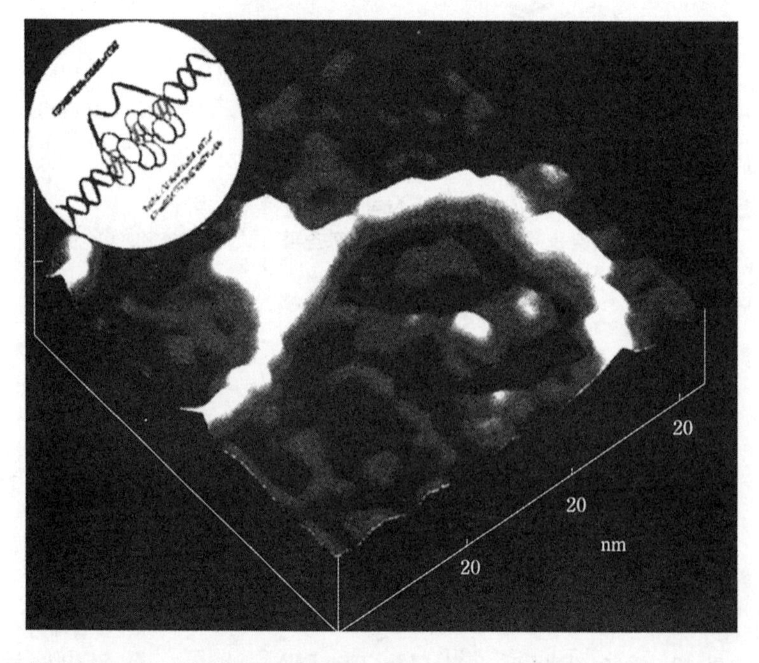

그림 15 그림 14의 화살표 부위의 확대 그림

Q & A

Q 지질수식이 점점 일반화되고 있다고 하셨는데, 그 경우에 상대의 인식은 각종 단백질에서 가능하다고 생각하십니까?

A 오늘 소개한 내용은 항체 단백질의 단일 가닥 항체 영역과 단백질A에 관해서였습니다. 양쪽 모두 일반성을 갖습니다. 그 외에도 몇 종류의 효소가 지질수식에 이용되고 있습니다. 문제가 있다면, 대장균의 내막을 관통하는 위치에서 효소 수식이 일어나기 때문에 그곳을 잘 관통할 수 있는 단백질이어야 합니다. 너무 크거나 세포질에 용해되지 않는 단백질은 이 방법으로는 무리입니다. 그러나 통상의 단백질은 거의 문제가 없습니다.

잘라 모은 단백질

히구찌 토미히코
토쿠시마대학 약학부 교수

머리말

미국과학재단이 미소 전기기계 시스템 MEMS(microelectromechanical systems)에 관한 워크숍을 통해, 1988년에 『*Small Machines, Large Opportunities*』라는 소책자(그림 1)를 간행하였습니다. 이 책은 당시의 스몰 머신(small machine)의 개발상황이 30년 전의 전자부품 개발상황과 매우 비슷하다는 것과 1mm^3 이하의 기계를 대상으로 한 기계 시스템을 미소 동력기계 시스템이라고 부르고 있다는 것, 그리고 이 같은 스몰 머신은 의료에서 혹성간 무인 탐사위성이나 광통신의 세계, 초고밀도 기록장치에 이르기까지 폭넓은 응용분야가 존재한다는 내용을 담고 있습니다.

그림 1 미국과학재단 NSF 주최의 미소 전기기계 시스템에 관한 보고서. 이 소책자를 시작으로 NSF는 1988년부터 미소 전기기계 시스템의 기간 프로젝트를 개시(藤正嚴 著, 『마이크로머신 개발 노트북』, 秀潤社)

스몰 머신의 개발에는 나노기술로 불리는 수십 nm 크기의 부품을 이용해서 시스템을 자동적으로 구축하는 자기조직화 기술이 요구되고 있습니다. 그러나 이 같은 기술은 30수억 년 전에 생명이 탄생한 이래, 생물이 획득해 온 이미 완성된 기술이라고 할 수 있습니다.

이 강연에서는 우리들이 생명을 유지하기 위해서 필요한 세포내 미토콘드리아의 에너지 변환장치에 있어서 생물이 어떻게 나노기술을 이용하고 있는지에 대하여 소개하겠습니다.

미토콘드리아의 개략

예술가가 본 우리들 진핵세포의 내부의 모양을 그림 2에, 그리고 미토콘드리아의 구조를 그림 3에 나타내었습니다. 기본적으로 대장균과 구조가 유사하지만, 약 1㎛

의 크기로 외막과 내막이 있으며 내막에는 주름이 있습니다. 이 내막의 주름은 대사에 필요한 ATP의 양에 따라 다르며, 간세포보다 심근세포의 미토콘드리아에 많이 존재합니다.

미토콘드리아는 독자의 환상 2중 가닥 DNA를 매트릭스 내에 가지고 있고, 그 전체길이는 사람의 경우 16,568염기쌍으로 13종의 단백질에 대한 코드 유전자 및 크고 작은 두 개의 리보솜 RNA(rRNA)와 22종의 트랜스퍼 RNA(tRNA) 유전자로 형성된, 인트론을 포함하지 않는 극히

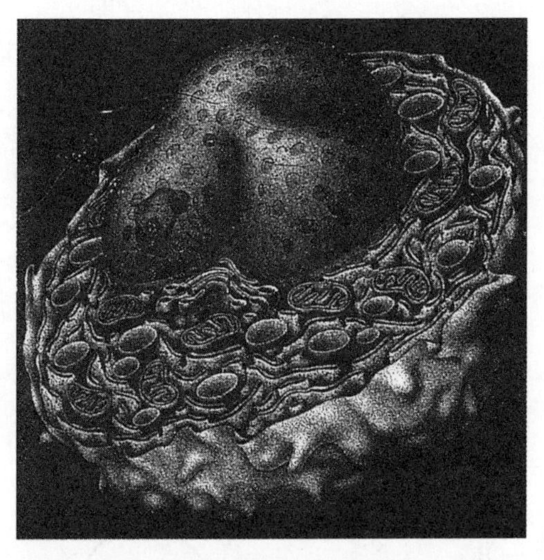

그림 2 예술가가 본 진핵세포(野田春彦 譯, 『분자세포생물학』, 東京化學同人)

경제적인 유전자 구성을 하고 있습니다.

또한 놀라운 것은 미토콘드리아의 유전코드가 핵의 유전코드와 일부 다르다는 것입니다. 미토콘드리아 DNA의 복제 및 그 전사와 번역은 모두 매트릭스 안에서 독자적으로 이루어지지만, 이들 반응에 관여하는 단백질 및 미토콘드리아를 구성하고 있는 그 밖의 모든 단백질은 세포질에서 합성되어 미토콘드리아 안으로 운반됩니다. 따라서 미토콘드리아의 단백질을 코드하고 있는 유전자는 핵과 미토콘드리아 내에 분산되어 있지만, 90% 이상의 유전자는 핵에 존재하고 있습니다.

또한 미토콘드리아는 반자기증식능(半自己增殖能)을 가지고 있어, 자기 자신의 DNA와 핵 DNA의 지배하에서 성장하여 어느 정도 커지면, 세포의 경우처럼 미토콘드리아 안에 내막의 격벽(隔壁)이 생겨, 그 후 2분열 방식으로 증식합니다.

미토콘드리아의 증식이 어떻게 제어되는지를 알아내는 것은 매우 중요한 과제이지만, 아직 불명확한 상태입니다. 미토콘드리아의 단백질은 약 10일 동안에 50%가 새로운 것으로 바뀌지만, 미토콘드리아는 스스로 부품을 제조하여 낡은 부품을 항상 새로운 부품으로 교체하는 수

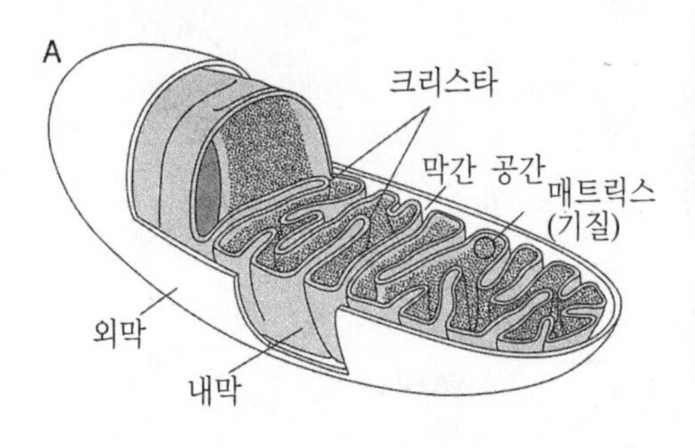

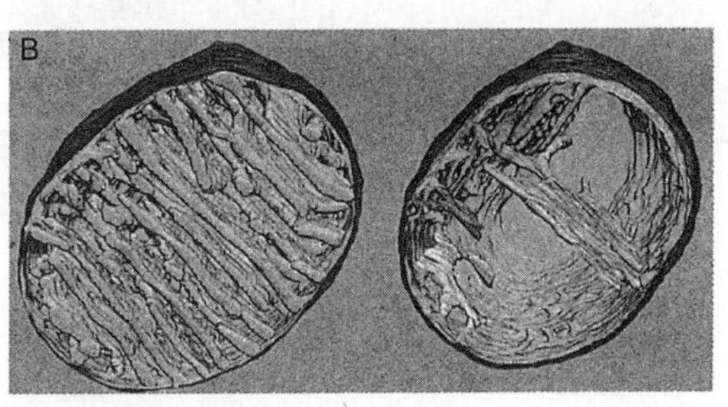

그림 3 미토콘드리아 구조. 오랫동안 크리스타의 구조는 그림 A와 같다고 여겨져 왔지만, 최근 그림 B와 같다는 것이 밝혀졌다 [Frey, T. G. and Mannella C. A., TIBS 25, 319 (2000)].

리·수복의 기능뿐 아니라 자기복제의 기능도 가지고 있습니다. 과연 미토콘드리아는 단순히 생체의 에너지 생산 공장으로서 뿐만 아니라, 그 부품의 제조와 조립장치를 보유한 스스로 복제가 가능한 자동 조립장치를 가진 다기능 분자 기계공장이라고 할 수 있습니다.

미토콘드리아의 에너지 변환 메커니즘

그러면 미토콘드리아에서는 생명 활동에 필요한 에너지가 어떻게 해서 만들어질까요? 그것을 모식적으로 나타내면 그림 4와 같습니다. 우선 식물의 분해에 의해서 수소가 생성되며, 그 수소는 NAD나 FAD 등의 핵산의 일종에 의해 수송됩니다. 즉 우리들이 섭취하는 식물의 근원을 더듬어보면, 태양에너지에 도달합니다. 우리들은 식물이나 광합성 세균을 매체로 해서 변환된 태양광의 에너지를 매일 먹고 있는 셈입니다. 수소는 전자와 수소이온으로 구성되어 있지만, 수소로 방출된 에너지는 전자로서 물질을 쉽게 환원할 수 있습니다.

광합성의 반응 중심에는 가장 에너지 준위가 낮은 물로부터 전자를 받아 생성된 수소가 미토콘드리아에 이동되고, 그 전자가 1~수Å을 날라 전달되어 갑니다. 최종적으로 우리가 무의식중에 호흡을 통하여 얻은 산소를 환원하여 물을 합성합니다. 식물이 최초에 이용한 물로 되돌아옴으로써, 빛에너지는 우리가 살아가는 데 필요한 에너지로 변환됩니다. 그 변환과정에서 전자가 흐릅니다.

미토콘드리아의 전자전달 반응은 무배선 2차원 확산 시스템으로 일어나고 있다

에너지 변환장치 하나의 유니트가 존재한다는 가정 하에서 계산한 결과를 그림 5에 나타내었습니다. 한 변이 700Å의 정사각형 안에 1개의 유니트가 존재합니다.

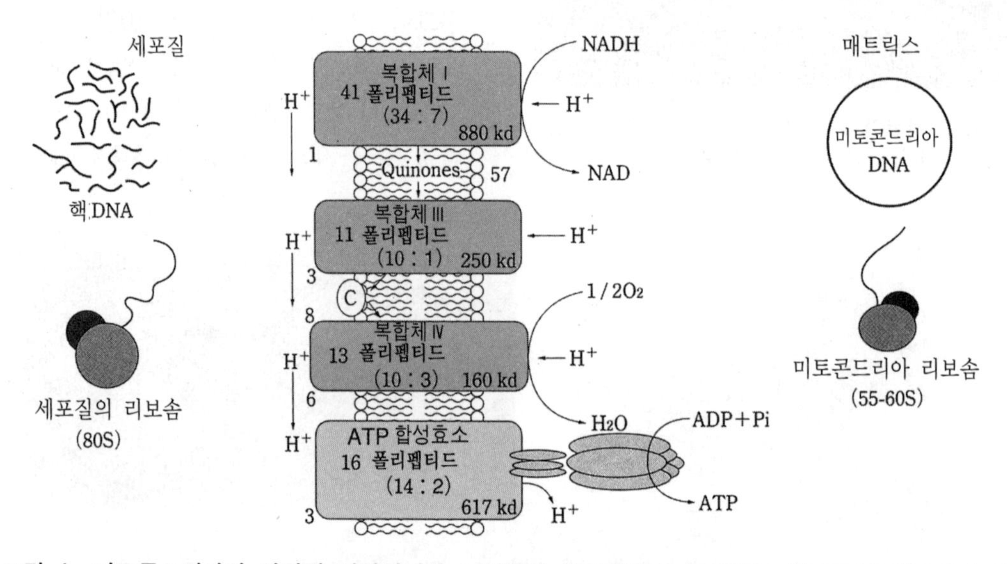

그림 4 미토콘드리아의 산화적 인산화계와 그것들의 분자구축에 있어서의 핵과 미토콘드리아 양 유전자의 관여

그 외에 전자전달 성분과 전자를 받아 건네주는 물질이 몇 개인가 존재합니다. 문제는 이 사이를 전자가 어떻게 이동하는 가입니다. 먼저 전자의 흐름을 설명하겠습니다.

보통 세포의 크기는 20㎛ 정도이지만, 미토콘드리아의 크기는 약 1㎛로 세포의 20분의 1 정도입니다. 그곳에 칼슘을 조금 첨가하고 pH를 6.5로 하는 것만으로, 커다란 세포와 똑같은 정도의 커다란 베시클이 간단하게 형성됩니다(그림 6). 그리고 그림 7은 미토콘드리아의 내막에서 입자 1개 1개가 전자를 전달하지만, 거기에 인지질을 넣으면 입자 사이의 간격이 벌어지고, 전자전달 성분간의 전자전달 기능이 거의 사라지게 됩니다. 그렇지만 각각의 전자전달 성분의 전자전달 반응은 높은 활성을 유지하고 있고, 이들 성분은 기본적으로는 막 위를 확산운동하는 것으로 예측됩니다.

전자전달 성분 각각의 입자에 형광물질을 붙여 레이저광을 비추어 형광을 관찰하면, 형광물질이 일단 퇴색하지만, 그 후에 형광이 다시 되돌아오는 것을 알 수 있습니다(그림 8). 그것은 주위의 퇴색하지 않은 성분이 확산해 오기 때문으로 이 현상을 이용해서 확산속도를 측정해 보았습니다. 그 결과 이들 성분은 모두 막 위를 고속으로 확산운동하고 있다는 것을 알았습니다(그림 9).

그리고 NADH가 산화되면, 복합체I이 퀴논과 충돌할 때만 전자가 전달됩니다. 2회에 1회의 충돌로 전자가 전달되는 높은 확률의 전달반응이 일어나지만, 그 밖의 성분과는 충돌이 일어나도 전자가 전달되지 않습니다. 따라서 그림 9에 표시한 것처럼 최종적으로 산소를 환원해서 물을 만드는 전자전달 사슬을 생각할 수 있습

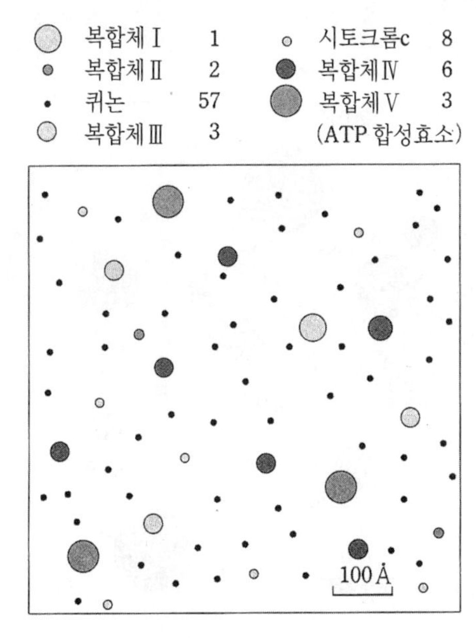

그림 5 미토콘드리아 내막에서의 산화적 인산화계의 최소 유니트 그림

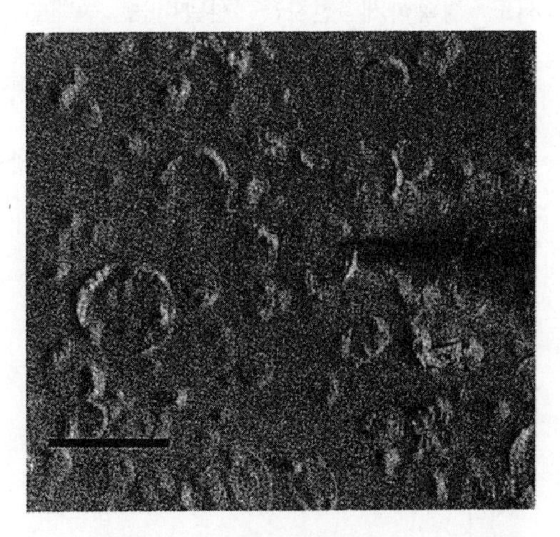

그림 6 거대 마이트프라스트. 바의 길이는 20㎛. 중앙의 18㎛의 거대 마이트프라스트 위에 구경 1㎛의 글라스 전극이 보인다. 마이트프라스트는 미토콘드리아의 외막을 벗긴 내막과 매트릭스로부터 만들어진다[Inoue, I. etc., Nature 352, 244 (1991)].

니다.

IC회로는 모두 배선으로 되어 있기 때문에 현재의 방식으로 크기가 점점 줄어들게 되면, 마지막에는 배선이 회로 전체의 70%를 차지하게 되고, 자연히 IC의 최소화에는 한계가 생깁니다. 그것과 비교하여 미토콘드리아에 의한 전자전달 반응은 IC기판처럼 특별한 회로(배선)를 필요로 하지 않습니다. 단지 지질 이중막 속에 무질서하게 존재하는 전자전달 성분이 확산운동을 하고, 이들 성분간의 특이적인 친화성에 의존한 충돌로 전자전달 경로가 구축될 수 있습니다. 즉 적당하면서도 정확하게 전자를 전달하는 무배선 시스템, 2차원 확산 시스템이라고 할 수 있습니다. 현재 이 개념을 IC회로에의 응용을 생각하고 있습니다.

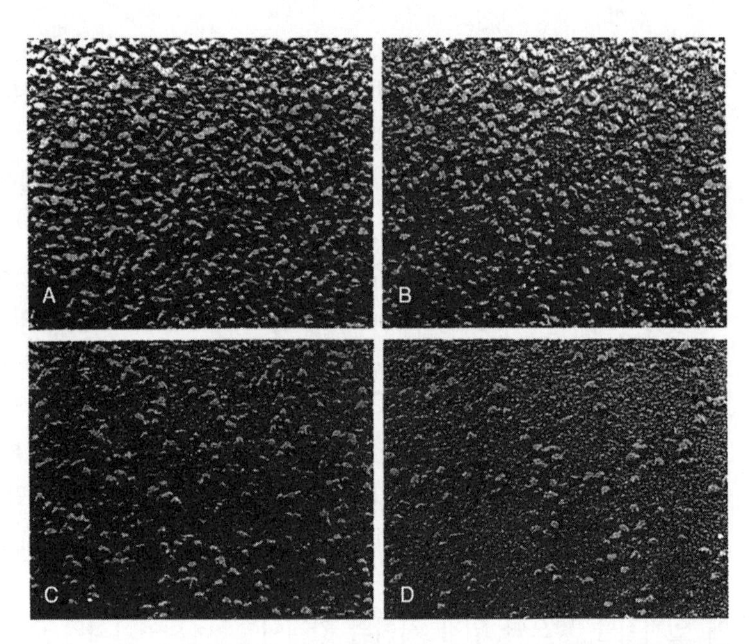

그림 7 리보솜을 융합한 미토콘드리아 내막의 동결할단 전자현미경 사진. A는 마이트프라스트(미토콘드리아의 외막을 벗긴 것)의 내막표면. 마이트프라스트의 내막에 융합된 리보솜의 양이 증가함에 따라서(B, C, D) 입자상 성분(단백질 복합체)이 감소하고 전자전달 복합체 사이의 전자 흐름 속도가 느려진다.

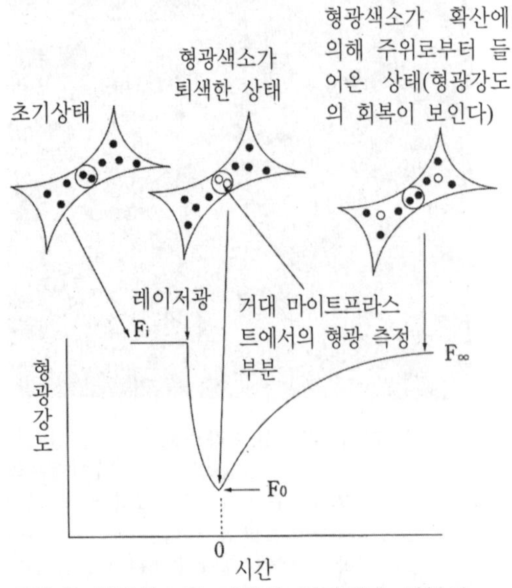

그림 8 형광색소를 이용한 전자전달 성분의 확산속도 측정 모식도

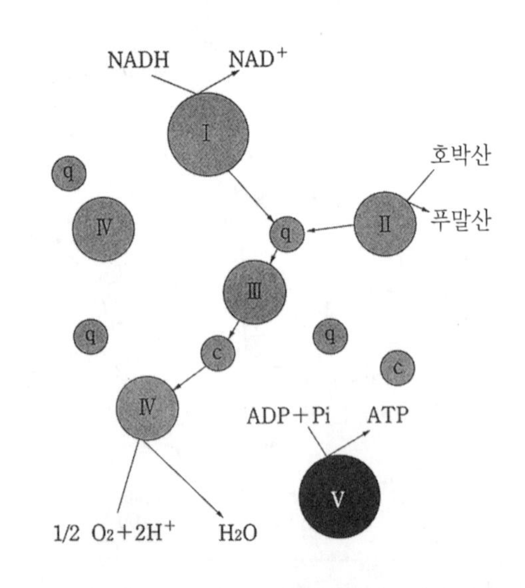

그림 9 미토콘드리아 내막에서의 전자전달 반응의 2차원 확산모델

생물 에너지 통화인 ATP의 합성

그런데 전자가 흐르면 그 에너지는 무엇이 될까요? 기본적으로 생물은 그 에너지를 이용해서 ADP와 인산으로부터 ATP를 생성합니다. 그리고 생성한 ATP를 가수분해할 때에 방출되는 7kcal/mol 정도의 작은 에너지를 사용하여 유전자를 복제하기도 하고 근육을 수축하기도 하고 사물을 보기도 하며 생각하기도 합니다. 기본적으로 생물은 '에너지의 통화'라고도 불리는 ATP가 분해될 때에 생기는 작은 단위 에너지를 이용해서 살아갑니다.

미토콘드리아 내막만을 모식적으로 표시하면 그림 4와 같습니다. 전자전달 복합체Ⅰ, Ⅲ, Ⅳ는 프로톤 펌프(proton pump) 기능을 가지고 있고, 이들 복합체에 2개의 전자가 흐르면, 각각의 복합체에서는 약 3분자의 수소 이온이 미토콘드리아의 바깥쪽으로 운반됩니다. 그 결과, 미토콘드리아 안쪽은 수소이온이 감소되어 염기성이 되고 미토콘드리아 바깥쪽은 산성이 되어, 수소이온의 농염전지가 됩니다. 전자전달 반응의 에너지는 수소이온의 농염전지를 만드는 에너지로 변환된다고 하겠습니다. 이 미토콘드리아 바깥쪽에 방출된 수소이온이 ATP합성효소를 통해서 거꾸로 미토콘드리아 안으로 들어갈 때, 농염전지의 에너지는 ATP를 합성하는 에너지로 변환됩니다. 이 ATP합성효소는 다음과 같습니다(그림 10).

ATP합성효소는 막 속에 묻힌 부분(F_0, 저해제 올리고마이신의 결합부위), 막 밖으로 돌출한 부분(F_1), 이것들을 막 부분에 고정하는 고정자, 그리고 회전자로 구성되어 있습니다. 프로톤은 그림 10과 같이 수송되며 F1에서 ATP가 합성됩니다. 이 ATP합성효소는 세계 최소의 분자 회전모터입니다.

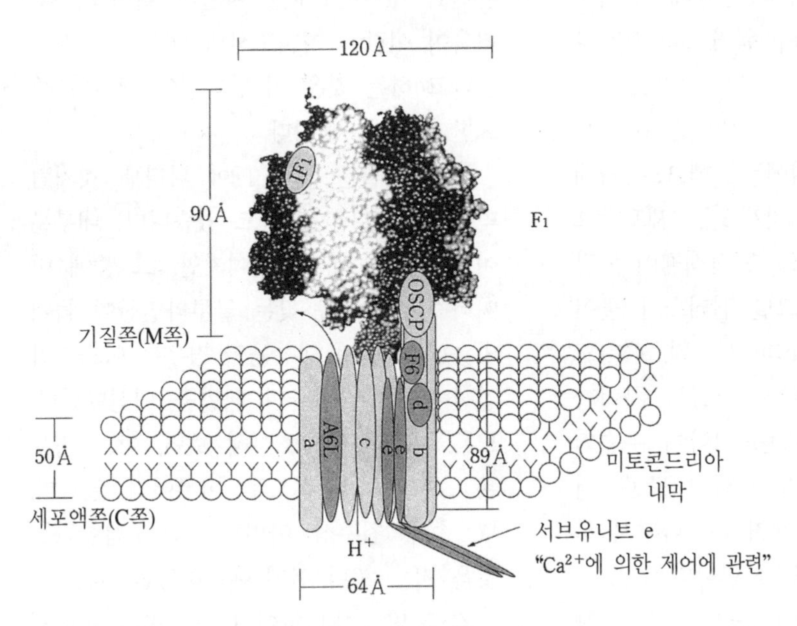

그림 10 미토콘드리아 내막의 H^+-ATP합성효소의 모식도

세계 최소의 스탭핑 모터 ATP합성효소

ATP합성효소의 F_1 부위의 3차 구조를 해석하여 1997년 영국의 워커 교수가 노벨 생리학상을 받았고, 토쿄 공업대학의 요시다(吉田) 교수에 의해 120° 씩 회전하는 스탭핑 모터(stepping motor)라는 사실이 증명되었습니다. 그후 오사카 대학의 한 연구그룹

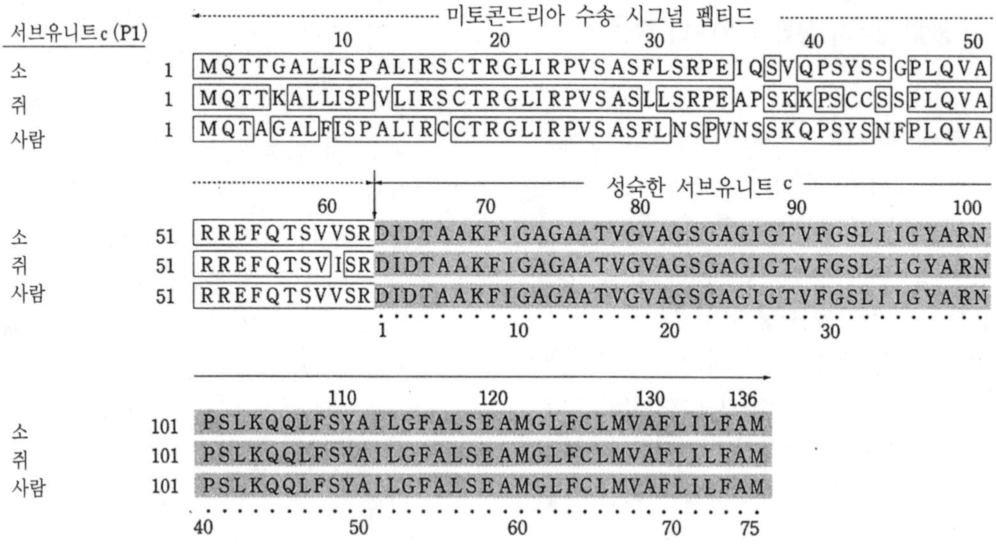

```
서브유니트c (P1)      ········ 미토콘드리아 수송 시그널 펩티드 ········
                    10        20        30        40        50
소     1  MQTTGALLISPALIRSCTRGLIRPVSASFLSRPEIQSVQPSYSSGPLQVA
쥐     1  MQTTKALLISPVLIRSCTRGLIRPVSASLLSRPEAPSKKPSCCSSPLQVA
사람   1  MQTAGALFISPALIRCCTRGLIRPVSASFLNSPVNSSKQPSYSNFPLQVA

          ·············|←―――――― 성숙한 서브유니트 c ――――――――
                    60        70        80        90       100
소    51  RREFQTSVVSRDIDTAAKFIGAGAATVGVAGSGAGIGTVFGSLIIGYARN
쥐    51  RREFQTSVISRDIDTAAKFIGAGAATVGVAGSGAGIGTVFGSLIIGYARN
사람  51  RREFQTSVVSRDIDTAAKFIGAGAATVGVAGSGAGIGTVFGSLIIGYARN
                     1        10        20        30

          ―――――――――――――――――――――――――――――――――――→
                   110       120       130   136
소   101  PSLKQQLFSYAILGFALSEAMGLFCLMVAFLILFAM
쥐   101  PSLKQQLFSYAILGFALSEAMGLFCLMVAFLILFAM
사람 101  PSLKQQLFSYAILGFALSEAMGLFCLMVAFLILFAM
          40        50        60        70   75
```

그림 11 소, 쥐, 사람의 서브유니트c(P1) 전구체의 1차구조 비교

[Higuti, T. etc., Biochem. Biophys. Acta 1173, 87 (1990)]

에 의해 서브유니트c가 회전한다는 사실이 밝혀졌습니다. *r*-서브유니트(회전축)가 120° 회전할 때마다 1분자의 ATP가 만들어지지만, 수소이온의 흐름에 의해서 축이 회전하는 이유는 아직 불분명합니다.

서브유니트c는 에너지 변환에 있어서 매우 중요한 단백질로, 워커 교수(소)와 저희(사람과 쥐)가 그 구조를 알아냈습니다. 그것을 그림 11에 나타내었습니다. 새롭게 만들어진 단백질에는 "핵으로 가세요". "미토콘드리아로 가세요", "세포막으로 가세요"라는 꼬리표, 즉 단백질이 도달하는 곳이 명기된 시그널 펩티드가 붙어 있습니다. 서브유니트c의 시그널 펩티드 부분은 3종류의 생물에서 조금씩 차이가 있습니다. 실제로 미토콘드리아에 수송되어 갈 때에 필요하지만, 일단 미토콘드리아로 들어가면 절단·제거되고 나머지 부분(성숙 단백질)이 기능을 합니다.

이 성숙 단백질의 아미노산 배열은 사람, 쥐, 소 등의 고등동물에서 모두 같습니다. 이 배열을 보면 소, 쥐, 사람 그리고 지구상의 모든 생물의 유전자가 매우 유사하다는 것을 알 수 있습니다. 모기든 벼룩이든 식물을 포함해서 유전적으로 깊이 관련이 있다는 것을 여실히 나타냅니다. 더욱이 이같이 아미노산의 배열이 완전히 같다고 하는 것은 이 단백질이 얼마나 중요한가를 나타냅니다.

이 단백질은 그림 12에 나타낸 것처럼 막 속에서 나선을 하고 있습니다. 대부분이 소수성의 아미노산이지만, 그 중에 마이너스의 전하를 갖는 글루타민산이 들어 있습니다. 단지 대장균의 경우는 아스파라긴산이 글루타민산의 역할을 대신합니다. 모든 이온펌프를 조사해 보면, 어느 경우든 소수성의 나선으로 이루어져 있으며, 그 속에 친수성 아미노산을 포함한다는 것을 저는 20년 전에 예측하였습니다.

결국 막 속의 마이너스 하전의 움직임

으로 한쪽은 플러스, 반대쪽은 마이너스의 전기장이 형성될 수 있습니다(그림 13). 분자로 이루어진 평행판 콘덴서입니다. 이 전기장에 따라서 선택적으로 수소이온이나 칼슘을 통과시킴으로써 벡터적으로 작동할 수 있다고 하는 것이 저희들의 기본 모델입니다. 그것을 ATP합성에 적용하면 그림 14와 같습니다. 기본적으로는 왼쪽이 마이너스, 오른쪽이 플러스의 평행판 콘덴서입니다.

ATP합성효소에서는 서브유니트c의 58번째의 글루타민산에 수소이온이 결합함으로써 전기장이 형성되고, 이것이 서브유니트c의 회전에너지로 변환된다는 가설을 세워 연구를 진행하고 있습니다.

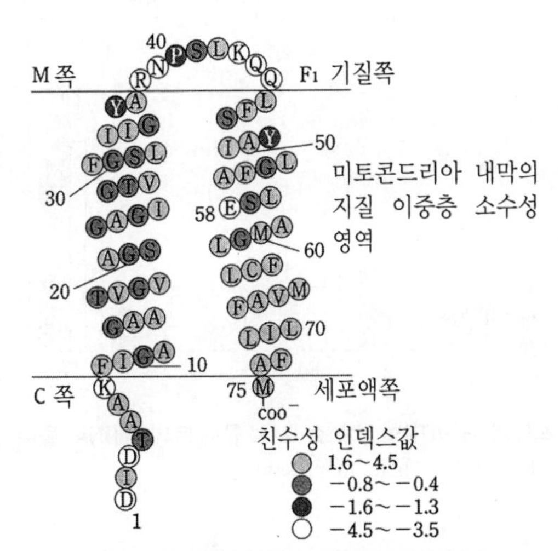

그림 12 미토콘드리아 내막 중의 성숙 서브유니트c(포유동물)의 접힌 모델

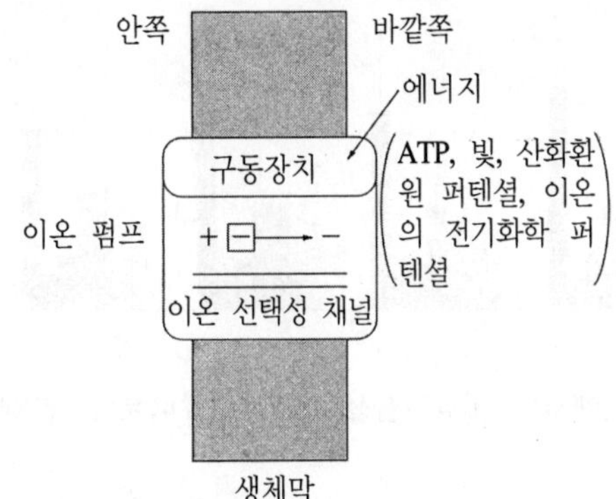

그림 13 이온 펌프에서의 에너지 변환 모델

ATP합성효소의 동시 발현

ATP합성효소는 화학양론적으로 형성되지만, 그것은 유전자 레벨로 제어됩니다. 우선 유전자는 DNA의 2중가닥 사슬의 일부와 동일한 배열을 한 것이 mRNA에 전사되고, 그것이 단백질로 번역됩니다. 즉 mRNA의 3개의 염기 단위(코돈)를 번역해서 합성한 아미노산이 연속적으로 결합하여 단백질을 만들어 갑니다.

ATP합성효소를 합성할 경우, 각각의 서브유니트의 mRNA 합성량은 랜덤일 가능성과 화학양론적일 가능성이 있습니다. 어느 쪽이 맞는지를 조사해 보았습니다.

저희들은 개개의 mRNA의 절대량을 계측하는 방법을 처음으로 개발하였습니

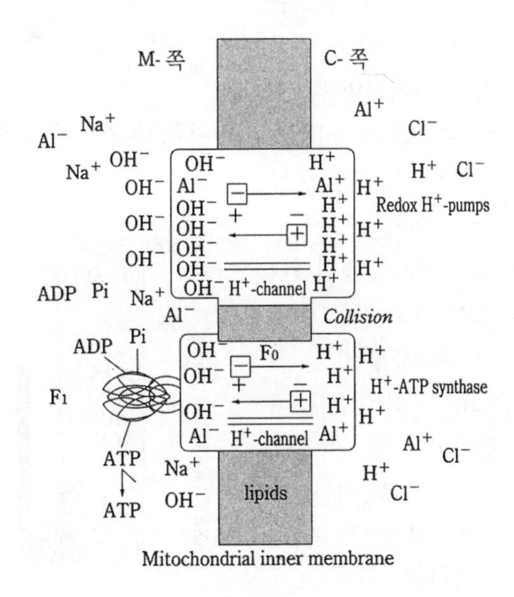

그림 14 산화환원 H^+펌프와 H^+-ATP합성효소의 에너지 변환 모델

[Higuti, T. etc., Mol. Cell. Biochem. 61, 37 (1984)]

다. 우선 각각의 서브유니트의 mRNA을 합성하여 검량선을 만들고, 이어서 여러 조직에서 채취한 개개의 mRNA의 절대량을 산출하였습니다. 여기서 저희들은 약 200대를 교배하여 유전적으로 거의 동등해진 피샤레트 F344이라고 하는 쥐를 이용하였습니다.

그림 15에 나타낸 것처럼 대부분의 서브유니트의 mRNA 발현량은 심장에서 제일 높고, 다음으로 신장, 뇌, 간장순입니다. 놀라운 것은 각 조직에서의 각 서브유니트의 mRNA 몰비가 장기의 종류나 나이에 의존하지 않는다는 것입니다(그림 16, 17). 이러한 사실로부터 각 서브유니트의 mRNA 합성이 서로 동시에 일어난다고 하는 사실이 처음으로 밝혀졌습니다.

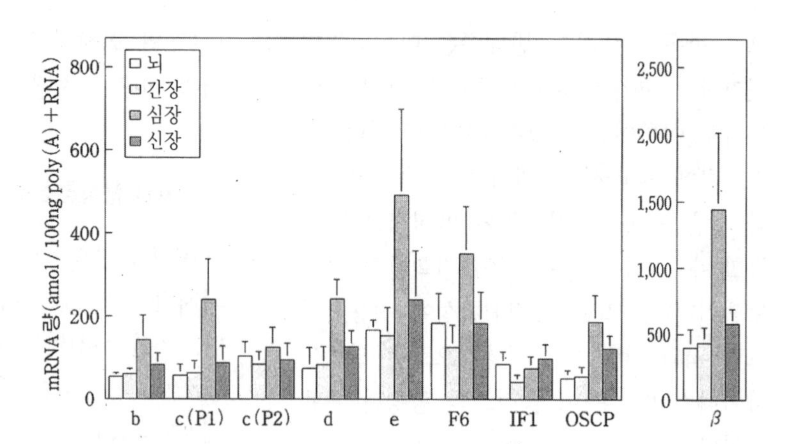

그림 15 생후 8주의 쥐에서 채취한 각 조직에서의 H^+-ATP합성효소 서브 유니트의 mRNA 절대량. amol은 10^{-18}몰.
(Himeda, T. etc. Eur. J. Biochem in press)

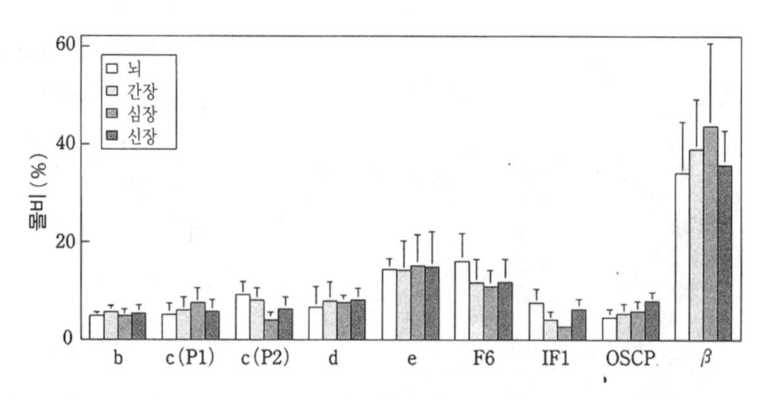

그림 16 쥐의 각 조직에서의 H^+-ATP합성효소 서브유니트의 mRNA 몰비
(Himeda, T. etc. Eur. J. Biochem in press)

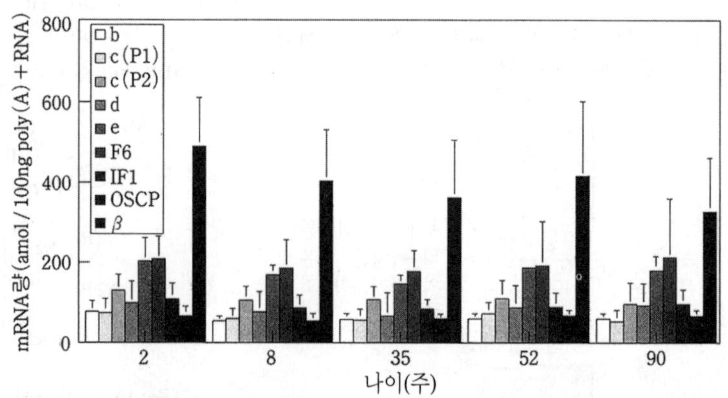

그림 17 생후 2~90주 쥐의 뇌에서의 H^+-ATP합성효소 서브유니트의 mRNA 동시 발현

미토콘드리아의 증식을 제어하는 유전자

미토콘드리아의 외막과 내막이 성장하면 한가운데에 격벽이 생겨 둘로 갈라집니다(그림 18). 세포 1개에 존재하는 미토콘드리아는 심근세포의 경우 약 5,000개, 간세포의 경우 약 1,000개로 이것이 노화나 아포토시스(apoptosis)에 관계하는 것으로 밝혀졌습니다. 미토콘드리아 유전자는 40세를 넘으면 조금씩 결손이 증가하기 시작하지만, 세포내에 많이 존재하기 때문에 세포간의 상호 보충이 가능합니다. 아직 미토콘드리아의 수를 증가시키는 유전자가 알려지지 않고 있어, 현재 저희들도 그것에 대해서 집중적인 연구를 진행하고 있습니다.

JVS라고 하는 카르니틴 수송 단백질의 유전자가 결손된 쥐의 심장 부위의 미토콘드리아가 극적으로 증가하는 사실로부터 발현중인 mRNA를 정상쥐의 것과 비교하면, 미토콘드리아의 증가에 관련된 유전자를 밝힐 수 있다고 생각합니다.

현재 저희 연구실에서는 7개의 미지 유전자를 발견하였습니다(그림 19). 정상에는 없는 유전자가 변이체에서 많이 발현되고 있다는 것을 알았습니다. 살아있는 세포 속의 미토콘드리아 관찰을 통하여 이들 각각의 유전자 기능을 밝히려고 합니다(그림 20).

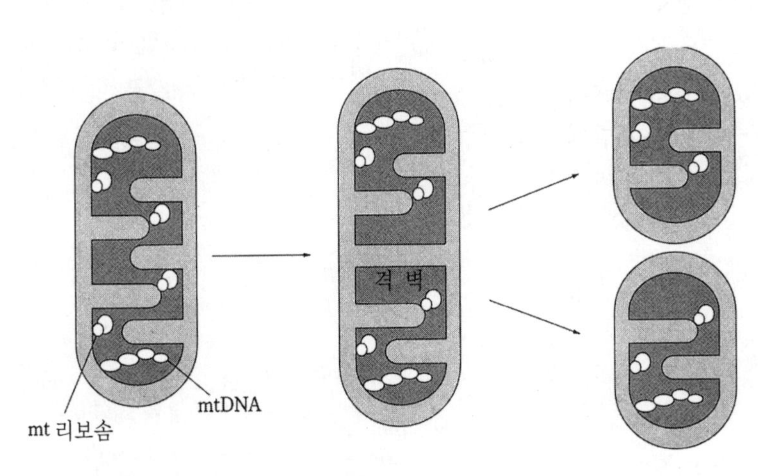

그림 18 미토콘드리아의 2분열 증식

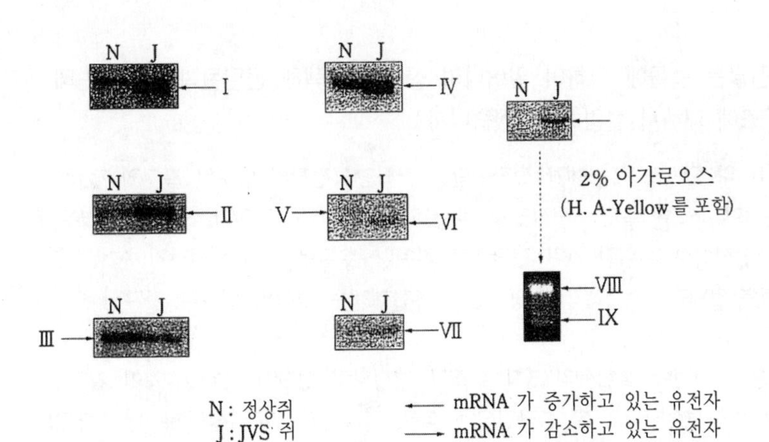

그림 19 미토콘드리아의 2분열 증식에 관여하는 유전자의 단리

결론

미토콘드리아의 에너지 변환장치를 스몰 머신이라는 입장에서 바라보면, 생물이 완성시킨 테크놀로지가 유감없이 발휘되는 것을 알 수 있습니다. 그 주요한 특징으로서 다음의 다섯 가지를 들 수 있습니다.

① 미토콘드리아는 입체적으로 구축된 고밀도 집적회로이다.

② 미토콘드리아는

자기복제 가능한 자동 조립장치를 가지고 있다.

③ 미토콘드리아에 의한 전자전달 반응은 IC기판과 같은 특별한 회로(배선)를 필요로 하지 않고, 단지 지질 이중막 안에 랜덤하게 존재하는 전자전달 성분이 확산운동을 하고 있고, 그들 성분간의 특이적인 친화성에 의존한 충돌로 전자전달 경로가 구축된다.

④ 미토콘드리아에 의한 전자의 흐름은 그 반응의 가역성에 의해 자동 제어된다.

⑤ H^+-pump는 10nm의 미소한 평행판 콘덴서이며 세계 최소의 분자회전 모터이다.

이들 생물이 가지고 있는 나노기술의 개념은 가까운 장래 스몰 머신의 개발에 도움이 될 것으로 기대합니다.

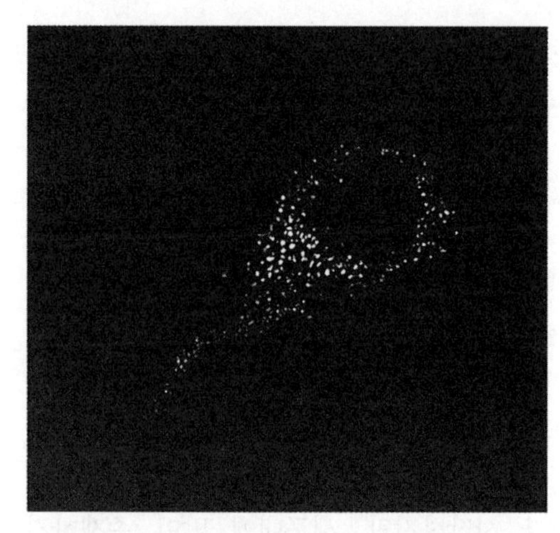

그림 20 마이오브라스트 C2C12 세포 속의 미토콘드리아 관찰. 미토콘드리아의 시그널 펩티드를 결합한 GFP를 발현시켜 살아 있는 세포 속의 미토콘드리아를 관찰. 세포주기의 어떤 단계에서 미토콘드리아가 분열하는지를 관찰할 수 있다(末永 · 樋口, 미발표).

Q & A

Q 전자전달은 충돌에 의하여 일어나며 상대를 선택해 전달된다고 하셨는데. 그 구조에 대해서 설명해주시겠습니까?

A 1개 1개의 단백질 복합체가 전자전달을 하지만, 전자의 입구와 출구가 정해져 있습니다. 예를 들면, 전자전달 복합체 A에서 B로 전자가 전달되는 경우, B의 전자입구 부위가 A의 전자출구 부위와 충돌했을 때만 전자가 A에서 B에 전달됩니다. 즉 각각의 전자전달 복합체에는 전자의 입구와 출구가 있습니다.

최근 전자전달 복합체의 3차 구조가 결정되어 전자가 통하는 길이 있다는 것이 밝혀졌습니다. 즉 분자인식에 의해서 특정의 분자 사이에서만 전자가 전달될 수 있습니다.

E 세션

분자를 움직인다

사회——오사카대학 대학원 공학연구과 교수
—— 마스하라 히로시

분자를 회전시켜서 메모한다

마쯔시게 카즈미
쿄토대학 대학원 공학연구과 교수

다양한 분자 모양

분자에는 여러 가지 종류가 있으며, 우리들 주변의 분자는 탄소로 구성된 것이 주류를 이루고 있습니다. 탄소로 구성된 분자・결정에도 여러 가지가 있는데 예로 들어 그라파이트라고 불리는 연필심은 전기가 잘 통합니다. 그 결합의 종류가 바뀌면 다이아몬드나 연기로도 바뀝니다. 압력이나 온도를 조절하는 것만으로 다이아몬드를 만들 수 있습니다. 또한 탄소로 이루어진 축구공 모양의 프라렌(그림 1)이 최근 발견되어 현대과학의 첨단물질이 되고 있습니다.

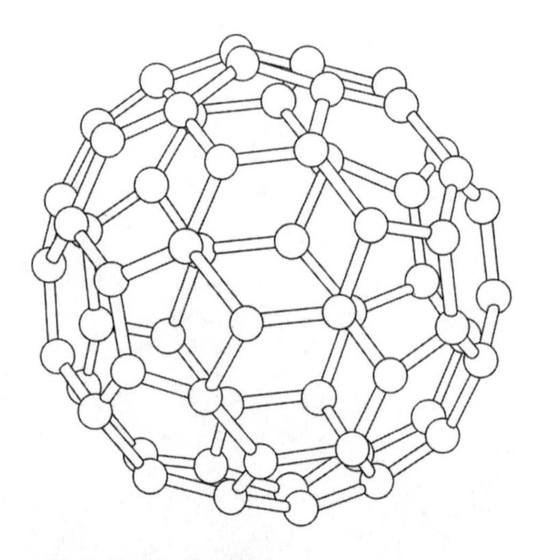

그림 1 C_{60}분자(프라렌)

이 프라렌에 관련된 재미있는 이야기가 있습니다. 프라렌 발견은 성간 물질을 탐색하던 중에 분자량 720의 물질이 존재한다는 사실로부터 밝혀졌습니다. 그것이 원자량 12의 탄소원자 60개로 이루어진 프라렌입니다. 이것은 초전도를 나타냅니다. 또한 탄소의 6고리와 5고리가 결합해서 나노튜브도 형성합니다.

축구 공모양의 구조는 Buckminster Fuller라는 건축가가 지은 건축물이 힌트가 되었습니다. 주변의 여러 가지 것에 관심을 가지면 과학이 발달하는 계기가 된다는 하나의 좋은 예입니다. 다양한 구조의 화합물을 합성할 수 있으면, 다음은 거기에 어떤 기능을 부여할까가 문제가 됩니다. 앞에서 언급한 나노튜브의 전도성도 구조에 의해 크게 변화되기 때문에, 결합상태를 의도적으로 변화시킴으로써 전기특성을 자유롭게 제어할 수 있습니다.

분자를 이동・회전시키는 장치의 출현

최근 1개 1개의 분자를 자유자재로 움직일 수 있게 되었습니다. 미국의 『*Physics News*』에도 소개되었지만 저희들은 프라렌을 특정 기판 위에 배열하여 그것을 1개씩 움직일 수 있다는 사실을 실증하고 있습니다. 그것이 가능하게 된 배경에는 분자를 이동할 수 있는 도구, 즉 SPM(주사형프로브현미경)이 개발되었기 때문입니다.

STM(주사형터널현미경), AFM(원자간력현미경)을 비롯한 SPM의 발전으로 분자(원자) 분해능의 직접상을 비교적 용이하게 관찰할 수 있게 되었습니다. 이러한 SPM을 이용하여 분자를 이동·회전 또는 기능을 변환시키는 것이 가능해져, 유기계 전자공학분야에서는 '분자 나노 일렉트로닉스'라는 새로운 영역이 전개되고 있을 정도입니다. 이 강연에서는 SPM을 이용한 분자 및 그 응집체의 형태 관측에 관한 예를 설명함과 동시에, 극성 유기분자를 대상으로 한 차세대 전자·기능·정보소자의 한 예로서, SPM를 이용한 분자 메모리 제작을 중심으로 한 최근의 연구를 소개하겠습니다.

SPM의 원리

우선 SPM의 원리를 그림 2에 나타내었습니다. 시료표면과 날카로운 탐침(probe)간의 분자, 원자레벨의 상호작용을 이용하여 주변에서는 쉽게 접할 수 없는 현상을 관찰할 수 있게 되었습니다. 예를 들면 탐침과 시료표면 사이는 진공 갭으로 전기가 통하지 않지만, 탐침에 전압을 가하면 터널전류가 흐르게 됩니다. 또한 AFM에서는 탐침과 표면원자의 인력이나 척력이 관찰됩니다. 또한 마찰력이나 자기력을 관찰할 수도 있습니다. 탐침을 2차원, 3차원으로 움직이면 진공뿐 아니라 공기 중에서도 원자, 분자를 직접 관찰할 수 있습니다.

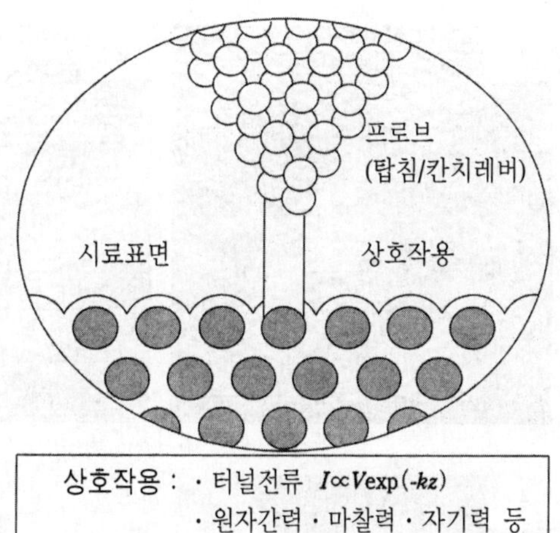

상호작용 : · 터널전류 $I \propto V\exp(-kz)$
· 원자간력 · 마찰력 · 자기력 등

그림 2 SPM의 원리

이런 SPM은 이미 시판되고 있는데 최고 수준의 초진공 형태는 1억 엔 안팎이며, 기능이 간단한 것은 몇 백만 엔 정도입니다. 이전에는 일본 문부성 과학연구비 보조금의 액수가 많지 않아 저희들이 STM장치를 직접 제작하였습니다. 보통 대부분의 분자는 전기가 통하지 않기 때문에 STM에서는 분자를 관측할 수는 없습니다. 그러나 시료가 대단히 얇으면 터널전류가 흐르고 관측이 가능해집니다.

그림 3은 슈퍼마켓의 비닐봉지 등에도 사용되고 있는 폴리에틸렌이라는 고분자의 올리고머(파라핀)의 STM상입니다. 짧은 분자를 진공 중에서 증착하여 STM으로 관찰하면 다양한 형태가 보이게 됩니다. 전체적으로 상이 희미하게 보이는 것은 분자가 열운동으로 움직이고 있기 때문입니다.

따라서 분자의 밀도가 높아지고 분자 사이가 상호작용하게 되면 깨끗하게 늘

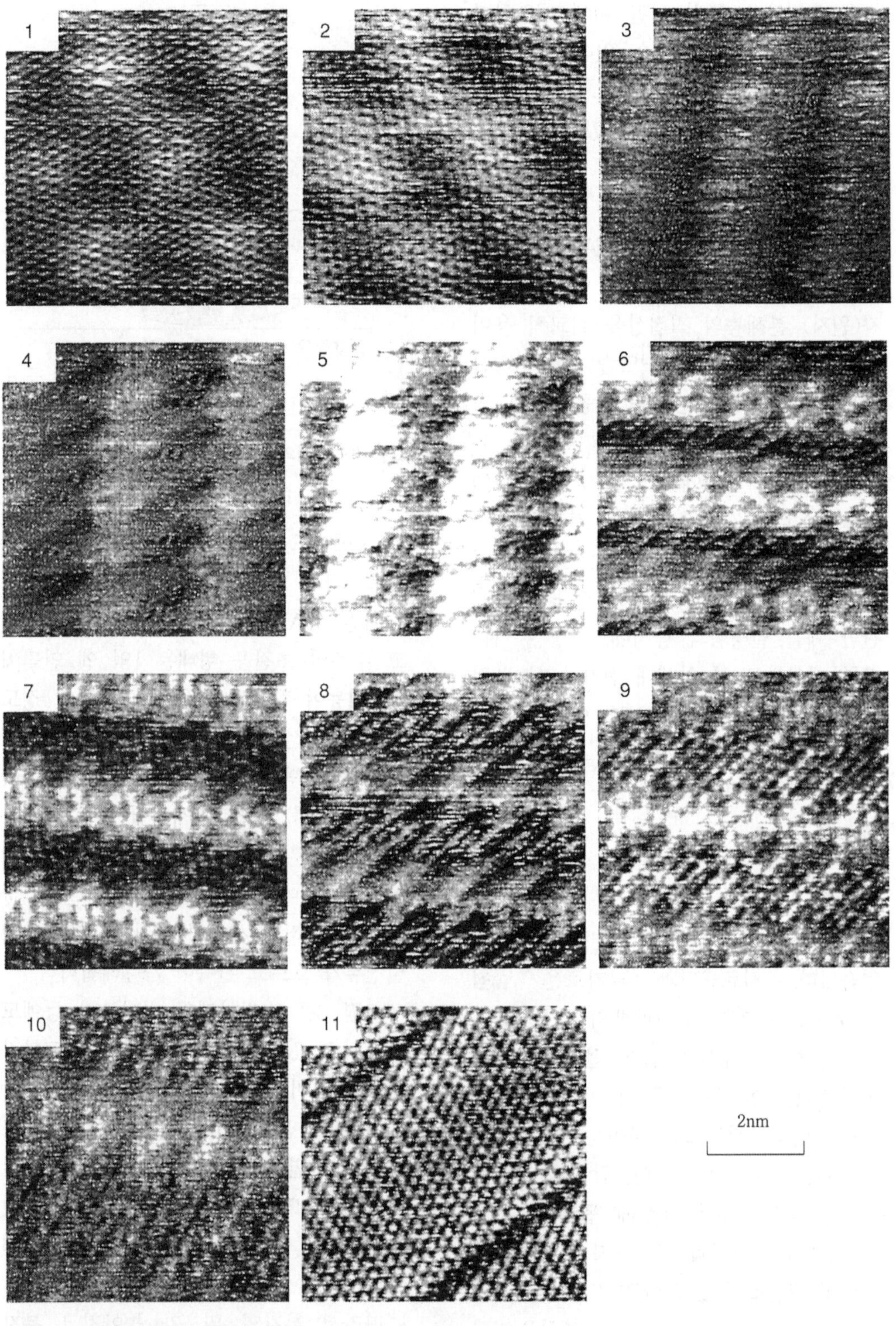

그림 3 파라핀분자의 STM상

어선 화상을 관찰할 수 있습니다. 그림 4는 그런 원자(분자) 분해능을 갖는 STM 상으로, 저희가 직접 제작한 장치로 명확하게 관찰할 수 있었다는 것이 매우 기쁩니다.

STM을 이용한 초고밀도 분자메모리의 개발

이와 같이 분자를 관찰할 수 있게 된 후 분자를 움직이거나 개조하는 것에 관심을 갖게 되었습니다. 화학 전문가라면 합성을 통해 분자구조를 바꾸는 일을 생각하지만 저희들은 물리적인 입장에서 분자를 어떻게 조작할 것인가를 생각하였습니다.

파라핀의 구조는 대칭인 비극성분자이기 때문에 전기적으로는 그다지 재미가 없습니다. 따라서 파라핀을 전도체로 바꾸는 것을 검토해 보았습니다(그림 5). 파라핀이 절연체인 것은 탄소가 4개의 수소와 결합하기 때문이므로 전기를 통하게 하기 위해서는 어떤 물리적인 조작이 필요합니다.

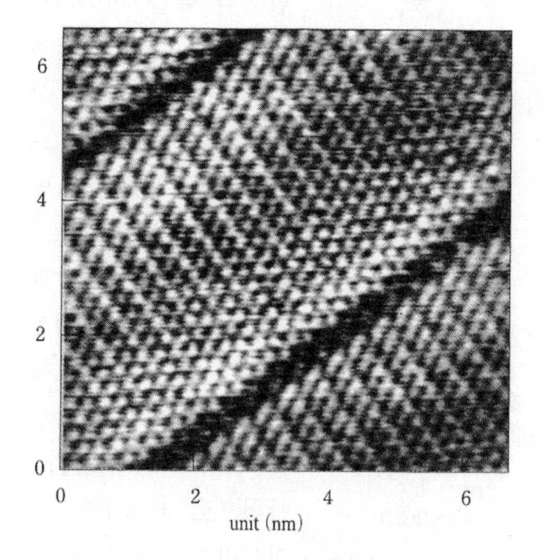

그림 4 파라핀분자의 분자 분해능 STM상

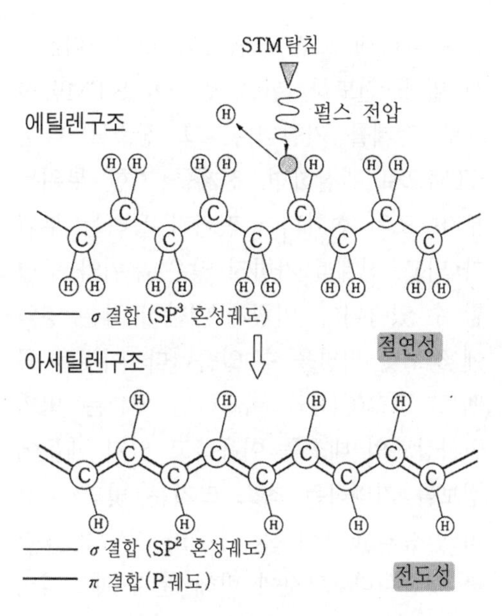

그림 5 STM을 이용한 분자/전자구조의 변경

STM탐침으로 펄스전압을 걸어 수소 1개를 제거하면, 전자가 1개 남게 됩니다. 이것을 π결합전자라고 하는데 거기에 전압을 가하면 남은 전자는 쉽게 움직이게 되고 전도성을 나타냅니다(그림 6). 이처럼 임의의 극히 작은 영역에 전도성과 절연성을 자유자재로 만들 수 있습니다. 또한 전기적인 on/off 특성을 이용하면, 분자라는 대단히 작은 매체에 하나의 기억을 써넣는 '분자메모리'를 만들 수 있습니다.

초고밀도 분자메모리의 구조를 모식적

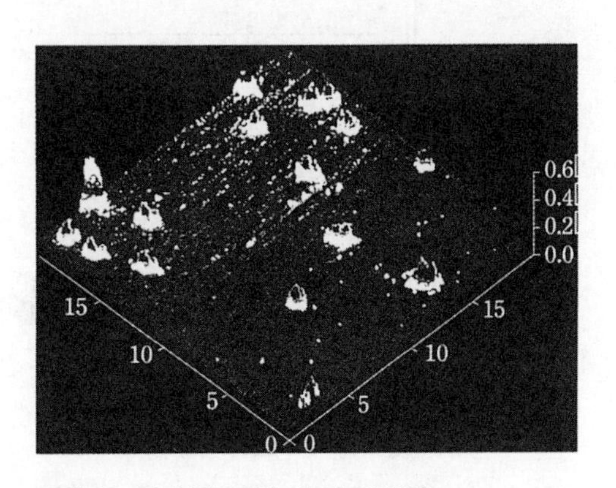

그림 6 펄스를 가한 후의 STM상

으로 나타내 보면 그림 7과 같습니다. 다시 말해 전도성기판을 만들어 STM탐침으로 전계를 가합니다. 그 장소를 다시 STM으로 관찰하면, 전계를 가한 부위는 분자구조가 변화되어 전기가 통하는 부위가 되고, 전계를 가하지 않은 부위와 구별할 수 있습니다. 이렇게 대단히 작은 영역에 정보를 써넣을 수 있습니다. 이것을 콤펙트디스크(CD)와 비교하면, CD는 빛의 반사강도의 대소를 이용하고 있기 때문에 정보를 기억하는 최소 크기는 빛의 파장이 한정되고, 1비트는 수μm 정도의 크기를 갖습니다. 그것에 비해 분자 메모리의 경우는 1nm 정도까지 작아져 기록밀도는 10^{14}비트/cm^2가 됩니다. 또한 읽어내기도 가능합니다.

가수가 신곡을 발표할 때마다 CD는 1장씩 늘어나지만 이 초고밀도 분자메모리를 이용하면 100만 장의 CD를 1장으로 대치할 수 있습니다. 물론 장치를 실용화하고, 상업화하기 위해서는 기술적인 과제가 많이 남아 있지만 분자구조를 바꿈으로써 새로운 전개가 가능하리라 봅니다.

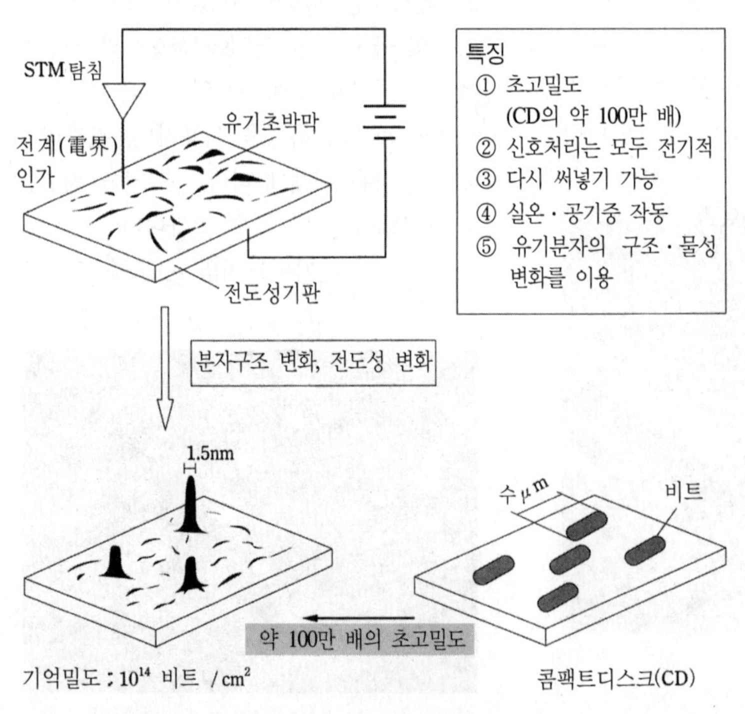

그림 7 STM을 이용한 초고밀도 분자메모리

STM에 의한 분자기억

지금까지는 직접적으로 분자의 구조를 개조하는 예를 들었습니다만, 분자를 이동하거나 회전시킴으로써 다양한 기능을 가진 디바이스를 만들 수 있습니다.

그 예로서 극성분자의 회전을 이용한 메모리 디바이스를 소개합니다(그림 8). 플루오르비닐리덴(vinylidene fluoride, VDF)이라는 분자의 경우 주사슬 탄소원자의 한 쪽에 수소원자가, 반대쪽에 불소원자가 결합해 있습니다. 수소원자는 전자를 멀리하는데 반해, 불소원자는 전자를 끌어당기는 성질을 가지고 있기 때문에 수소와 불소원자 사이에 전기적인 쌍극자가 발생합니다. 이러한 극성분자에 대하여 STM 탐침의 끝을 마이너스로 하면 분자를 끌어당길 수 있고, 그런 상태로 희망하는 부위로 이동시켜 그곳에서 탐침의 극성을 플러스로 하면 전기적 반발로 인하여 분자를 떼어놓을 수 있습니다. 또한 이 VDF분자는 방향성을 가지고 있어 STM 탐침으로 분자축을 회전시키면 분자기억소자, 강유전 분자소자가 만들어집니다. 그 외에도 여러 가지 응용을 생각할 수 있습니다.

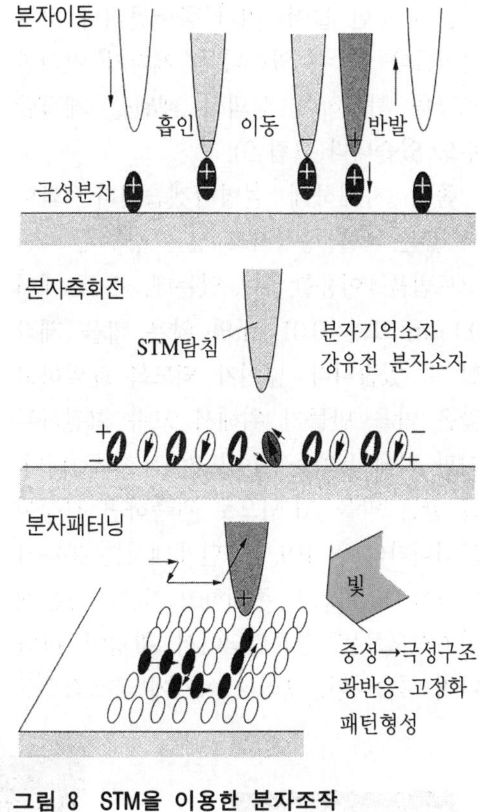

그림 8 STM을 이용한 분자조작

강유전성 유기분자의 회전

카지야마(梶山) 교수를 대표로 한 특정 연구로, 계획반을 담당했을 때의 성과 중 하나를 그림 9에 나타내었습니다. '나노레벨로 분자를 회전시켜 초밀도 분자메모리를 만든다'를 줄여서 '분자를 메모리한다'라는 연구입니다.

강유전체는 전기에 의해 그 분극방향이 반전될 수 있고, 그것을 극성의 정보유니트로 이용할 수 있습니다. 유기계 중에서도 수소와 불소가 나란히 선 폴리플루오르비닐리덴(PVDF)분자는 대표적인 강유전성을 나타내는 것으로서 유명합니다. 즉 전기적인 쌍극자를 가지고 있습니다. 따라서 얇은 막을 만들어 탐침으로 국소적으로 전기를 가함으로써 나노레벨의 영역에서 분자의 쌍극자가 위·아래의 임의의 방향을 향하도록 제어하는 것이 가능해졌습니다.

여기에서 분자표면의 매끄러움을 AFM으로 관찰해 보면 차이가 없습니다. 그러나 피에조[壓電]응답상을 조사하면, 쌍극자가 위를 향하고 있는지 아래를 향하고

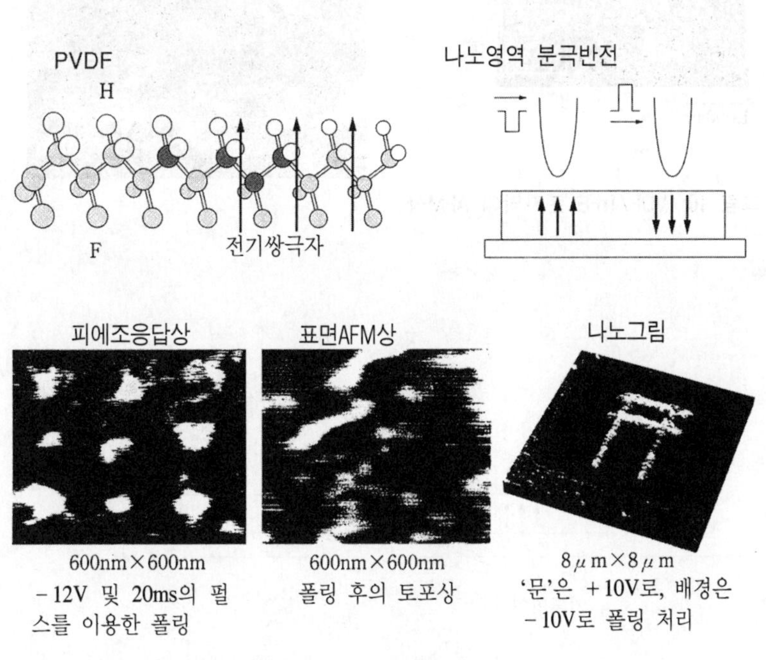

그림 9 SPM을 이용한 분자회전 및 분자모델

있는지 또한 늘어나거나 줄어들거나 하는 사실들을 알 수 있습니다. 게다가 이러한 조작을 사용하여 임의의 패턴을 제작할 수도 있습니다(그림 9).

좀더 자세하게 설명하겠습니다. 되도록 얇은 막을 형성하고 싶은 경우에 스핀코트법을 이용할 수 있는데, 1μm에서 0.1μm 또는 0.01μm의 얇은 막을 제작할 수 있습니다. 넓이가 되도록 균일하고 얇은 막을 만들기 위해서 고속 회전하는 기판 위에 용액을 떨어뜨려 건조시킵니다. 그 얇은 막을 AFM으로 관측하면 결정이 보입니다(그림 10). 이 단계에서는 분자가 다양한 방향으로 존재하고 있기 때문에 전기적으로는 평균화되어서 활성이 나타나지 않습니다. 그러나 여기에 국소적으로 전계를 걸면 몇 십nm 영역단위로 분자의 회전이 일어나 배향을 제어하는 것이 가능하게 됩니다(그림 11).

물론 보통의 자기 테이프와 같이 한 번 지워서 새롭게 써넣을 수도 있습니다. 걸어주는 전계의 크기나 시간에 따라 써넣는 크기가 변화됩니다. STM으로 글자를 쓰거나 그림을 그릴 수도 있습니다. 하나의 꿈이지만, 개별의 분자를 회전시켜서 분자소자로 만드는 것이 앞으로의 커다란 과제라고 생각합니다.

국소분극영역의 탐지

문제는 분자에 써넣은 정보(여기서는 분자 중의 쌍극자의 방향)를 어떻게 불러내는가입니다. 하나의 실례를 그림 12에 나타내었습니다. 쌍극자의 반전이 가능한 강유전체는 스스로가 압전성(전계를 가하면 신축적인 역학적 변동을 일으키는 성질)을 소유하고 있습니다. 따라서 전계를 가해 탐침이 아래를 향하면 수축하고, 위를 향하면 팽창합니다. 이런 신축현상을 AFM의 탐침을 이용하여 알아보면 분자가 위를 향하고 있는지 아래를 향하고 있는지를 알 수 있습니다.

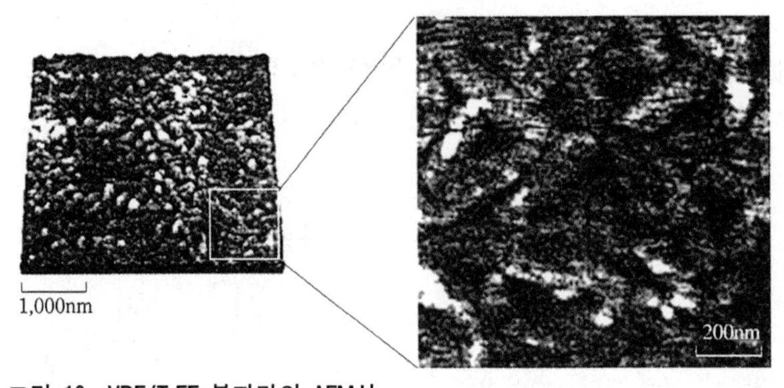

그림 10 VDF/TrFE 분자막의 AFM상

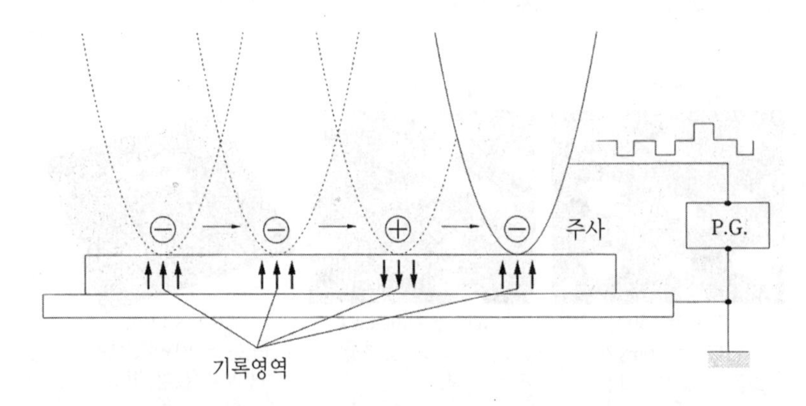

그림 11 SPM을 이용한 나노영역의 분극반전

유기박막의 전기적인 쌍극자의 배향을 나노영역에서 검출하기 위해서 전도성 탐침을 이용한 새로운 SPM장치의 구축을 시도하였습니다. 그 개념을 그림 12에 나타내었습니다. 탐침에 미소진동전압을 가해 시료 중에 유기되는 역압전진동을 AFM으로 계측한 것입니다.

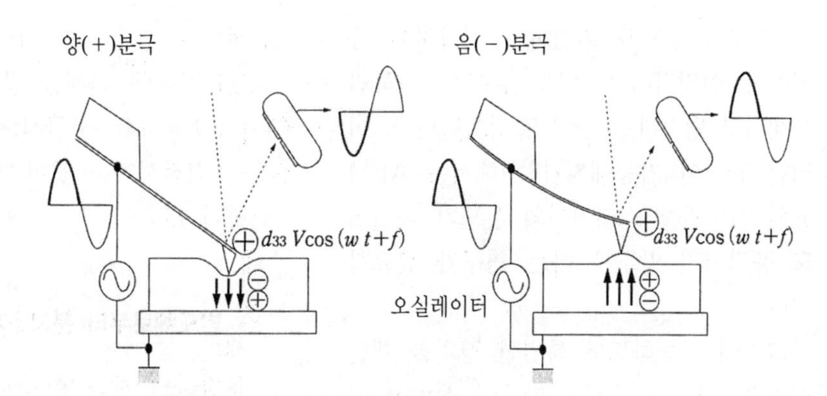

그림 12 압전응답을 이용한 분극의 검출법

AFM검출기의 원리

분자는 온도변화에 의해 결정화되거나 융해됩니다. 아카기 교수가 액정의 상전이에 관해 설명했는데, 그러한 현상을 AFM으로도 관찰할 수 있습니다. 방금 전에 이야기한 강유전성 고분자의 공중합체 (VDF/TrFE) 시료의 경우, 약

京大院生が研究装置開発し販売

原子間力顕微鏡の倍率を正確に制御

学生ベンチャー でっかく育て

関西初TLO利用し企業化

ベンチャー会社を設立した小林圭さん（左）と研究顧問となる松重和美京都大教授

京都大の大学院生がこのほど、自ら開発した研究用装置を販売するベンチャー会社「京都インスツルメンツ」を設立し、学生社長になった。大学の研究成果を民間へ移転するために各地に設立されている技術移転機関（TLO）を利用して企業化した関西初のケース。関係者は「まだ小さな種だが、大きく育てたい」と期待している。

会社を設立したのは工学研究科博士課程三年の小林圭さん(二七)。物質表面の原子を微細に観察する「原子間力顕微鏡」を正確に制御し、顕微鏡の倍率を上げる技術を開発。実際に装置も作った。小林さんはこの装置の特許出願を「関西TLO」(京都市下京区)に委託し、事業化のための契約も関西TLOと結んだ。関西TLOは、関西地域で技術移転を促進するために昨年十月に設立された民間機関で、新技術を事業化するのは今回が初めてという。年内にも製品販売を始める予定で、大学の研究者や電子顕微鏡メーカーなどからすでに引き合いがあるという。小林さんは「海外では会社をつくるのは当たり前なので、日本でできるのならやってみようと思った。今後も研究を進めながら会社を続けていきたい」と話している。

ベンチャー会社の研究顧問となった京都大ベンチャー・ビジネス・ラボラトリー施設長の松重和美教授は「京都はベンチャーを数多く輩出した歴史がある。今回の会社を皮切りに、大学がかかわる新しい形のベンチャー会社を次々と生み出していきたい」と話している。

그림 13 SPM 관련 학생 벤처창업을 소개하는 신문기사

[1999년 10월 22일(금)의 『교토신문』의 조간(29면)에서]

120℃에서 분자가 회전하기 시작하여 움직이기 쉬워집니다. 더욱 온도를 가하면 융해되고 냉각하면 다시 결정화됩니다. 이러한 관찰이 가능해지기 위해서는 AFM용의 시료관찰 스테이지의 온도가 바뀌어도 움직이지 않도록 하는 연구가 필요합니다.

그것이 가능하도록 특별한 장치를 개발하였습니다. 그 장치는 학생이 설립한 교토 인스트루먼트라는 일종의 벤처기업에서 판매되고 있습니다(그림 13). AFM 장치 자체는 몇 백만 엔으로, 거기에 그 장치를 사용하면 분해능이 몇 배 증가됩니다. 크기는 그렇게 크지 않지만, 가치로서는 100~200만 엔의 가치가 있다고 생각합니다.

앞에서 언급한 것처럼 장래에는 다음과 같은 일이 가능하리라고 봅니다. 기술의 진보에 따라 다르겠지만 기본적으로는 실리콘이라는 완성된 기판을 사용하여 그 일부에 금을 코팅하고, 말단에 티올기를 붙인 PVDF올리고머를 흡착시킵니다. 티올기와 금은 선택적으로 화학결합하기 때문에 기판을 용액 중에 담그면 분자가 자동적으로 늘어서게 됩니다. 그러고 나서 SPM 탐침에 전계를 걸면 분자가 회전합니다(그림 14). 궁극적으로는 분자 1개 1개를 회전시키는 것이 가능해지리라고 생각합니다.

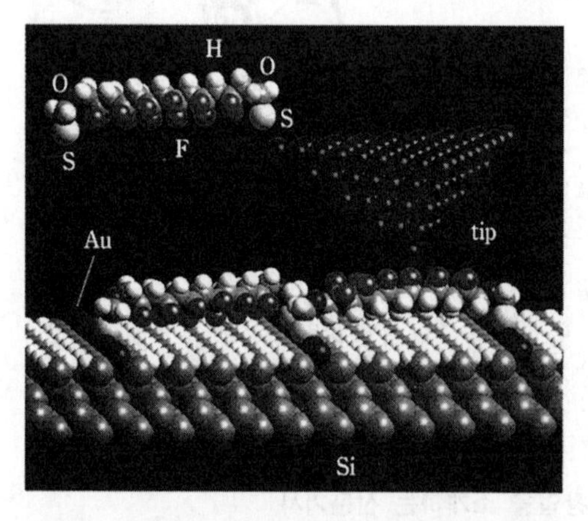

그림 14 자기조직화와 SPM을 이용한 개별 극성분자 회전법

반도체로부터 분자소자에

분자를 소재로 한 전자 디바이스의 연구가 급속히 활발해지고 있습니다. 그 배경으로 반도체의 집적도에 대한 한계를 들 수 있습니다(그림 15). 반도체는 3년에 4배의 미세화가 실현되고 있으며, 현재 우리들은 일상생활에서 노트북과 같은 소형의 고성능 전자제품의 혜택를 받고 있습니다. 단, 미세화 과정에서 빛을 사용하고 있기 때문에 빛의 파장이 한계가 됩니다. 이미 빛에 의한 가공기술은 한계에 도달해 있습니다. 또한 간격이 몇 십 Å이 되면 양자 크로스토크(cross talk)라는 문제가 발생하여 양자문제에도 관계되기 때문에, 현재의 LSI를 더욱 미세화하기에는 물리적인 한계가 있습니다.

그것과는 반대로 분자는 1개 1개가 여러 가지 정보를 가지고 있습니다. 정보를 끄집어내거나 집어넣을 수도 있습니다. 이들 분자가 전자의 통과를 제어하는 게이트 등의 기능을 가지게 되면 분자 1개가 소자가 될 수 있습니다. 또한 SPM이라는 분자를 움직이는 장치가 있으면 분자 나노일렉트로닉스의 분야가 열릴 수 있습니다. 그 전에 여러 가지 형태의 컴퓨터가 만들어지리라고 생각합니다.

컴퓨터도 지금까지는 실리콘을 기본으로 해서 소형화·고성능화만을 생각해 왔습니다. 그러나 분자로 만들어진 인간의 뇌는 실온에서도 고속으로 패턴계산이나 정보처리를 실행할 수 있습니다. 이러한 컴퓨터용 건축기술을 개발하면 다음 세대의 분자컴퓨터가 만들어질 수 있다고 생각합니다. 그 전 단계로서 분자를 제어하는 기술이 지금 꽃을 피우려 하고 있습니다.

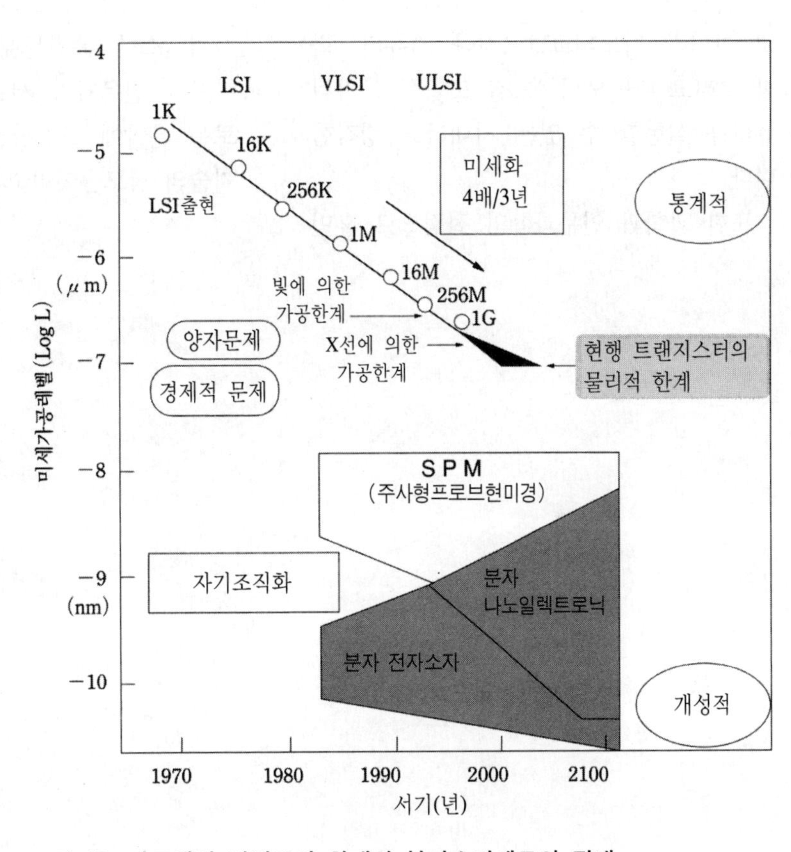

그림 15 반도체의 집적도의 한계와 분자소자에로의 전개

새로운 전개를 향해서

나노튜브는 C_{60}의 버키볼과 유사한 분자구조를 갖고 있어 버키튜브라고도 부르고 있습니다. 이것은 아이디어의 세계일지 모르지만 이러한 것을 STM탐침 대신에 사용하면 그 첨단은 대단히 날카로워질 것입니다. 또한 이 앞에 피리딘을 붙이면, 피리딘의 질소원자와 반응의 크기로 대상원자가 불소일지 수소일지를 구별할 수 있게 됩니다. AFM이나 STM에서는 원자의 종류를 구별하는 것이 어렵기 때문에 이러한 방법은 앞으로 유효하게 이용될 것입니다.

현재 컴퓨터 시뮬레이션을 포함하여 나노튜브의 전자디바이스로의 이용이 여러 가지로 검토되고 있습니다. 튜브의 감기는 6고리, 5고리의 배치방법 등에 의해 변하고, 그 형태에 의해 반도체 또는 금속의 성질을 띠게 됩니다. 결국 전자상태가 변화된다는 이야기입니다. 그 때문에 1개의 나노튜브에 다양한 기능을 부여할 수 있습니다. 현재의 전자디바이스의 기본은 단지 전도성의 유무에 한하지만, 분자디바이스는 그것을 더욱 미세화한 장치입니다. 만약에 분자를 개조, 제어함으로써 1개의 분자가 1개의 게이트 기능을 할 수 있으면 대단히 작은 크기로 회로를 만들 수 있습니다. 이것에 관해서도 컴퓨터 시뮬레이션 등의 연구가 진행되고 있습니다.

현재는 분자디바이스가 하나의 표어가 되고 있는 상태로 미국이나 유럽에서는 이러한 연구에 큰 예산을 책정하고 있습니다. 20세기가 전자를 주체로 한 옵토일렉트로닉스(optoelectronics)의 시대였다면, 21세기는 한 영역에 대한 전문성의 성숙

뿐 아니라 나노테크날로지나 컴퓨터, 화학 그리고 바이오 등을 잘 조합한 분자컴퓨터를 실현할 수 있는 시대라고 생각합니다.

또한 과학과 인문과학의 접점으로 휴먼사이언스나 윤리문제도 포함시켜 다양한 분야의 전문가가 서로 지혜를 내놓고 새로운 분야에 도전하는 것이 21세기 과학기술의 참모습이라고 생각하고 있습니다.

분자전선, 분자스위치를 만든다

나카시마 나오토시
나가사키대학 공학부 교수

머리말

분자전선이나 분자스위치의 개발은 현대과학에 있어서 도전해 볼 만한 테마의 하나이지만 화학의 힘만으로는 달성이 곤란하다고 생각합니다. 화학은 분자 디자인·합성에서 중요한 역할을 떠맡지만 분자전선이나 분자스위치를 만들기 위해서는 합성한 물질을 전극 위에 배향·고정화하는 기술이나, 이것을 기초로 한 분자회로의 구축이 필요하다고 봅니다(그림 1). 분자전선으로 이용 가능한 물질에는 포르피린계를 포함하여 많은 화합물을 들 수 있지만, 정말로 그것들이 분자전선으로서 기능할지는 어려운 문제입니다. 그와는 대조적으로 분자스위치는 개념적으로 이해하기 쉽습니다. 수식전극계(修飾電極系)에서 어떤 자극에 대한 물성의 변화가 on/off 능력을 가지면 분자스위치로서 분류해도 좋다고 생각합니다(그림 2). 용액계의 실험에서 분자스위치나 분자전선이라는 용어를 쓰고 있는 논문도 있지만, 여기에서는 고정 필름을 소재로 한 수식전극계에서의 분자전선, 분자스위치에 관련된 저희들의 연구를 중심으로 소개하겠습니다.

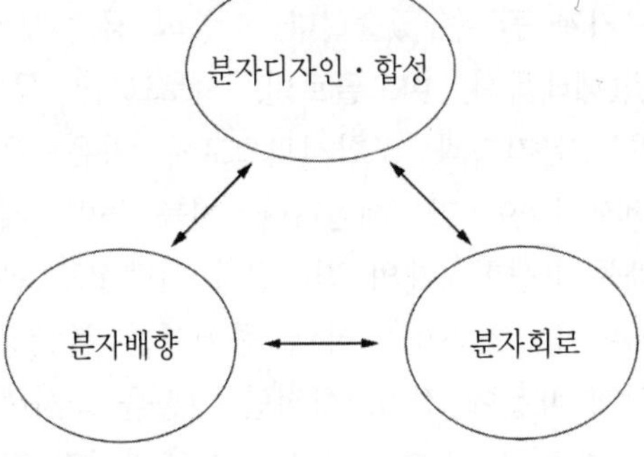

분자디자인·합성
분자배향
분자회로

그림 1 분자디자인, 분자배향 및 분자회로의 상관관계

분자막 인터페이스의 설계·제작

그림 3은 분자막 인터페이스의 개념 및 그 응용에 대해서 나타내고 있습니다. 분자를 전극 위로 배향·고정화하기 위해서

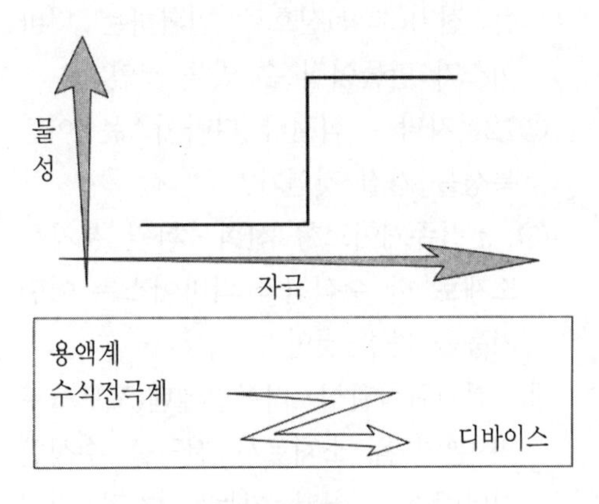

그림 2 분자스위치의 개념

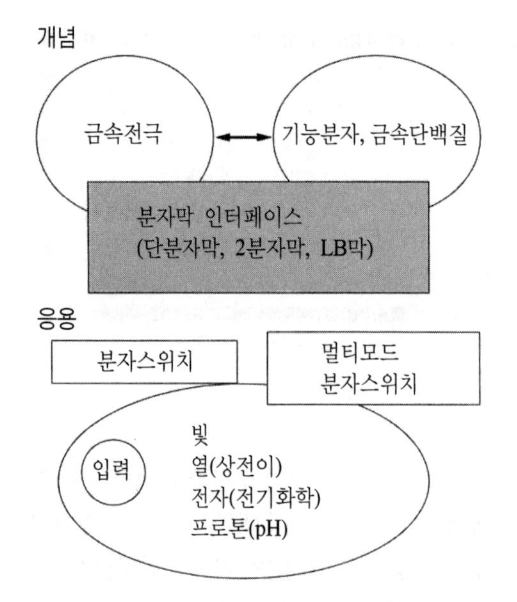

그림 3 분자막 인터페이스의 개념과 응용

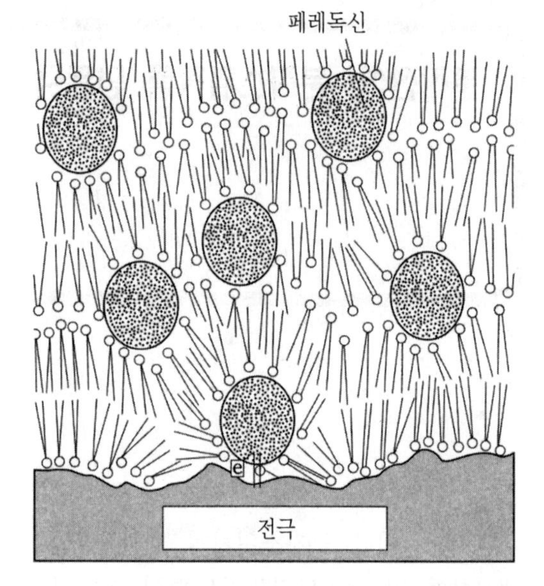

그림 4 전극상의 2분자막 필름에 고정된 페레독신(전자전달 단백질)

분자막이 자주 쓰여지고 있습니다. 대표적인 것으로서는 단분자막, 2분자막, LB막이 있습니다. 예를 들면 전기화학활성을 가지는 분자나 금속단백질 등은 금속전극계에서의 직접적인 전자이동이 곤란합니다. 그래서 이들 분자와 전극의 전자적인 커뮤니케이션을 가능하게 하는 '분자막 인터페이스'가 필요하게 됩니다.

이 강연에서는 다음 5가지 점에 대하여 구체적으로 소개하겠습니다.

① 분자막을 소재로 해서 전극계면정보를 전기(화학)신호로 변환하는 디바이스가 만들어질 수 있을 것인가?

② 2분자막 수식전극 디바이스는 어떤 특성을 가질 것인가?

③ π컨쥬게이트형 산화·환원 분자를 소재로 한 수식전극 디바이스는 어떤 기능을 가질 것인가?

④ 전기화학활성 디아릴에텐(포토크로믹 분자)을 소재로서 전극을 수식한 디바이스는 어떤 기능을 가질 것인가?

⑤ 프라렌막의 전자이동은 가능할 것인가?

전자이동 인터페이스로서의 2분자막 필름 수식전극

히구찌 교수로부터 미토콘드리아의 전자전달계를 응용하자는 제안이 있었지만, 저희들은 세포막과 유사한 구조를 가지는 분자막을 소재로 한 연구를 하고 있기 때문에 생체의 전자전달계나 광합성계가 본보기가 될 수 있습니다. 각종의 금속단백질(페레독신, 미오글로빈, 시토크롬c 등)을 2분자막과 조합시킴으로써 자유로운 전자이동이 가능해집니다. 예를 들어, 페레독신(광합성계의 전자전달 단백질로 분자량이 12,000)은 용액 중에서는 불안정하기 때문에 전기화학적인 성질을 조사하기 어렵고, 또한 금속전극에 흡착되면 활성을 잃어버리게 됩니다. 미오글로빈도

전기화학적으로 활성이지만 단독으로 전자기능을 전극계에서 조사하는 것은 곤란합니다. 그러나 이것들은 2분자막 필름을 이용하면 간단히 고정화될 수 있습니다(그림 4). 고정된 페레독신은 쉽게 전극과의 전기화학적 커뮤니케이션이 가능해져, 전자이동 시뮬레이션과 일치하는 깨끗한 볼타그램을 나타내었습니다. 또한 2분자막의 대표적 특성인 상전이를 이용하면 전자이동반응의 제어가 가능해집니다. 금속단백질의 수식전극계에서의 전자이동에 관해서는

① 전자전달 메커니즘의 이해
② 생체분자간(단백질간)의 전자이동의 이해
③ 생체전자기능을 가지는 분자수식전극의 설계 · 제작

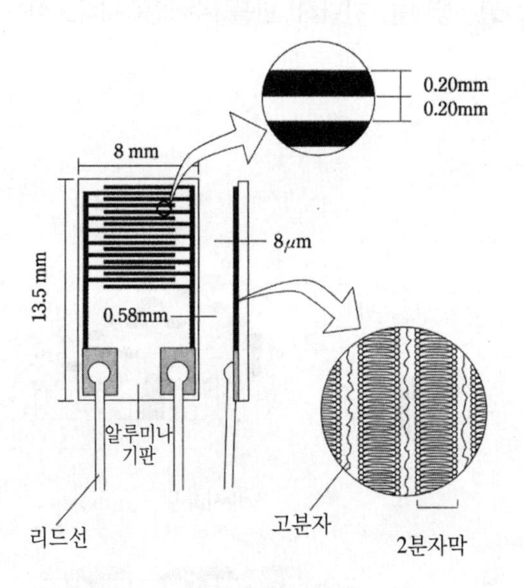

그림 5 2분자막 필름 수식전극 디바이스

④ 생체계와 비생체계의 전기화학적 커뮤니케이션

등에 관한 연구가 활발하게 전개되고 있습니다.

2분자막 필름 수식전극 디바이스의 설계 · 제작

전합성(全合成)의 지질(전기화학활성 지질을 포함한다)로 형성된 수중의 2분자막은 필름으로서 고정화될 수 있습니다. 이런 신소재, 인공지질 필름을 이용한 2분자막 필름 수식전극 디바이스를 설계 · 제작하였습니다(그림 5). 이 디바이스는

① 세포막의 기본특성인 결정상, 액정상간의 상전이에 의해 전기적 특성이 극적으로 변화한다(10^4배).
② 화학 센서로서 기능한다.
③ 2분자막을 소재로 하는 고체 전기화학을 가능하게 한다.
④ 지질의 화학구조와 디바이스의 전기화학정보에 상관이 있다.

등의 다양하고도 독특한 특성을 소유하고 있습니다. 이것들의 발견은 2분자막의 정교하고 치밀한 조직구조와 그 제어에 근거한 새로운 개념에 의한 수식전극 디바이스 개발에 지침을 주는 것이라고 생각하고 있습니다.

분자전선 모델과 벡터전자이동

저희들은 분자전선 모델로서 π컨쥬게이트형의 전기화학활성 화합물(P^+, Q^+)을 분자설계 · 합성하였습니다(그림 6). 이들

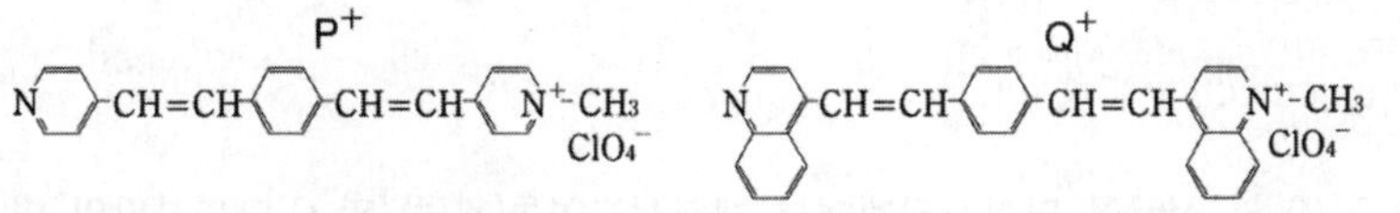

P+
N⟨⟩CH=CH⟨⟩CH=CH⟨⟩N+-CH3 ClO4-
Q+
N⟨⟩CH=CH⟨⟩CH=CH⟨⟩N+-CH3 ClO4-

그림 6 P^+ 및 Q^+의 화학구조

분자를 고도로 배향된 구조로 고정화하기 위해서는 LB막 제작법이 유효합니다. 우선 LB 트랩 상의 수면에 공기/물 계면단분자막을 만듭니다. P^+와 Q^+의 혼합 단분자막의 형광현미경 사진으로부터(그림 7), P^+와 Q^+는 결함이 적은 균일한 혼합 단분자막을 형성하고 있다는 것을 알 수 있지만, Q^+와 팔미트산(palmitic acid)의 혼합 단분자막에서는 양자가 상분리(클러스터 형성이 관측)됩니다. P^+와 Q^+가 잘 혼합되는 것은 구조가 매우 닮았기 때문입니다. 물론 잘 혼합되어 있다고 해도 분자레벨의 작은 도메인을 형성하고 있다고 생각됩니다. 이렇게 P^+/Q^+, 팔미트산/Q^+의 혼합 단분자막을 LB법을 이용하여 전극 위에 고정하고, 그렇게 해서 제작한 LB막 수식전극 디바이스를 전기화학적 수법으로 해석하였습니다.

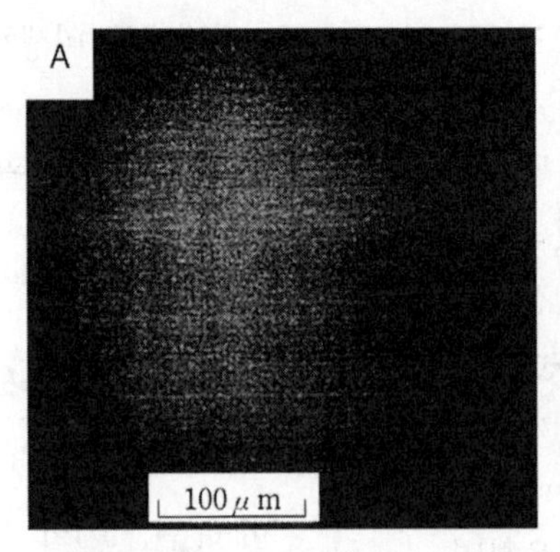

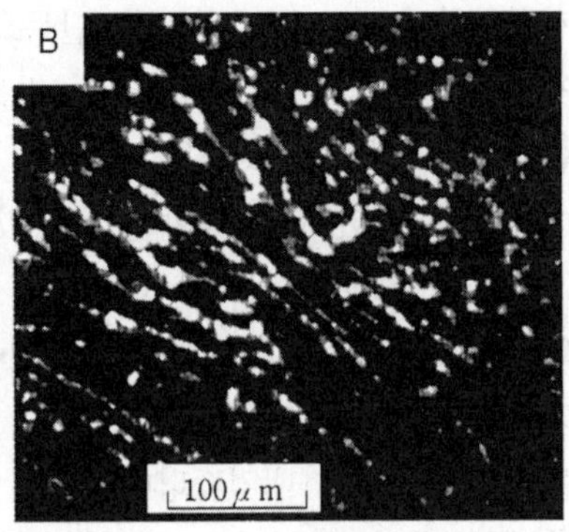

그림 7 혼합 단분자막의 형광현미경 사진. A : P^+/Q^+, B : 팔미트산/Q^+.

사이클릭볼타그램의 반환전위를 적절하게 설정하면 Q^+만 전기화학적으로 활성화된 상태를 간단히 만들 수 있습니다. 이

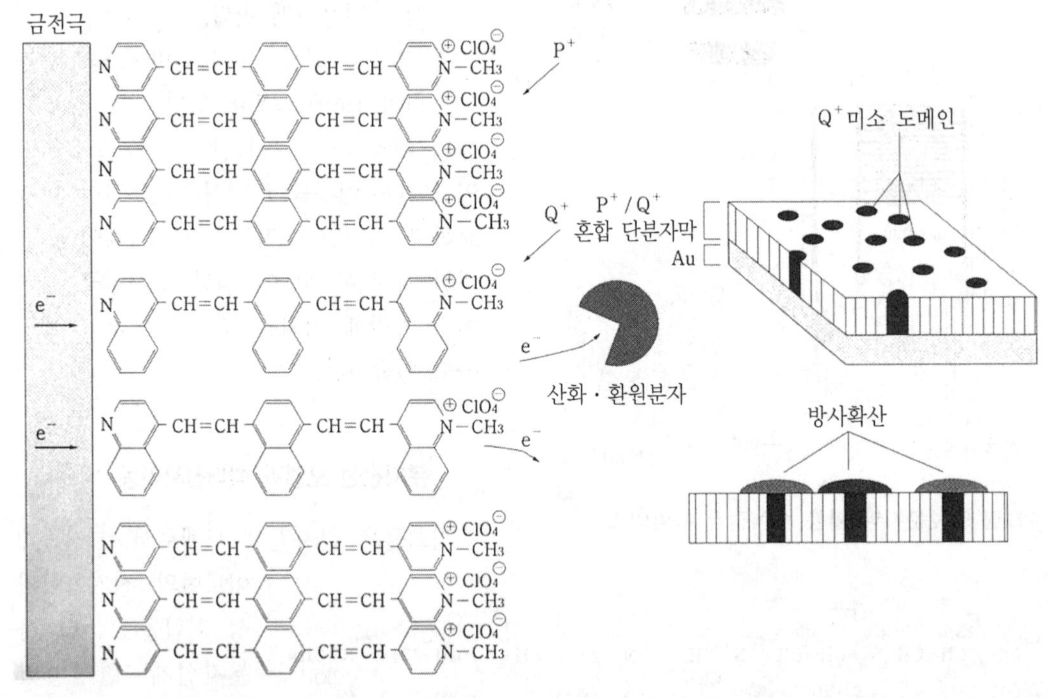

그림 8 π컨쥬게이트분자 P^+/Q^+의 전극상 단분자막계에서 벡터전자이동(왼쪽) 및 Q^+단분자막의 미소 도메인(오른쪽)

LB막 수식전극계에서는 전극으로부터 Q^+로 전자가 이동되고, 또한 환원된 Q^+로부터 용액 중의 전기화학활성 분자에 전자가 이동됩니다. 즉 한 방향으로의 전자이동(벡터 전자이동)이 달성될 수 있다는 것이 밝혀졌습니다(그림 8 왼쪽). 또한, P^+/Q^+혼합 단분자막 수식전극계에서는 Q^+분자가 마이크로전극 어레이를 형성하고 있다는 것이 전기화학 해석으로부터 밝혀졌습니다(그림 8 오른쪽).

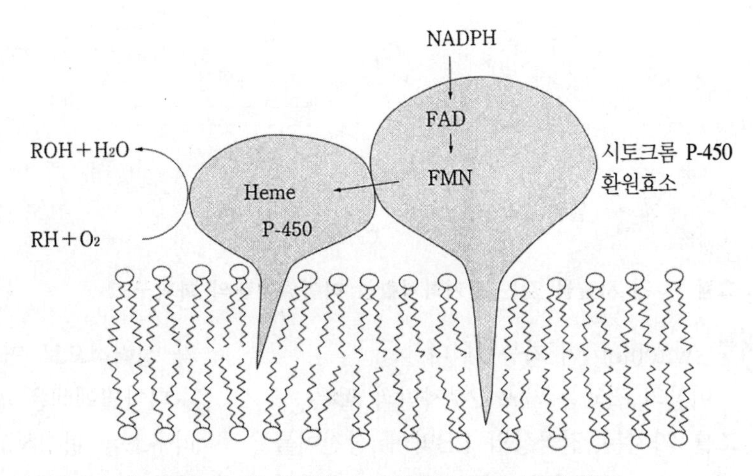

그림 9 시토크롬 P-450 환원효소계에서의 벡터 전자이동

또한 생체계의 전자이동 반응을 보면, 시토크롬 P-450을 비롯하여 플라빈 분자는 전자전달계에서의 전자 캐리어로서 중요한 역할을 합니다(그림 9). 저희들은 플라빈분자를 화학적으로 합성하여 지질분자를 매트릭스로 한 전극 위에 고정시켜 보았습니다. 지질분자막은 세포막과 같은 구조의 2분자막으로서 LB법을 이용하여 만들었습니다. 이 수식전극 디바이스에서, LB 2분자막은 세포막과 같은 결정상-액정상의 상전이를 가지며, 이것에 의해 플라빈의 전자이동반응의 제어가 가능합니다. 전자이동은 상전이온도(T_c) 이상에서만 일어나고 T_c 이하에서는 일어나지 않습니다. T_c 이상에서 이 계에 페리시안이온(ferricyan ion)이나 시토크롬c를 가하면 우선 전극으로부터 고정화된 플라빈에 전자가 이동하고, 다음으로 환원된 플라빈으로부터 페리시안이온(또는 시토크롬c)에 벡터적으로 전자가 흘러 결과적으로 촉매전류가 관측됩니다. T_c 이하에서는 촉매전류가 전혀 흐르지 않습니다. 즉 촉매전류도 2분자막의 상전이에 의해 스위

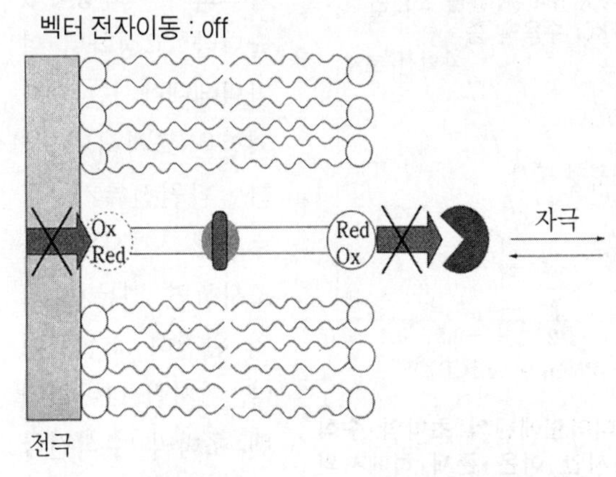

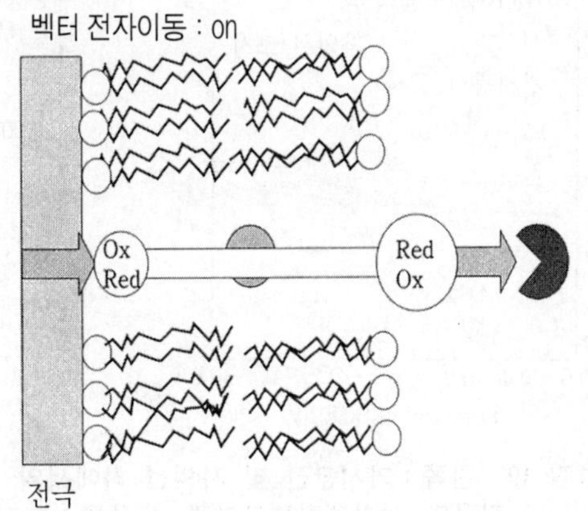

그림 10 전자셔터능을 갖는 LB 2분자막 수식전극

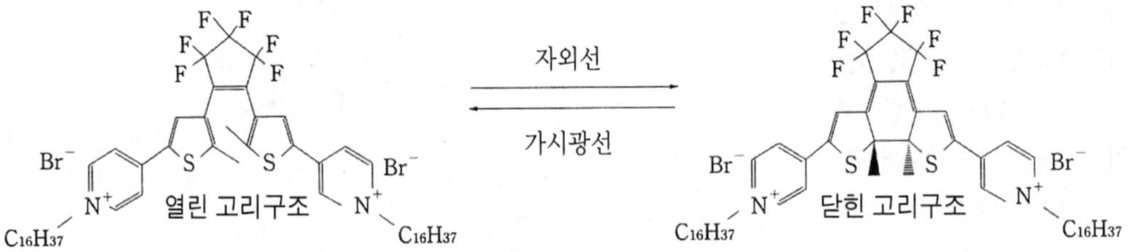

자외선

가시광선

열린 고리구조

닫힌 고리구조

그림 11 긴 사슬을 갖는 전기화학활성 디아릴에텐의 화학구조

칭(switching)이 가능합니다.

이상의 결과는 세포 2분자막과 같은 구조를 가지는 전극상의 LB막이 상전이를 제어하는 전자셔터로서의 기능을 나타내고 있습니다(그림 10).

디아릴에텐 수식전극 디바이스에 의한 전자이동 광스위치

가시광선과 자외선에 대해 스위칭 기능을 갖는 디아릴에텐(diaryl ethene)은 차세대 유망 광메모리 소재로서 기대되고 있습니다. 디아릴에텐은 가시광선 · 자외선을 교대로 비추어도 극히 노화가 적고, 내구성(1만 회 이상)이 있는 것으로 보고되고 있습니다. 디아릴에텐의 광메모리능에 대해서는 큐슈대학의 이리에(入江) 교수가 정력적으로 연구하고 있습니다.

디아릴에텐은 자외선을 비추면 닫힌 고리구조를 형성하고 가시광선 영역의 색을 나타냅니다. 또한 가시광선을 비추면 열린 고리구조로 변화되고 자외선 영역에 흡수가 나타나지만, 우리들 인간은 자외선 영역을 볼 수 없으므로 색이 사라지게 됩니다. 이러한 화학구조의 변화에 따라 전자이동 특성은 어떻게 변화될까요? 저희들은 이것을 조사하기 위해서 전기화학활성의 디아릴에텐을 합성하여 화합물을 전극에 고정하였습니다(그림 11). 전극상의 고정화를 용이하게 하기 위해서 화합물에 긴 사슬을 도입하였습니다.

전극상의 고정화에는 다양한 수법이 있지만 여기에서는 전극 위에 자기집합 티올 단분자막을 형성시켜, 그 위에 합성한 디아릴에텐을 초박막으로서 고정하였습니다. 고정화된 디아릴에텐에서는 자외선을 조사하면 산화 · 환원전류가 흐르지만 가시광선을 조사하면 전류가 거의 완전히 소실됩니다. 이처럼 디아릴에텐 초박막 수식전극은 자외선 · 가시광

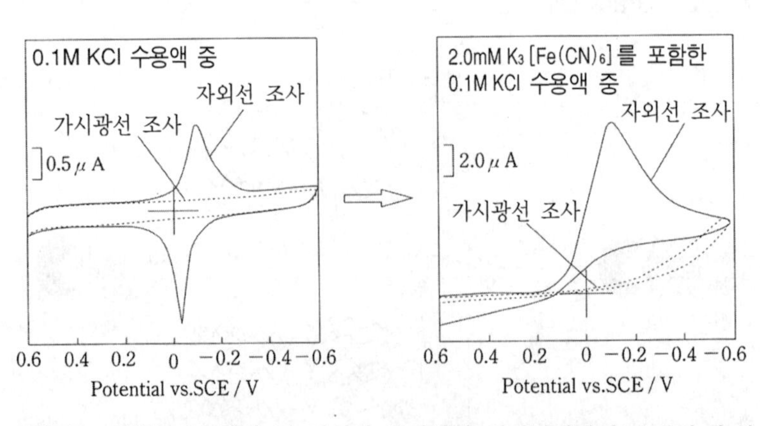

그림 12 왼쪽 : 가시광선 및 자외선 하에서의 디아릴에텐의 초박막 수식전극의 사이크릭볼타그램, 오른쪽 : 페리시안 이온 존재 하에서의 초박막 수식전극의 사이크릭볼타그램.

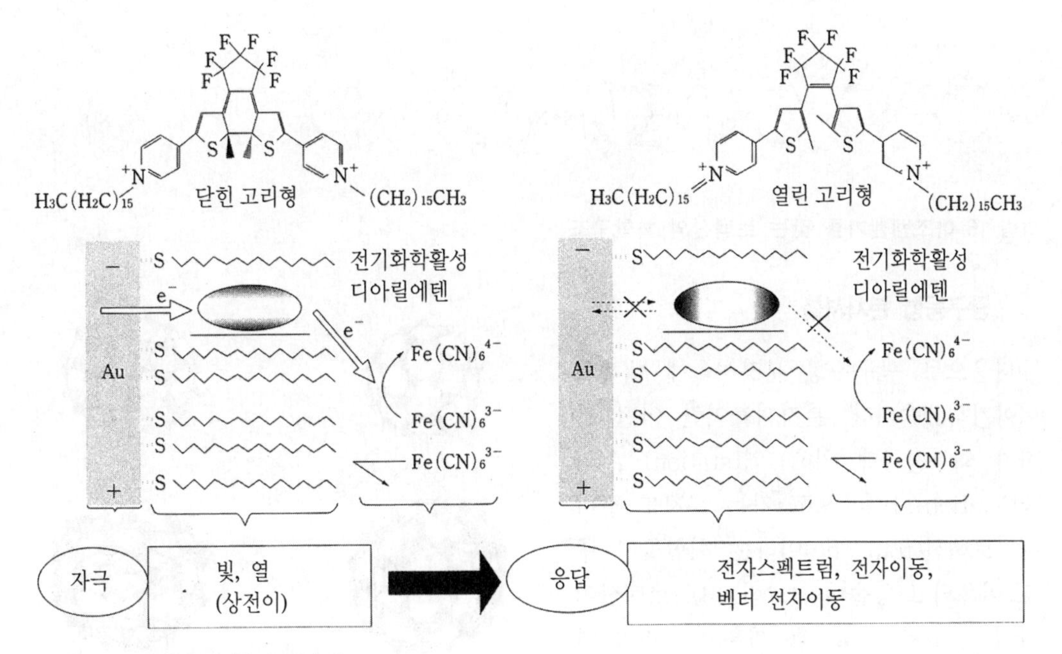

그림 13 멀티모드 분자스위치

선을 교대로 비춤으로써 산화·환원을 되풀이하는 디바이스로서 기능하는 사실을 알았습니다. 이 계에 페리시안이온 화합물을 첨가하면 플라빈계와 같이 자외선 하에서 디아릴에텐의 캐소드전류의 증대와 아노드전류의 소실이 관측됩니다. 즉 전극 → 디아릴에텐(닫힌 모양) → 페리시안으로 벡터 전자이동이 생깁니다. 이 벡터 전자이동은 가시광선 하에서는 전혀 관측되지 않습니다. 다시 말해 디아릴에텐 초박막 수식전극계에서는 빛에 의해 벡터 전자이동의 스위칭이 가능해집니다(그림 12).

상전이는 세포막이 가지는 기본특성입니다. 전기화학활성 디아릴에텐을 지질 2분자막 필름에 고정하면 2분자막 수식전극상의 상전이에 의해 디아릴에텐의 전자이동 스위칭이 가능해집니다. 즉 전극과 디아릴에텐의 전자의 주고받음은 상전이온도 이하에서는 전혀 일어나지 않고, 상전이온도 이상의 유동성이 높은 상태에서만 가능하게 됩니다. 이 현상은 반복해서 관측될 수 있습니다. 이것을 이용하면 예를 들어 패턴전극을 이용하여 국소적으로 특정한 마이크로 영역의 온도를 상승시키면 전류가 흐르는 시스템의 구축이 가능하다고 봅니다. 이상과 같이 디아릴에텐 초박막 수식전극은 빛, 열(상전이)에 응답하는 멀티모드형 분자스위치 능력을 가질 수 있습니다(그림 13).

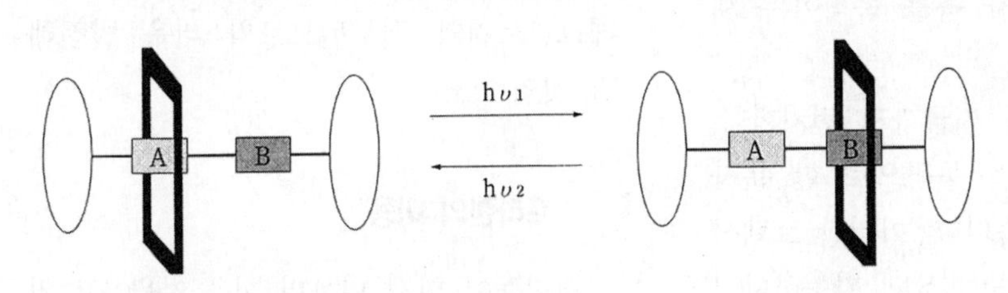

그림 14 광구동형 분자셔틀의 모식도

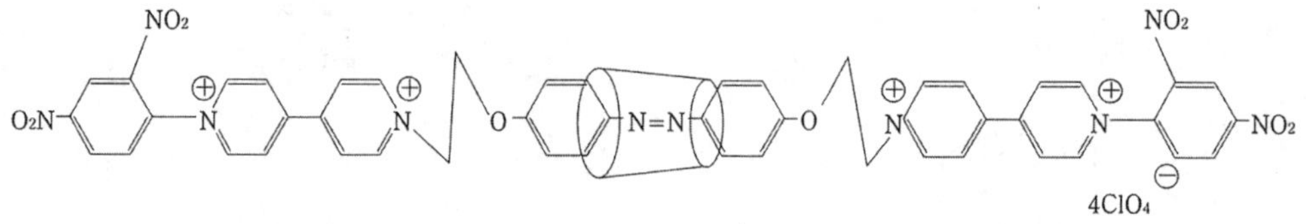

그림 15 아조벤젠기를 갖는 로텍산의 화학구조

광구동형 분자셔틀

다음으로 광구동형 분자셔틀에 대해서 이야기하겠습니다. 분자셔틀이란 어떤 분자가 외부자극에 의해 '역(station) A'와 '역(station) B'를 오고 가는 분자를 말하며, 로텍산(rotaxane)이라는 화합물이 주로 이용되고 있습니다(그림 14). 로텍산이란 분자의 축에 고리를 끼우고 고리가 빠지지 않도록 양말단에 스톱퍼(stopper)를 붙인 분자입니다.

저희들은 광응답능을 가지는 아조벤젠기를 이용하여 시클로덱스트린을 고리로 하는 로텍산을 합성하였습니다(그림 15). 이 화합물은 자외선·가시광선을 교대로 비춤으로써 시클로덱스트린을 아조벤젠부위로부터 메틸렌 사슬부위로 왕복시킬 수 있는 광구동형의 분자셔틀능력을 가지는 최초의 분자입니다. 시클로덱스트린이 움직이는 속도는 현재 명확하지 않지만 분자셔틀 작용은 아조벤젠기의 광이성화에 버금가는데, 아조벤젠기의 광이성화는 피코 초(pico second)이기 때문에 상당히 빠르다고 생각됩니다. 분자셔틀은 고리분자가 초고속으로 분자 축을 움직이는 새로운 화합물입니다.

광구동형뿐 아니라 지금까지 전기화학, pH변화, 온도변화를 구동력으로 한 분자셔틀이 보고되고 있습니다. 이러한 로텍산을 전극 위에 구축하는 것도 가능하다고

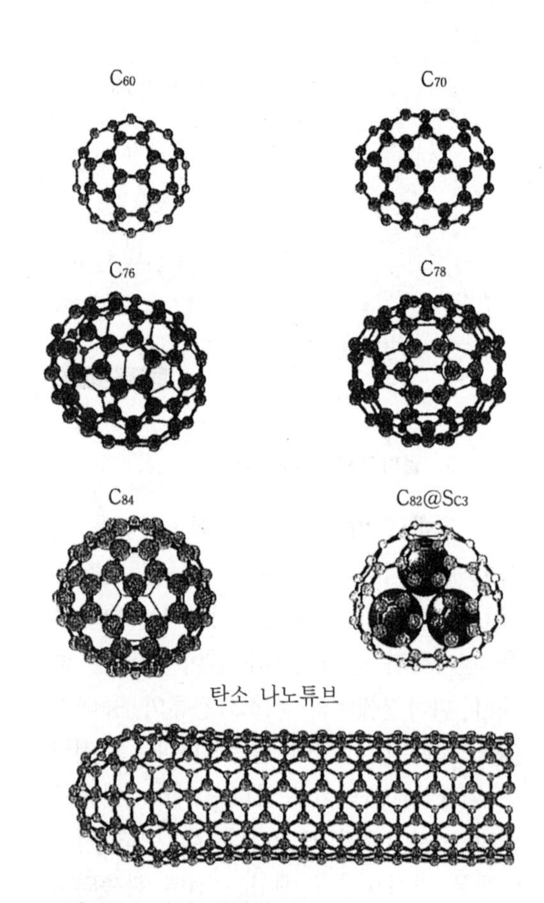

그림 16 프라렌 패밀리

봅니다. 최근 기능성 로텍산의 전극 위에 분자 층을 고정하여, 논리 게이트를 구축할 수 있다는 논문이 학술잡지에 소개되고 있습니다. 이들 새로운 화합물은 나노테크날로지와 결부됨으로써 더욱 발전해 갈 것입니다.

프라렌의 이용

저희들이 현재 더욱더 힘을 기울이고 있

는 화합물은 탄소 나노클러스터인 프라렌입니다. 프라렌 C_{60}은 1985년에 발견된 새로운 화합물로 고차프라렌, 금속내포 프라렌, 카본 나노튜브를 합쳐 프라렌 패밀리라고 부르고 있습니다(그림 16). 이들 새로운 나노분자에 대하여 화학, 물리, 생물, 재료, 의학, 약학 등 다채로운 분야의 연구자가 도전하고 있습니다. 프라렌 나노테크날로지는 가능성 있는 분야입니다.

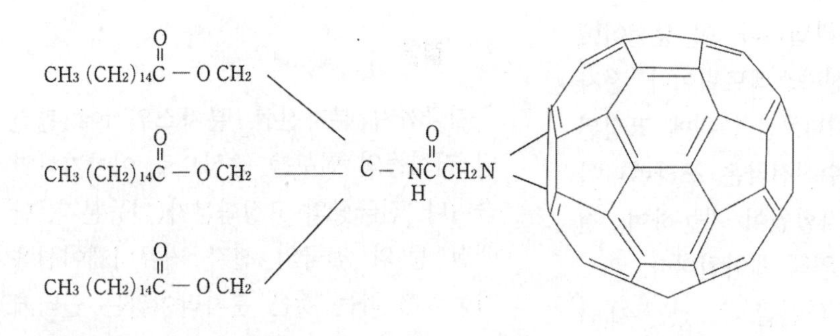

그림 17 프라렌 지질의 화학구조

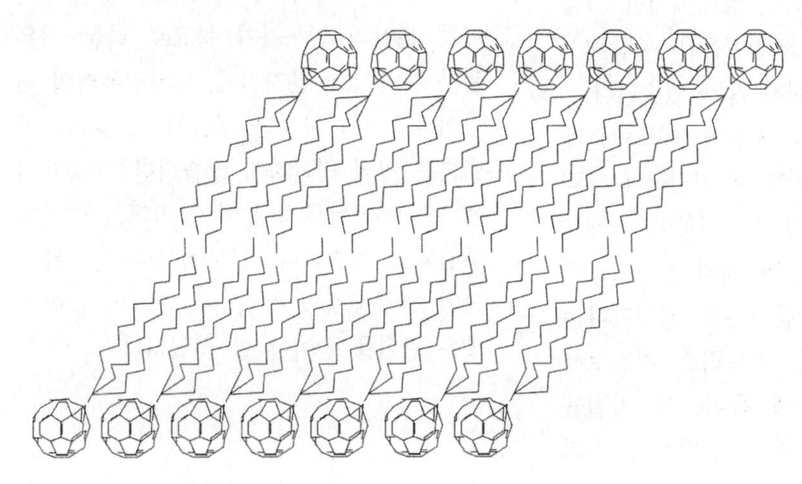

그림 18 프라렌 지질로부터 형성된 2분자막 구조

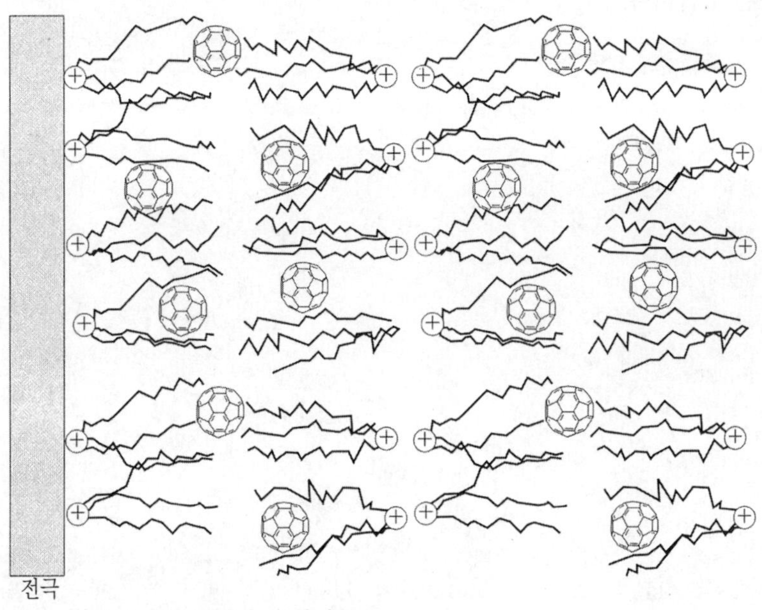

그림 19 C_{60}/지질 복합막 수식전극

C_{60}의 지름은 약 1nm로 나노화학에 딱 맞는 분자입니다. 저희들은 탄소 나노 클러스터와 생체의 세포막기능을 융합시키기 위해서 프라렌 지질을 분자설계·합성하였습니다(그림 17). 이 새로운 화합물은 세포막과 같은 2분자막 구조를 형성하여(그림 18), 2

단계의 상전이를 나타냅니다. 이 상전이에 의해 C_{60} 부위의 전자스펙트럼이나 전자 상호작용이 변화됩니다. 전극 위에 고정된 프라렌 지질 필름 수식전극은 프라렌디아닌을 생성하는 2전자환원이 가능하며, 전기화학은 상전이에 의해 제어됩니다.

C_{60}은 6전자까지 환원될 수 있는 대단히 흥미로운 화합물입니다. 그렇지만 그것은 유기용매에 가용화된 상태에서만 가능하고, 막상태에서의 환원반응은 복잡해서 지금까지 거의 알려지지 않고 있습니다.

저희들은 양이온성 지질막 매트릭스에 C_{60}을 고정시킨 초박막 수식전극계(그림 19)에서 C_{60}과 전극의 전자이동이 실제로 자연스럽게 진행되고, 3단계의 전자이동반응을 거쳐 C_{60} 3가 음이온을 생성한다는 사실을 알아냈습니다. 매트릭스 지질로서 양이온성 지질 대신에 음이온성 지질을 이용하면, 프라렌의 전자이동반응은 거의 일어나지 않습니다. 지질의 전하가 프라렌과 전극의 전자 커뮤니케이션에 큰 영향을 미친다는 것을 알 수 있습니다.

결론

지금까지 분자전선, 분자스위치에 관련된 저희들의 연구를 중심으로 이야기하였습니다. 전극상의 고정화분자(기능분자, 단백질 등)와 전극의 전자 커뮤니케이션을 가능하게 하는 것은 분자막이라는 인터페이스입니다. 최근 분자전선, 분자 스위치에 관해서 많은 논문이 발표되고 있습니다. 이들 분야의 연구자가 목표로 하는 것은 분자 디바이스, 분자기계, 분자컴퓨터의 개발이라고 생각하지만 개발에 있어서의 방법론은 아직 명확하지 않습니다. 미국에서는 나노테크날로지 분야에 거액의 예산이 투입되고 있습니다. 일본에서도 산·학·관의 연구체계를 정립하는 등 이 분야에 많은 관심을 쏟아야 할 것입니다.

환경에 따라 바뀌는 분자의 형태

나가사키 유키오
토쿄 이과대학 기초공학부 조교수

머리말

흔히 "위카메라를 삼킨다"라고 말하는데, 여기서 말하는 위카메라는 바로 내시경입니다(그림 1). 내시경을 사용하면 위 진단뿐 아니라 혹이나 암세포 등을 절제할 수 있습니다. 내시경의 끝부분에는 대물렌즈가 붙어 있고, 라이트 가이드(light guide)로 빛을 비추어 집게와 고주파 올가미를 조작하여 환부를 절제할 수 있습니다.

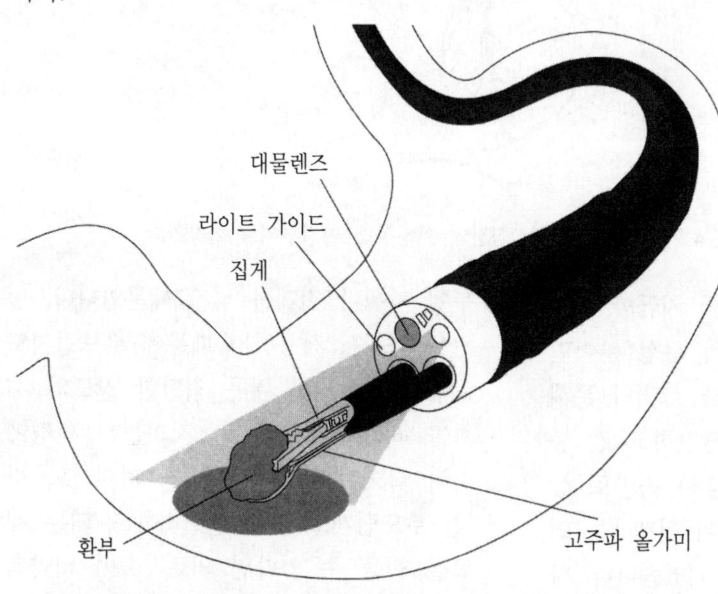

그림 1 내시경에 의한 조기 위암 치료 이미지(내시경 점막절제술). 2채널의 스코프를 사용하여 환부에 생리식염수를 주입한 후, 집게와 고주파 올가미를 동시에 조작하여 절제한다.

최근의 의료기술은 눈부신 진보를 이루고 있습니다. 그림 2·3에 토쿄경찰병원에서 행해진 담낭적출수술의 모습을 실었습니다. 복부에 4군데의 구멍을 내어 내시경을 삽입하고 내시경으로 직접 담낭을 관찰하면서 다른 구멍으로 삽입한 집게로 환부를 절제하고 있습니다. 10년 전에는 복부를 수십cm 정도 절개하여 손을 넣어 가위로 적출하는 대규모 시술을 하였지만, 현재는 위나 장의 진단뿐 아니라 외과적 수술까지도 내시경으로 이루어져 수술시간이나 환자의 부담이 줄어들게 되었습니다.

또한 카테텔이라는 가는 플라스틱 튜브가 개발되어 의학발전에 커다란 영향을 주고 있습니다. 심장이 움직이는 데 필요한 혈액을 운반하는 관상동맥에 혈전이 형성되면 펌프로서의 충분한 역할을 다할 수 없습니다. 그 해결책으로 카테텔을 허

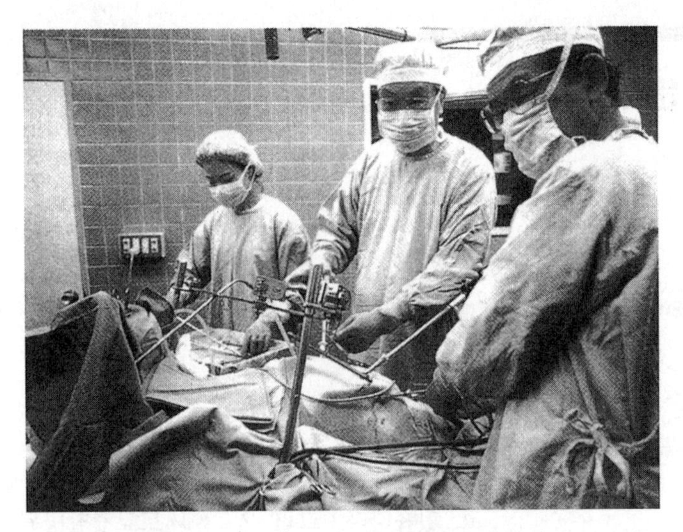

그림 2 토쿄경찰병원에서 시술 중인 담낭절제수술[1)]

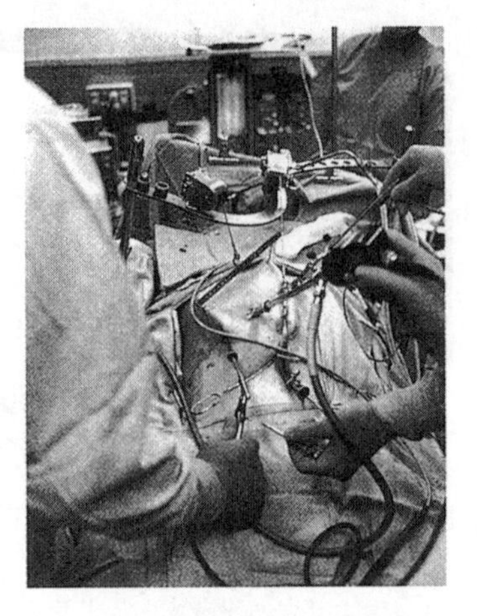

그림 3 모니터에 비추어진 복강 내의 모습을 보면서 담낭을 적출한다[1)].

벅지의 혈관 등에 삽입하고 대동맥을 경유하여 관동맥의 협착부위에 도달시켜, 카테텔의 끝에 있는 풍선으로 혈관을 확장시킬 수 있습니다(그림 4).

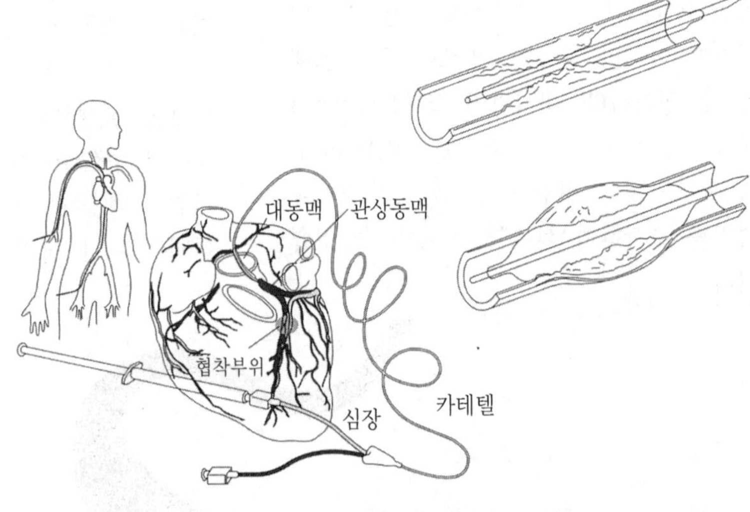

그림 4 풍선형 카테텔. 심장의 관상동맥 혈전부위를 확장한다.

요구되는 고분자 재료로는

이와 같이 의료 현장에서는 연질의 고분자 재료를 사용함으로써 지금까지 오랜 시간을 요구하던 수술이 수십 분이면 끝날 정도로 발전하였습니다. 그러나 문제는 재료입니다. 과거에는 단단하고 긴 봉 모양의 내시경을 식도를 통해 똑바로 삽입하도록 하였습니다. 그것이 현재에는 연질의 고분자로 만들어지게 되었습니다. 다만 너무 부드러운 연질의 고분자로는 목적을 달성할 수 없습니다. 왜냐하면 그 내부에 가위나 집게를 넣기 때문입니다. 혈관을 통해서 사용하기 때문에 부드럽지도 않고 단단하지도 않은 적당한 강도의 재료를 사용해야 합니다. 저희들은 환경에 따라 굽어지기도 하고 곧게 펴지기도 하고, 부드럽게도 되고 단단하게도 되는 재료를 만들 수 있다면 의료기술이 비약적으로 진보할 것으로 기대하고 있습니다.

카테텔 수술이나 내시경 수술의 기술이

좋아졌지만, 어느 정도의 강도를 갖는 재료를 사용하기 때문에 혈관이나 장, 위 등에 상처를 입히는 문제가 발생합니다. 그 때문에 삽입할 때는 부드럽게, 절제하고 혈관을 확장할 때만 단단해지는, 신호응답에 의해 특성이 변화하는 재료를 개발할 수 있다면 더욱더 재미있는 디바이스가 만들어질 것으로 기대하고 있습니다.

고분자의 코일-글로블 전이

하얀 설탕을 물에 녹이면 왜 무색으로 될까요? 그것은 설탕분자 주위를 용매가 모두 감싸기 때문입니다. 즉 분자 레벨로 혼합되기 때문입니다. 고분자에서도 마찬가지로 고분자 주위가 용매화되어 분자 레벨로 혼합됩니다. 그런 랜덤한 상태를 코일(coil) 상태라고 부르고 있습니다(그림 5 오른쪽).

이것이 어떤 신호에 의해서 탈 용매화되면 침전이 생깁니다. 이러한 상태를 글로블(globule) 상태라고 부르고 있습니다(그림 5 왼쪽). 이러한 신호응답성의 재료를 사용하면 수용성 고분자, 비수용성 고분자로 전이가 가능하며, 랜덤하게 가교시켜 겔을 만들 수 있습니다. 이러한 겔 속으로 물이 들어가게 됩니다. 이 겔의 특징을 물 팽윤성 장난감을 예로 생각해 보겠습니다(그림 6). 건조한 겔을 물에 넣어 10시간 정도 방치해 두면, 물을 흡수하여 흡수 전의 50~100배의 부피로 팽창합니다. 이 같은 스티렌/이소프렌 고무에 고흡수성 고분자를 넣은 물 팽윤성 장난감이 이미 판매되고 있습니다.

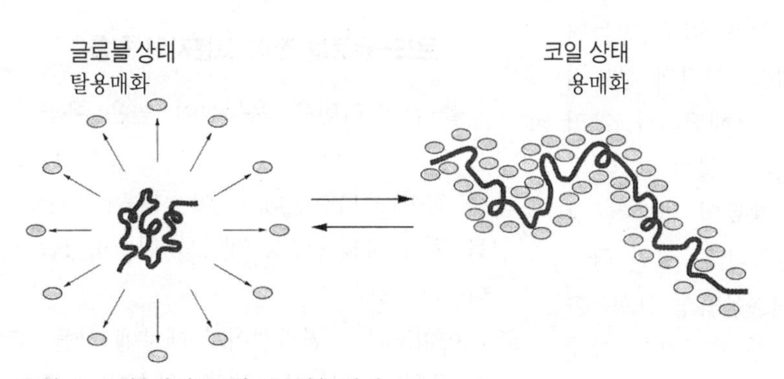

그림 5 고분자의 코일-글로블 전이

그림 6 물 팽윤성 장난감 (흡수 전과 흡수 후)[2]

소프트-웨트 재료에 역학강도 부가

이 겔을 코일-글로블 전이를 이용하여 전기를 걸어 굽힌 겔을 몇 개 만들어 놓고, 전기나 온도, pH를 변화시키면 굽어 있던 것이 똑바로 펴져 달걀도 잡아 올릴 수 있습니다(그림

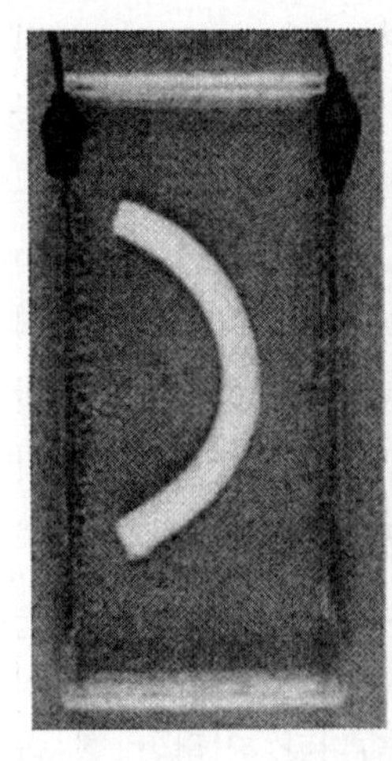
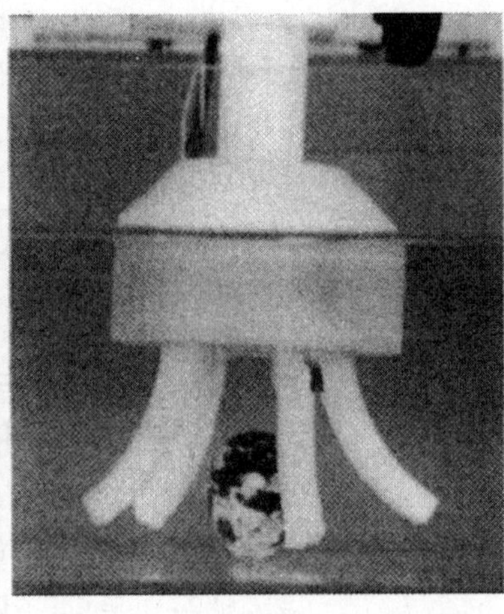
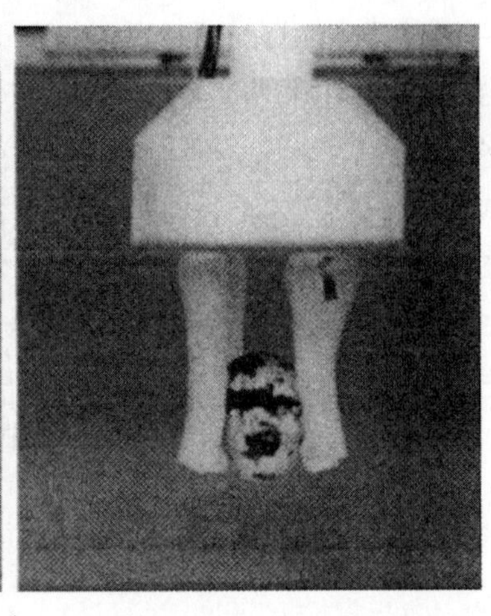

그림 7 전기로 움직이는 고분자 겔을 이용한 로봇 손가락. 왼쪽 : 폴리아크릴산과 PVA로 이루어진 고분자 겔이 전기장 하에서 움직이는 모습. 이 같은 거동을 이용하여 가운데와 오른쪽 그림에 나타낸 것과 같은 로봇 손가락을 만들 수 있다. 가운데 : 달걀을 잡으려 하고 있는 고분자 겔 로봇의 손. 오른쪽 : 잡아 올린 경우. 고분자 겔의 손가락에는 전극이 붙어 있어, 전압을 가해 주면 움직이고 달걀도 깨지지 않게 잡아 올릴 수 있다.[2]

7). 예를 들어 로봇의 팔을 철로 만들면 달걀을 잡을 수가 없지만, 연질의 부드러운 고분자를 이용하면 가능해집니다. 그러나 현재로서 그것은 실현 불가능합니다. 왜냐하면 소프트-웨트 재료의 역학적 강도가 너무 약하기 때문입니다. 코일-글로블 전이를 사용하여 신호응답성 또는 환경응답성에 뛰어난 재료를 개발하고, 그것에 어떻게 역학적 강도를 부여할 수 있을까가 현재의 커다란 과제입니다.

여기서 저희들은 로드-글로블(rod-globule) 전이의 이용을 검토하였습니다. 로드-글로블 전이는 글로블 상태와 마찬가지로 용매화된 상태에서는 수축한 고분자가 펴져 단단해진 형태를 취합니다. 이러한 것을 만들 수 있다면 조금 전의 내시경이나 카테텔, 로봇용 재료, 소프트-웨트 재료에 대해서도 새로운 접근이 가능하다고 생각합니다.

로드-글로블 전이 고분자의 창출

폴리사이라민은 운동성이 높은 유연한 유기 규소 고분자의 일종으로 로드-글로블 전이를 나타냅니다. 이 사슬에 아민기를 붙여 pH 응답성 재료를 합성하였습니다(그림 8).

아미노기는 염기성이기 때문에 산을 넣어 중화(프로톤화)시킬 수 있습니다. 중화되지 않은 염기성 아민의 상태와 염산을 넣어 프로톤이 붙은 상태를 그림 9에 나타내었습니다. 프로톤의 양이 증가할수록 그림 9의 위쪽의 상태가 됩니다. 즉 2개의 질소가 하나의 유니트를 하고 있기 때문에 단계적으로 프로톤이 1개 들어간 상태, 2개 들어간 상태를 경유해서 프로톤화가 진행됩니다.

이 같은 상황을 만들면 고분자의 주사슬이 회전할 수 없게 됩니다(그림 10). 보통은 주사슬의 N-메틸렌메틸렌-N 결합

주위를 자유롭게 회전할 수 있습니다. 그런데 산을 가하여 중화시키면 한 개의 N이 프로톤화되고 또 다른 한 개의 N이 배위구조를 형성합니다. 결국 5고리 구조를 형성하면 회전할 수 없게 됩니다. 또한 두 개의 N이 프로톤화한 경우에는 양전하의 반발로 인해 회전할 수 없게 됩니다. 이와 같이 아미노기 주위가 프로톤화되면 주사슬은 회전할 수 없게 됩니다.

· 하부 임계 공용온도(LCST)
· pH응답성 LCST
· 고무탄성 전이
· 특징적 음이온 결합
· 응답성 말단

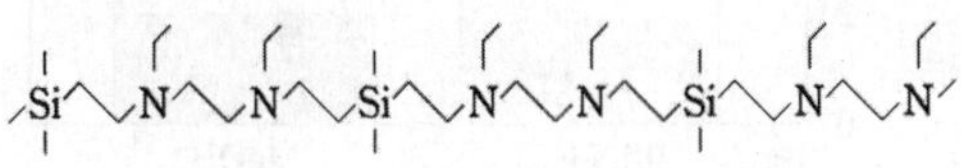

그림 8 폴리사이이라민의 특징

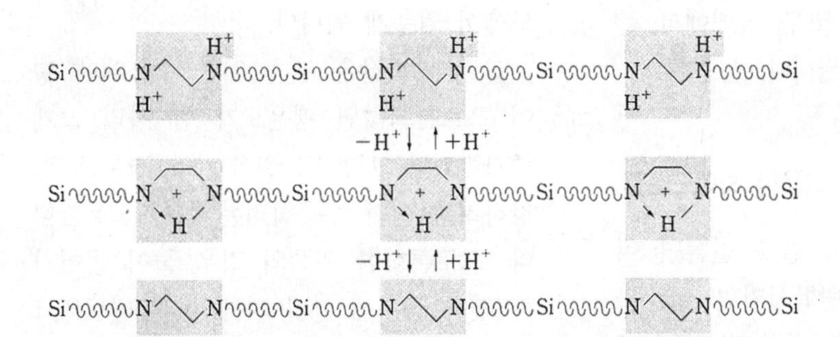

그림 9 폴리사이이라민의 프로톤화

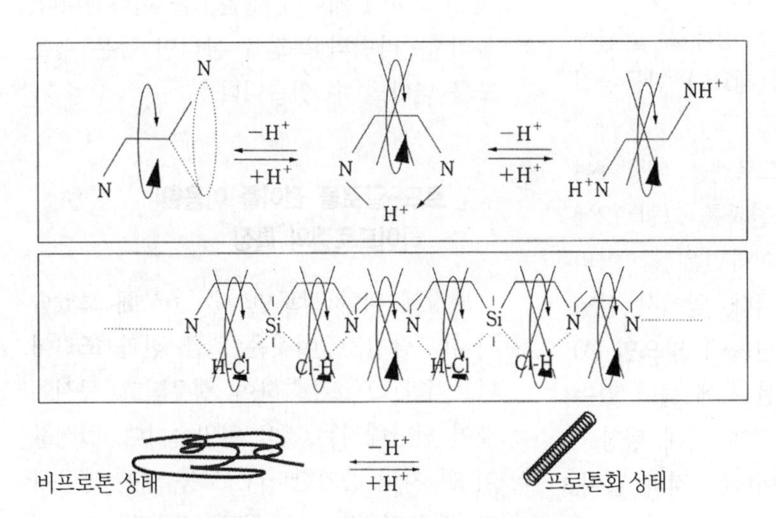

그림 10 폴리사이이라민의 프로톤화에 의한 회전 장해

폴리사이이라민 강도의 온도 특성

위에서 언급한 고분자의 강도를 조사해 보았습니다. 그림 11에서 1.0은 두 개의 프로톤화를 나타내고 있습니다. 0.5는 반, 즉 2개 중에서 1개의 아미노기가 프로톤화되어 있는 것을 의미합니다. 일반적으로 유리 전이온도 이상에서 고무는 부드러운 상태가 됩니다. 예를 들면, 추잉껌의 원료로 이용하는 고분자는 실온에서는 단단한 고분자이지만, 입 안에서 37℃가 되면 부드러운 고무상태가 됩니다. 그 전이온도는 30℃ 정도입니다.

저희들이 합성한 폴리사이이라민은 프로톤화하지 않은 자유로이 회전하는 상태에서는 유리 전이온도가 −80℃입니다. 천연고무나 실리콘같은 유연한 고분자입니다. 거기에 산을 가하여 프로톤화시키면, 어느 점에서 유리 전이온도가 올라가게 되며, 최종적으로 황산에 의해 +80℃까지 올라가게 됩니다. 그것은 천연고무보다도 단단한 상태로 폴리스티렌과 같은 강도를 갖습니다. 폴리(메타아크릴메틸)은 유기 유리로 간장병

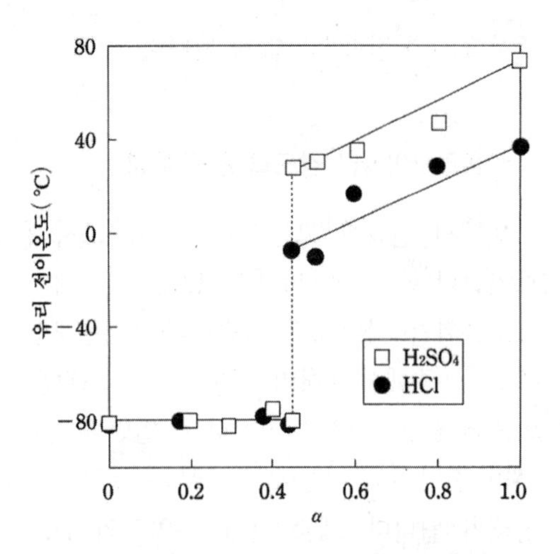

그림 11 폴리사이라민의 프로톤화에 의한 강도전이

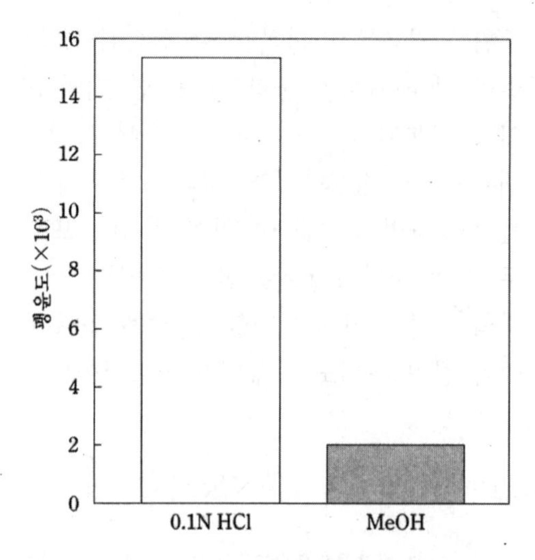

그림 12 폴리사이라민 겔의 팽윤거동

등에 사용되고 있는 단단한 고분자입니다. 겨우 분자량 2,000의 고분자가 유리 전이온도에 의해 부드러운 고무 상태에서 플라스틱 상태로 바뀌게 됩니다.

로드-글로블 전이를 이용한 하이드로겔

이러한 것을 이용하여 겔을 만들면 어떻게 될까요? pH를 변화시키면 글로블 상태에서 수축되어 있던 것이 프로톤화로 크게 팽창될 것으로 예측됩니다. 동시에 고무 상태에서 플라스틱 상태로 바뀌게 되고, 그로 인해 단단한 재료가 만들어질 수 있습니다.

폴리사이라민의 하이드로겔을 이용하여 조사해 보았습니다. 그 결과를 그림 12에 나타내었습니다. 폴리사이라민은 물 이외의 메탄올에도 잘 녹습니다. 앞에서 설명한 장난감과 똑같이 메탄올에 넣으면 20배 정도 팽창합니다. 풍선 속에 들어 있는 공기가 풍선의 고무 탄성에 의해 팽창·수축 작용이 동시에 일어나는 것과 같이, 겔 속으로 메탄올이 점점 들어가 커지면 어떤 단계에서 팽창하려고 하는 힘과 수축하려는 힘이 평형을 이루어 약 20배 정도에서 멈추게 됩니다.

그런데 똑같은 겔을 염산 수용액에 넣어 프로톤화하면 팽윤도가 한 자리 크게 증가합니다(그림 12 왼쪽). 이 경우도 팽창하려는 힘과 수축하려는 힘이 작용합니다. 프로톤화한 왼쪽의 경우 물이 들어가는 것과 동시에 분자 자체의 겔 네트워크가 팽창하려고 하기 때문에 일반적인 겔에 비교하여 커다란 팽윤도를 나타냅니다. 폴리사이라민의 특징을 살리면 높은 팽윤도를 나타낼 수 있습니다.

로드-글로블 전이를 이용한 하이드로겔의 특징

팽창에 의한 강도변화를 조사해 보았습니다(그림 13). 이것은 조금 전과 조건이 다르지만, 프로톤화하여 팽윤되고 동시에 겔이 단단해지는 것을 알았습니다. 탄성률이 한 자리 증가합니다. 보통 겔은 팽윤하면 부드러워지기 때문에 역학적 강도의 문제가 발생합니다. 예를 들어 한천 가루를 물에 넣으면 부드러운 겔이 됩니다. 그러나 저희들이 합성한 겔은 팽윤과 함께 단단해집니다. 지금까지의 겔과 전혀 상반되는 성질을 나타냅니다.

로드-글로블 전이를 이용한 하이드로겔은 매우 커다란 부피 상전이 현상을 나타냅니다. 또한 부피가 증가함과 동시에 하이드로겔의 역학적 강도도 증가합니다. 그런 점에서 이러한 하이드로겔은 케미컬 밸브로서의 응용이 가능하리라고 봅니다.

안정한 스킨층의 형성

지금의 재료를 산에 넣어 중화시키면 물을 흡수하여 부풀지만, 다시 알칼리 용액에 넣으면 수축합니다. 상전이에 의해 수축이 일어나지만, 팽윤에서 최초의 상태로는 돌아오지 않고 어떤 상태에서 멈추게 됩니다(그림 14). 이것은 겔의 바깥쪽만 상전이가 일어나기 때문으로 스킨층이라는 얇은 껍질이 만들어진다는 것을 의미합니다.

그림 15는 pH에 따라 색이 변화하는 프로브를 현미경으로 관찰한 예입니다. 내부가 산성이 되면 검고, 알칼리 용액에 넣어 바깥쪽이 알칼리성이 되면 녹색으로 변합니다. 6분에 50㎛ 정도의 스킨층이 형성되지만, 스킨층이 만들어져 5,000시간 정도 크기가 전혀 변하지 않습니다. 팽윤도가 변하지 않습니다. 상전이를 통해 바깥쪽은 고무와 같이 움직이기 쉬워지고, 점점 두꺼워져 어느 정도의 두께가 되면 구멍이 없는 치밀한 스킨층이 형성됩니다.

스킨층의 내부는 pH2, 바깥쪽이 pH12, 13이기 때문에 위장과 비슷합니다. 약을 방출한다, 하지 않는다라는 신호 응답성 재료를 겔로 만든 예가 많이 있습니다. 그런 경우 최대의 문제점은 off 단계입니다. on 단계에서 약을 방출하는 것은 대부분 가능하지만, off 단계에서 약의 방출을 정지시키는 것은 좀처럼 쉽지 않습니다. 즉 몸 속에 들어간 약을 방출시킬 수 있지만, 정지시키고 싶을 때 멈추게 하는 것은 약의 확산이 일어나기 때문에 곤란합니다. 그 점에서 저희들이 개발한 재료는 역학적인 특성도 있고, 프로톤이나 수산기의

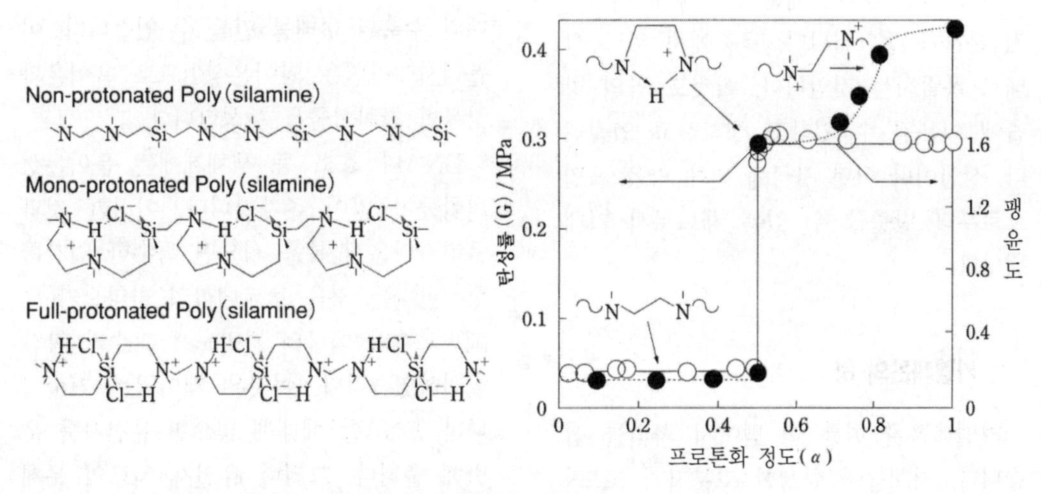

그림 13 폴리사이라민의 프로톤화에 의한 탄성률 변화

이동도 제한할 수 있는 치밀한 막이 형성될 수 있어 제어가 가능합니다. 이 막은 산성이 되면 없어지고, 염기성이 되면 6분 만에 다시 나타나는데, 이러한 기능을 이용하여 on/off를 매우 예민하게 제어할 수 있는 마이크로 비즈(micro beas)를 만들 수 있습니다.

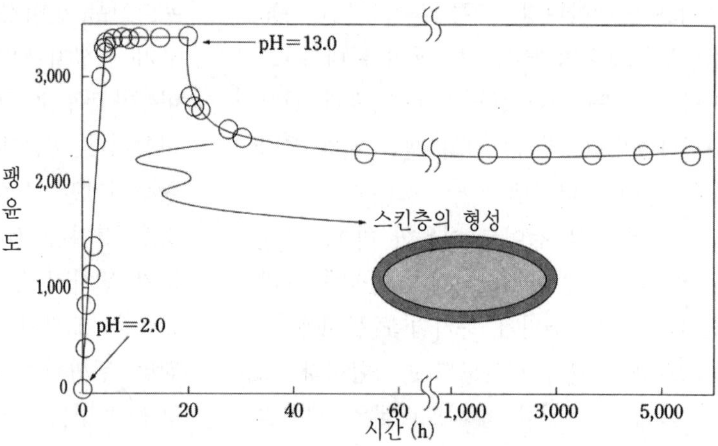

그림 14 폴리사이라민 겔 팽윤의 시간 의존성

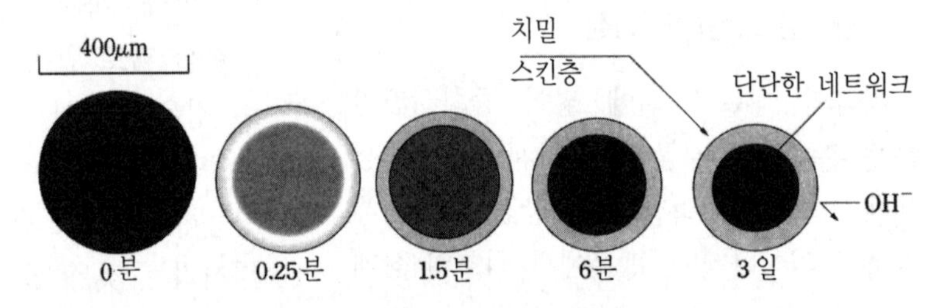

그림 15 안정 스킨층 형성의 시간 변화

폴리사이라민 겔의 폭발

일반적인 pH 응답 재료로 겔을 만들어 산으로 프로톤화시키면 둥근 상태로 부풉니다. 그런데 폴리사이라민의 경우는 고무로 가교체를 만들고 그것을 상전이시키면 곧게 뻗은 고분자가 만들어져 네트워크 전체가 단단해지기 때문에 어떻게 해서든지 분자가 절단됩니다. 표층에서 로드 상태로 폭발하는 것입니다. 이것도 약의 방출에 이용될 수 있다고 생각하고 있습니다. 상전이나 어떤 자극에 의해 약을 표면으로부터 방출할 수 있는 재료로서 기대됩니다.

카멜레온의 혀

카멜레온은 혀를 쭉 뻗어서 파리를 잡습니다. 저희들이 합성한 고분자가 로드-글로블 전이를 하는 사실로부터 수용성 고분자를 끝에 연결해 보았습니다. 블록 고분자 하나에 수용성 고분자, 즉 상전이가 가능한 고분자를 연결하면 늘어난 형태와 수축된 형태를 만들 수 있습니다. 이 폴리사이라민은 양이온성이므로 음이온과 상복합 착화합물을 형성합니다.

DNA나 효소 등 생체계에는 음이온성 화합물이 많이 존재합니다. 이러한 것과 폴리카티온 블록을 섞으면 특수한 입자를 형성한다는 것을 토쿄대학의 카타오카(片岡) 교수와 미국의 카바노프 교수가 각각 발견하였습니다. 이것은 재미있는 기술입니다. DNA를 체내에 넣으면 유전자를 운반해 줍니다. 그러나 유전자 치료의 문제점은 체내에 주입한 DNA가 혈액에서 수분 이내에 파괴되어 버린다는 것입니다. 체내에는 유전자를 파괴하려는 효소가 많이 있기 때문입니다.

그러나 안정한 캐리어를 사용하면 DNA를 파괴하지 않고 운반할 수 있습니다. 폴리사이라민과 DNA의 복합체를 합성하여 체내에 주입한 상태로 pH나 온도를 높이면 카멜레온의 혀와 같이 늘어났던 폴리카티온이 수축합니다. 그렇게 하면 안정하게 감겨 있던 것으로부터 DNA가 나오기 때문에 핵 속에서 유전자 치료를 할 수 있는 재료를 만들 수 있다고 봅니다.

현재의 단계로는 아이디어뿐이며 아직 데이터가 얻어진 상태가 아닙니다. 빠른 시일 안에 본격적인 연구에 착수할 예정입니다. 이처럼 로드-글로블 전이를 일으킬 수 있는 재료로 새로운 형태를 만들고 움직여 봄으로써 다양한 재료설계가 가능해졌다고 생각합니다.

문헌

1) 그림 2, 3 : Newton mook 『21세기를 여는 첨단의료』 동경여자의과대학 의용공학시설 편, Newton Press, 1999년.
2) 그림 6, 7 : 고분자 마이크로 사진집 『눈으로 보는 고분자』 고분자학회 편, 培風館, 1986년.

패널 토론

분자가 만드는 나노의 불가사의

쿠니타케

분자를 기초로 한 여러 가지 기능과 장치, 기계에 관한 이야기가 지금까지 있었습니다. 지금부터는 4명의 패널리스트를 초대하여 나노과학의 방향성과 가능성, 그리고 그것이 언제쯤 실현 가능한지에 대해서 토론의 시간을 갖도록 하겠습니다.

패널토론을 시작하기 전에, 미츠비시 화학에 몸을 담고 제품개발과 연구개발에 전념하고 계신 무라야마 선생님으로부터 재료의 상품화에 관하여 이야기를 들어보도록 하겠습니다

정보 전자재료 분야의 기능재료와 상품화

무라야마 테츠오
미츠비시 화학(주) 요코하마 종합연구소 특별 연구원

많은 강연을 듣고 장래에 대한 가능성이나 꿈이 있구나 하는 느낌이 들었습니다. 저는 입사 이래, 기능성 유기재료의 상품개발에 종사해 왔습니다. 이러한 분야의 재료나 상품개발이 이루어지는 환경조건과 특징에 대해서 나노과학, 나노기술과의 접점을 고려해서 간단히 소개하겠습니다. 그 하나의 예로서 당사에서 개발한 나노기술을 이용한 상품에 대해서 간단히 소개하겠습니다.

저희들은 정보 전자재료 분야에서 재료나 상품개발을 하고 있습니다. 그것들은 주로 장치나 시스템에 사용되는 소모품이나 부품이며, 단독으로는 상품이 되지 않습니다. 그 때문에, 장치나 시스템으로부터의 성능에 대한 요구에 응할 필요가 있습니다. 단, 장치나 시스템은 급속히 진보하기 때문에 그 변화에 대한 대응을 고려해서 개발을 진척시킬 필요가 있습니다(그림 1).

최근에 컬러인쇄는 오프셋이 주류입니다. 인쇄판도 아날로그로부터 디지털로 변하고 있습니다. 컴퓨터상에서 레이아웃하고, 레이저로 인쇄판에 인화시키는 디지털 방식입니다. 그 레이저도 자외·가시광선의 가스 레이저로부터, 취급이 용이한 반도체 레이저로 변하고 있습니다.

또한 개발의 속도도 빨라졌습니다. 현재 CD-R이라고 하는 기록용 CD를 거의 모든 분이 사용하고 계시지만, 이 드라이브도 2, 3년 동안에 8배가 고속화되었습니다. 그에 따라 기록용 색소도 종래의 8배의 감도를 갖는 것이 요구되어 상품화되고 있습니다. 이처럼 장치, 시스템의 진보나 변화를 예측한 개발이 필요합니다.

- 신상품에 대한 신기능 / 고성능 재료 개발
  디지털 인쇄판 : 디지털용 감광재료→적외레이저용 감광성 수지
  CD-R : 광열변환색소→반도체레이저(780㎚)흡수색소
- 장치 / 시스템 변경에의 대응
  오프셋 인쇄판의 광원변경
  아날로그 인쇄판 : 자외광램프 / 리스필름
  디지털 인쇄판 : 레이저(자외선→가시광선→적외선)
- 성능 / 기능의 끊임없는 개량과 개발 스피드
  CD-R 드라이브 속도 : 1X→2X→4X→6X→8X→
- 코스트 다운 요구

그림 1 정보 전자재료 분야의 기능재료 / 상품

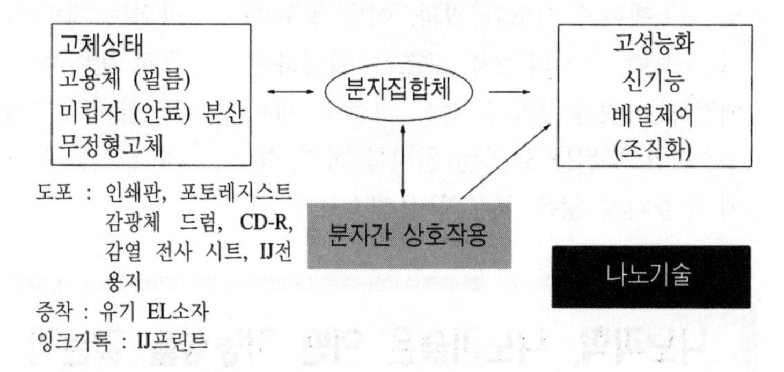

그림 2 상품개발과 나노기술

기능재료/상품개발에 요구되는 것

상품개발은 그 성능의 극한을 추구하는 것이라고 할 수 있습니다. 어떤 한계에 도달하면 그 성능의 비약을 꾀하여야 하는데, 재료뿐 아니라 프로세스나 방식 등을 모두 바꾸어야 합니다. 반도체의 경우에 분자소자, 분자 디바이스가 비약적으로 발전하고 있고, 광디스크에서는 레이저에 의한 열 기록으로부터 홀로그램 기록으로 약 100배의 밀도를 높이는 개발이 진행되고 있습니다. 그 다음 단계로 마쯔시게 선생님이 소개한 것과 같은 분자 메모리로 발전하게 된다고 생각합니다.

그 다음으로 코스트 다운의 추구로 또 한 번의 개발을 하지 않으면 안됩니다. 상품으로서 사용하는 분자상태는 대부분이 고체이며, 기본적으로 분자간의 상호작용에 의한 고성능화와 배열제어가 나노과학 분야의 기술이 됩니다(그림 2).

상품개발에는 우선 재료를 개량하여 성능을 향상시키거나 새로운 분자의 개발이나 사용법의 개선으로 충분하며, 조직화와 배열제어로 분자간의 상호작용을 최대한으로 이용하여 성능을 향상시키는 나노기술이 상품의 성능향상에 중요한 역할을 한다고 봅니다.

디지털 인쇄판의 개발

현재의 상품개발의 예로서, 당사에서 최근 상품화한 디지털 인쇄판에 대해서 소개하겠습니다. 이 인쇄판용에 노보락(Novo rack)이라는 2차 구조전이를 하는 수지를 개발하였습니다. 단, 노보락 수지는 수산기를 많이 갖고 있고 수소결합으로 회합하고 있기 때문에 현상액에 대한 용해속도가 느린 것이 문제입니다.

노보락 수지에 적외선 흡수색소를 첨가하고 적외선 레이저를 비추면, 색소가 레이저광을 흡수해서 열로 바뀌고 온도가 상승하여 수소결합이 절단됩니다. 그 결과 그 부분의 용해속도가 빨라지게 됩니다. 그것을 이용해서 적외선 레이저에 대응하는 새로운 인쇄판의 개발이 검토되었습니다.

그런데 종래의 인쇄판에서는 화학반응을 일으켜 그 결과로 현상액에 대한 용해도를 증가시켰지만, 단순한 수소결합 수 차이만으로는 그러한 차이가 나타나지 않습니다. 실제로 빛을 비추기 전과 레이저를 비추고 난 후의 용해속도의 차이는 심하지 않습니다.

분자회합(조직화)이 잘 이루어지도록 하기 위해서 열처리 등의 물리화학적 나노 구조제어를 시도한 결과, 어느 정도까지 노보락 수지의 2차 구조가 치밀하게 배열하는 것을 알았습니다. 그렇게 해서 수소결합 부위를 늘리는 처리를 하면, 빛에 노출되지 않은 부분의 용해속도가 더욱 늦어집니다. 이것만으로는 제품화가 불가능하며 현상액 등을 개량하여 현상시간의 허용범위를 넓힘으로써 실용화될 수 있습니다.

지금까지 나노과학, 나노기술에 있어서의 조직화나 배열제어의 개념을 응용하여 새로운 형태의 인쇄판을 개발한 예를 소개하였지만, 이러한 나노과학이 목표로 하는 꿈의 실현, 그리고 나노과학에서 생각되는 개념이나 결과를 저희들은 현실적으로 받아들여, 새로운 것에 적용해 가려고 합니다. 그런 점에서 나노과학의 연구의 진전을 기대하고 있습니다.

나노과학, 나노기술은 어떤 가능성을 갖는가

쿠니타케 토요키, 토시마 나오키, 마쯔시게 카즈미, 무라야마 테츠오, 와다 야스오

새로운 과학 · 기술의 창조를 향해서

쿠니타케

그러면, 패널리스트 여러분에게 나노과학, 나노기술의 가능성에 대해서 21세기에의 꿈을 포함하여 이야기를 들어보도록 하겠습니다.

토시마

우선 나노과학, 나노기술이 지금까지의 과학 · 기술과 다른 점은 크기가 작다고 하는 것입니다. 작은 것은 정보로 말하면 정보밀도가 높아지는 것이고, 재료로서 사용한다고 하면 재료의 사용량이 적다고 하는 것입니다. 즉 자원 절약이 가능한 기술입니다.

또한 나노 레벨로 분자를 모아서 분자집합체를 형성함으로써 1개의 분자에서는 나타나지 않는 새로운 성질이 발현될 수 있습니다. 제가 소개한 금속의 경우 양자사이즈 효과가 있습니다. 또한 무기반도체, 금속 산화물반도체에서도 작아지면 새

로운 성질이 나타나는 예가 많이 알려지고 있어, 새로운 과학기술의 구축으로 이어진다고 생각합니다.

세상의 변화를 보면 21세기 혹은 몇 십 년 후의 키워드는 정보와 에너지, 그리고 의료와 복지라고 생각합니다. 정보밀도의 속도도 나노과학에 의해 향상됩니다. 에너지의 경우에 미토콘드리아의 광합성 기능을 응용하려고 하는 이야기가 있습니다. 저는 태양에너지를 잘 사용하는 것이 궁극의 과제라고 생각하고 있습니다. 광합성이나 이미 실현되고 있는 태양전지의 경우에도 나노기술이 상당히 사용되고 있습니다. 이러한 분야에 나노과학, 나노기술을 전개해 갈 것입니다.

왜, 나노 크기인가

쿠니타케

모든 물질은 원자, 분자로 구성되어 있습니다. 원자의 크기는 0.1nm=1Å 정도입니다. 그것을 레고와 같이 조합시켜서 형태를 만들 경우의 최소단위는 10nm 정도가 됩니다. 나노보다 더욱 작은 부분이 되면, 양자 사이즈 효과 등도 나타날 수 있습니다. 1개의 원자로는 기능을 만들 수 없기 때문에, 1nm 이하로는 기계 시스템을 구축하는 것이 불가능합니다. 따라서 나노기술의 궁극의 목표는 바로 설계, 합성 그리고 장치라고 할 수 있습니다. 단, 현상이 반드시 나노 레벨까지 진행되는 것은 아니라고 봅니다. 마쯔시게 선생님으로부터 장래의 가능성을 포함한 강연을 들었습니다. 나노과학, 나노기술의 가능성에 관해서는 어떻게 생각하십니까?

마쯔시게

왜 나노일지, 그것과 분자의 관계로부터 말씀드리겠습니다.

과학에서는 미터로부터 마이크로미터, 나노미터로 크기의 축소화가 진행되고 있지만, 나노미터는 미지의 크기가 아닙니다. 전자현미경에서 원자를 관찰할 수 있게 된 것은 상당히 전의 이야기입니다.

왜, 나노가 지금 중요하게 주목받고 있는가 하면, 분자의 크기와 같기 때문입니다. 유기분자가 그 표적이 됩니다. 반도체도 나노의 영역까지 와 있지만, 균일성을 기초로 그 크기가 계속 작아져 왔기 때문에 반대로 문제가 되고 있습니다. 전자회로도 지금까지는 하나의 회로를 움직이는데 몇 만~10만 개의 전자가 이용되었습니다. 그것이 미세화의 진전에 따라, 관여하는 전자수가 궁극적으로는 1개로 가능해졌습니다. 이른바 싱글 일렉트론・터넬링(SET) 디바이스입니다. 즉 전자에 대하여 통계적이 아니고 1개 1개의 개성을 생각할 필요가 있게 되었습니다. 지금까지는 10만 개 중에서 몇 개가 이상한 행동을 해도 괜찮았지만, 이제는 그렇게 해서는 의미가 없게 되었습니다.

실리콘의 순도가 중요시된 것도 균일한 것에 이물질이 들어가서는 안된다고 하는 발상에서였습니다. 나노 레벨로 1개 1개의 개성과 특징이 있다고 하는 것은 정말로 분자의 사회라고 할 수 있습니다.

또한 나노기술로 이야기되는 것처럼 분자까지 직접 접근할 수 있고 조작도 가능한 것이 특징입니다. 분자구조를 교체하거나, 새로운 분자를 합성하거나, 바라는 기능을 만들어 내는 것은 고분자의 세계에서도 이미 연구되어 온 사실입니다. 현재 나노 레벨로 구조를 교체할 수 있으며 그것을 마크로 상태로 우리들은 체감할 수도 있습니다. 그러나 아카기 선생님의 이야기에서처럼, 1개의 분자 자체가 높은 전도도를 나타내어도 분자와 분자를 연결하는 것이 문제로 마크로 상태로는 전도도가 높지 않습니다. 즉 분자 특유의 것을 1개 1개 제어했다고 하더라도 그것을 신변에서 직접 느낄 수 있도록 제어하는 것이 중요합니다.

그러한 면에서 나노와 마크로를 연결하는 인터페이스도 중요합니다. 전도도를 측정하는 경우라도 금속과 분자를 연결하여 측정하기 때문에, 그 계면이 어떻게 되어 있을지를 조사하는 것은 중요하지만, 지금의 과학기술로는 아직 불가능합니다. 그러한 점을 극복할 필요가 있습니다.

쿠니타케

감사합니다.

마쯔시게 선생님으로부터 조직화가 기능향상에 중요하다고 하는 이야기를 들었습니다. 화학업계에 계시는 무라야마 선생님은 나노과학, 나노기술에 어떤 점을 기대하고 계십니까?

나노과학, 나노기술에의 요망

무라야마

저는 나노과학의 특징으로서 다음 2가지를 생각하고 있습니다. 하나는, 대단히 작다고 하는 의미에서의 나노입니다. 그런데 유기분자를 다루고 있는 입장에서 분자 크기로 보면, 나노는 큰 분자를 의미합니다. 나노 크기의 분자를 합성하면, 덴드리머도 그렇지만, 다기능의 분자나 부위를 연결시켜서 큰 분자를 만들었을 때 새로운 성질이 나타납니다. 따라서 나노과학은 큰 분자를 다루어 새로운 기능을 찾아내고 그 기능을 사용한다고 하는 면도 있다고 생각합니다. 미크론의 세계로부터 나노크기로 고밀도화되거나, 양자 사이즈 효과 등으로 그 기능을 기대할 수 있지만, 유기합성화학의 입장에서 보면, 큰 분자의 새로운 장이 열릴 수 있다고 생각합니다. 그로 인하여 여러 가지 기능이 생겨나고 새로운 응용이 가능해지리라고 생각합니다.

나노과학에 의한 새로운 가능성의 창조

쿠니타케

유기합성화학은 이미 성숙되어 있다고 하는 소리가 있습니다만, 지금의 이야기로는 또 다른 가능성과 방향성이 있다고 하는 뜻으로 받아들여집니다. 정말로 그렇습니까?

무라야마

그렇게 생각합니다. 반응 등에 관해서는 자세하게는 모르지만, 합성으로서 새로운 표적이라고 할까, 장이 탄생하고 있습니다. 특히 아이다 선생님의 덴드리머의 이야기를 듣고 있으면, 지금까지의 상식으로는 생각될 수 없는 성질이 발견되고 있습니다. 앞으로도 많은 분들이 합성하고 있는 새로운 형태의 나노 분자로 더욱 새로운 가능성이 열리리라 봅니다.

분자 컴퓨터의 실현

쿠니타케

와다 선생님은 분자 1개의 분자회로를

만드는 구체적인 공정 기술을 개발하려고 하고 있습니다. 전자업계는 화학업계를 압도하여 파산시키려 하는 것이 아닌가 하는 좀 별다른 생각을 저는 가지고 있습니다. 그 점에 대해서 어떻게 생각하십니까?

와다

당치도 않습니다.

히타치는 컴퓨터를 만들고 있습니다. 정보처리를 생업으로 하고 있는 회사로서 정보처리가 장래 어떻게 될지를 생각하여 고성능화를 향하고 있는 것은 틀림없습니다. 현재의 100배, 1,000배의 높은 성능을 가진 컴퓨터가 장래 일본뿐 아니라 전세계가 필요로 할 것입니다.

그러나 10년 후, 15년 후에는 반도체나 자기 디스크의 현재의 디바이스는 재료적, 물리적, 화학적인 한계에 부딪칩니다. 장래의 초고성능 컴퓨터를 반도체나 자기 디스크로는 만들 수 없기 때문에, 그 다음에 무엇이 존재할 것인가 하는 대답으로 분자 디바이스를 제안하였습니다.

최종적으로는 CPU, 디스크, 디스플레이, 인터코넥터도 모두 분자로 가능해지리라고 생각합니다. 그 때에 요구되는 분자는 다음과 같습니다. 그것은 메모리 셀입니다(그림 1). 동작원리를 설명하면, ①에 데이터가 들어가 ②의 스위치가 작동하면 ③이 on이 되고 ④에 그 데이터가 쌓입니다. ④의 저장여부는 ⑤의 트랜지스터를 on으로 했을 때에 ⑥의 전기의 흐름으로 확인할 수 있습니다.

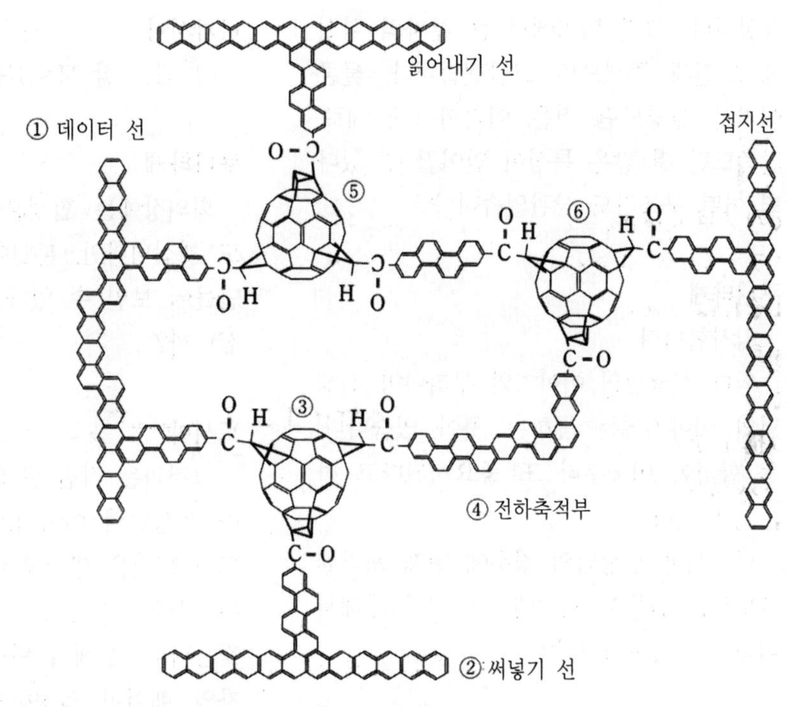

그림 1 분자단전자 트랜지스터를 이용한 메모리 예

이 그림은 30년 전에 인텔이 처음으로 상품화한 트랜지스터로, DRAM의 메모리 셀을 그대로 분자로 바꿔 놓은 것뿐으로 어떤 신선미도 없습니다. 그러나 그림 1과 같은 회로는 6nm×6nm로 현재의 메모리의 100만~1,000만 분의 1 정도의 면적입니다. 이것을 32×32, 즉 1K 비트로 연결하면 사방 200nm의 분자가 됩니다. 이러한 것이 실용화되려면, 예를 들어 1K 비트의 단위로 처음에 합성하여 그것을 기판 위에 1,000×1,000을 나열하여 1G 비트의 큰 메모리를 만들어내는 것이 필요합니다. 그런 의미에서 큰 분자의 합성에 도전해 주셨으면 고맙겠습니다. 물론 여기서 설명드린 것은 어디까지나 예로, 말씀드린 것 같은 특성이 얻어질 수 있다면 어떤 구조라도 상관없습니다.

쿠니타케

감사합니다.

와다 선생님의 이야기와 무라야마 선생님의 이야기에는 통하는 곳이 있습니다. 즉 합성이 이제부터 또 중요시된다고 하는 것입니다.

나카시마 선생님의 경우에 현재 프라렌 유도체를 만들고 계신데, 그 점에 대해서 어떻게 생각하십니까?

프라렌 유도체의 가능성

나카시마

저희들은 아직 1치환체의 프라렌밖에 합성할 수 없지만 2치환체를 위치 특이적으로 합성하는 수법은 이미 확립되어 있습니다. 3치환체 프라렌을 합성하여 더욱 전도성기를 도입한 프라렌은 제가 아는 한 아직 보고된 적이 없습니다. 프라렌 치환체는 수없이 많이 합성되어 왔습니다. 저는 프라렌 유기합성의 프로는 아니지만, 프라렌의 3치환체의 합성도 그다지 어렵지 않다고 생각합니다.

쿠니타케

그 구조를 합성하기 위해서 어느 정도의 시간이 걸릴 것 같습니까?

나카시마

그 점은 잘 모르겠습니다.

쿠니타케

회의장에는 합성분야에 종사하시는 분도 계십니다만, 본인이라면 몇 개월 안에 만들어 보일 수 있다고 자신하시는 분 계십니까?

토시마

그것과는 직접 관계되지 않지만, 무라야마 선생님의 이야기로부터 한 가지 말씀드리고 싶은 생각이 떠올랐습니다. 고분자는 하나의 분자로서 나노 레벨의 크기를 갖습니다. 생체의 단백질이나 DNA는 분자의 배열이 일정하게 정해져 있습니다. 인공 고분자에서도 순번을 정해서 만드는 정밀합성의 발전이 나노기술의 필요조건이라고 생각합니다.

또한 몇 십 년 후의 과학・기술로서 기대되고 있는 분야는 바이오사이언스와 바이오테크놀로지입니다. 그것들은 어떤 의미에서는 나노과학과 나노기술의 반대에 있다고 봅니다. 희망이기는 하지만 나노가 바이오를 뛰어넘을 수 있다고 생각하고 있습니다. 왜냐하면 나노에서는 100 이상의 원소가 이용 가능하며, 그것을 바이오를 초월한 시스템으로 움직일 수 있다면 나노과학, 나노기술은 새로운 과학・기술로서 꽃 필 수 있다고 생각합니다.

바이오사이언스의 가능성

쿠니타케

바이오사이언스에 관해서 나가사키 선

생님의 분자를 움직이는 이야기가 있었습니다. 단지 실제로 개발되어 있는 것의 크기가 문제인데, 나노에 가깝게도 만들 수 있습니까?

나가사키

겔을 만드는 경우, 몇 백 ㎛에서 몇 십 ㎛의 형태가 만들어집니다. 분자 카멜레온은 1가닥의 고분자가 오그라든 상태에서 펴진 상태로 전이되면, 크기로서 1자리가 변합니다. 즉 오그라든 상태가 고분자의 크기로 수nm, 펼쳐지면 10~수십nm입니다. 1개 1개의 분자가 정밀하게 상전이될 수 있는 계를 구축할 수 있다면, 이러한 움직임을 실제로 이용할 수 있다고 봅니다. 이것이 실현되는 날은 그리 멀지 않다고 생각합니다.

쿠니타케

쿄토대학의 요시카와(吉川) 선생님은 고분자 사슬이 어떻게 형태를 바꾸는지에 관한 연구를 분자 1개의 거동으로 검토하고 있습니다. 몇 만 개가 모인 분자의 모임을 계측할 경우와 비교하여 또 다른 형태의 움직임을 관찰할 수 있다고 합니다. 그런 의미에서 나노의 1개의 사슬이 되면, 현재로서는 생각할 수 없는 새로운 기술도 가능하리라고 생각합니다.

그림 1의 구조를 보면, 몇 개의 프라렌과 벤젠 고리가 연결된 판 모양의 구조로 조합되어 있습니다. 이것은 블록 고분자로서 블록 고분자에 대해서는 나카하마 선생님이 그 방면의 권위자라고 알고 있습니다. 블록 고분자의 관점에서 지금의 구조에 대하여 어떻게 생각하십니까?

나노레벨의 다이나믹스를 어떻게 받아들일 것인가

나카하마

쿠니타케 선생님이 말씀하신 1개의 분자가 만드는 고차구조라고 하는 것은 생물의 세계와 비교해서 대단히 흥미 깊은 현상입니다. 블록 공중합체에서도 아직 완전히 실현되고 있지 않지만, 1개의 블록 공중합체에서 고차구조를 형성할 수 있는 가능성은 높다고 생각합니다.

큰 분자가 갖는 또 하나 중요한 점은 여러 가지 디바이스를 연구할 때에 3차원의 위치결정을 하는 역할이나 능력을 가지고 있다고 하는 것입니다. 또한 단백질 등에서는 그 동적 거동이 자주 거론되지만, 합성고분자가 형성하는 나노 구조체에서는 정적인 구조해명이 진척되고 있는 반면에 동적 거동에 대해서는 아직 모르는 것이 많습니다. 앞으로 나노과학에서 그러한 다이나믹스 문제를 어떻게 받아들일지는 중요한 과제입니다.

쿠니타케

기초화학에서 본 가능성과 새로운 국면이 몇 가지 소개되었습니다만, 실제로 어떤 기술로 이어질지 또 몇 년 후에 무엇이 생길지를 대담하게 예상해 주셨으면 고맙겠습니다. 우선 와다 선생님, 지금의 프로젝트는 몇 년 안에 완성되리라고 보십니까?

나노과학의 달성 예측

와다

예를 들면, 방금 전에 말씀드린 메모리

가 만들어져도 현재의 LSI를 대치하기까지는 상당한 시간이 걸린다고 생각합니다. 현재의 기술이 한계를 맞이했을 때에 비로소 패러다임 시프트가 일어난다고 하는 의미로, 저로서는 10년 후가 가장 큰 전환점이라고 생각합니다. 그런 의미에서 프라렌을 예로 든 디바이스를 소개하였지만, 이것은 어디까지나 하나의 예로, 앞으로 5년 동안에 이론 면이나 분자설계의 면에서 디바이스 구조를 구체화하고, 남은 5년 동안에 구체적인 회로나 집적회로의 기술을 축적시켜 가는 것이 대략의 스케줄입니다. 제품으로의 전개는 그것으로부터 시작된다고 생각합니다.

쿠니타케

5년 후에 또 한 번 이러한 심포지엄을 열어 그 때의 상황을 들어볼 수 있는 기회가 있었으면 좋겠습니다. 마쯔시게 선생님은 디바이스와 관련한 이야기를 해주셨는데, 새로운 디바이스의 가능성으로서 몇 년 정도를, 그리고 어느 정도가 가능하다고 보십니까?

마쯔시게

디바이스까지는 아직 생각하고 있지 않습니다. 응용물리학회에 유기분자 바이오 일렉트로닉스라고 하는 분과회가 있어, 그곳의 강습회에서 유기 EL의 이야기가 있었습니다. 지금까지 언급되어온 유기재료의 문제점이 조금씩 개선되고 있으며, 유기 EL이 시험적으로 시판되고도 있습니다. 그러한 것이 기회가 되어 유기에 대한 사고방식이 바뀌면, 앞으로 전기계 기업도 유기 디바이스에 관심을 가지리라고 생각합니다.

실제로 10년 후라도 상용화는 어려울 듯합니다. 왜냐하면 과학영역에서 가능하다고 하는 것과 실제의 상업 베이스에서 제품이 움직이기 위해서는 다른 요소가 있기 때문입니다. 제품화에 있어서는 신뢰성의 문제 등이 있습니다. 그것을 해결하는 것은 과학 이상의 어려운 기술적인 문제가 있습니다. 그러나 지금의 상황에서 무기 양자 도트나 양자 와이어에 전자공학의 과학자가 유기재료에 주목하고 있는 것이 사실로, 앞으로 20년이나 30년쯤 후에는 실현 가능하지 않을까 생각합니다.

기능성 재료를 실현하기 위한 타임 스케줄

쿠니타케

기능재료, 기능물질의 입장에서 가능성과 실현에 대해서 무라야마 선생님은 어떻게 생각하십니까?

무라야마

마쯔시게 선생님이 말씀하신 것처럼, 유기재료가 무기재료와 비교하여 성능이나 수명에서 손색이 없다고 하는 몇몇 예가 실증되었으며, 현재 실용화되고 있습니다. 특히 전기가 흐른다고 하는 것은 확실합니다. 유기 EL에서는 실용 수준의 것이 수명 1만 시간이지만, 데이터로서 3만 시간의 것도 보고되고 있습니다. 그러한 면에서 유기재료가 무기재료보다 수명 면에서 뒤떨어진다고 하는 생각은 이미 과거의 이야기가 되어 버렸습니다. 사용방법만 틀리지 않는다면, 무기재료 이상의 성능을 발휘할 수 있다고 생각합니다.

쿠니타케

기능재료로서 유기의 한 예를 말씀해 주셨는데, 그 밖의 기능재료로서 나노 레벨의 기술을 이용한 새로운 기능재료의 실현은 언제쯤 가능합니까?

무라야마

지금 화제가 되고 있는 분자 디바이스나 메모리가 현존하는 것을 바꿔 놓기 위해서는 현존의 것이 한계에 도달하지 않고서는 실용화를 향한 개발은 힘들다고 생각합니다. 현행의 타임 스케줄을 타고 개발되고 있는 것보다 앞서기 위해서는 실용화가 조금 먼저 이루어지리라고 봅니다. 어떻든 간에 새로운 것의 개발에는 10년 정도가 걸릴 것입니다. 단, 앞으로 몇 년 동안은 새로운 개발이 늘어날 것입니다. 빠르면 10년 어쩌면 15년 안에 여러 가지 제품이 만들어지리라고 생각합니다. 높은 레벨을 요구하는 것이 아니면, 새로운 기능이나 사용방법을 이용한 제품은 보다 조기에 달성 가능하다고 생각합니다.

저는 금속 나노입자가 무기물이 아닌 분자와 같다고 하는 사실을 토시마 선생님의 말씀으로부터 처음 알았습니다. 지금까지 금 나노입자는 분자를 연결하거나 전도성 재료의 사이에 집어넣는 연구에 자주 이용되어 왔습니다. 그것을 한 걸음 더 발전시켜, 금속 나노입자를 유기분자의 하나로 취급하여 특정의 유기분자와 연결시킨 새로운 재료가 앞으로 더욱 늘어날 것으로 봅니다. 새로운 기능이나 사용방법, 성능으로부터 새로운 용도가 발견될 것이며, 그러한 제품은 더욱 빠르게 등장하리라고 봅니다.

50년 후에는 바이오테크놀로지를 능가

쿠니타케

토시마 선생님, 그렇게 되면 세상이 어떻게 변화할 것이라고 생각하십니까?

토시마

무엇이 몇 년 후에 실현될 것인가라는 질문으로 받아들여집니다만, 그것은 세상의 필요에 의한다고 생각합니다. 현실로 이미 실용화된 나노기술이라고 하면, 산화티타늄을 이용한 환경용 도장제, 광촉매, 금입자에 의한 도장이 있습니다. 그것들은 기술적인 문제는 이미 해결된 상태로 몇 년 안에 실용화될 것이며, 이미 실용화된 것도 많이 있습니다.

또한, 요전에 「미래의 태양전지와 리튬전지, 폴리머전지」라는 강좌에서 토쿄 농공대학의 코야마(小山) 선생님은 폴리머의 박막형 리튬전지가 2003년에 만들어질 것으로 예측하였습니다. 왜 2003년인가라고 물었더니, "2003년경에 연료전지의 문제가 현실로 다가와 그 때에 전지가 필요하게 되기 때문이다"라고 하였는데, "그런 식의 대답이라면 저도 충분히 알 것 같습니다"라고 저도 동의했습니다. 거기에는 물론 나노 레벨의 고분자 전해질이나 전극간의 여러 가지 인터페이스의 이야기도 관계되지만, 그 정도의 것이라면 금방이라도 만들어질 수 있다고 생각합니다. 또한 그렛체르가 개발한 색소증감형 태양전지는 좀더 시간이 걸리겠지만, 10년 후면 실현될지도 모르겠습니다.

그러나 나노과학에 근거한 나노기술을 이용한 일반적인 것의 실현에는 더욱 시간이 걸릴 것으로 생각합니다. 고분자 합성기술이 확립되어 어떤 것이라도 생각대로 합성할 수 있고, 또한 그것을 생각대로 늘어놓을 수 있는 시스템이 구축되었을 때 비로소 무엇인가가 가능해집니다. 생명까지는 가지 않더라도 바이오테크놀로지를 능가하는 기술을 완성시키기 위해서는 역시 50년은 걸리 것으로 생각됩니다. 무엇을 어디까지라고 하는 목표와 수준을 명확히 할 필요가 있습니다. 나노크기, 나노기술의 입장에서 말하면, 가능한 한 빨리 현실적인 것을 만들어내는 것이 일반인을 납득시킬 수 있는 방법이라고 생각합니다.

쿠니타케

와다 선생님, 어떻게 생각하십니까? …….

시장 드라이브와 매니지먼트 드라이브

와다

시장 드라이브의 이야기가 있었지만, 또 하나 '매니지먼트 드라이브'도 생각할 수 있습니다. 약 50년 전에 최초의 트랜지스터가 만들어졌습니다. 왜 트랜지스터가 만들어졌는가 하면, 벨연구소에서 고체 스위치를 만들려고 했기 때문입니다. 그 전까지 고체 스위치라고 하는 개념은 전혀 없었습니다. 고체 스위치의 개발을 제안한 한 매니저는 고체 스위치를 만들기 위하여, 당시 천재로 불린 쇽크레이, 바딘, 부라틴 3명을 모아서 팀을 조직하였고, 12~13년의 고생 끝에 최초의 트랜지스터를 움직이는 데 성공하였습니다.

이 표면형 트랜지스터의 개발에는 바딘과 부라틴이 주로 관여하였고, 그로 인해 노벨상을 수상하였습니다. 그것을 기념하여 촬영한 사진의 한가운데에 쇽크레이가 앉아 있었는데 그것이 마음에 들지 않았다고 하는 소문이 있습니다. 그러나 결국 쇽크레이는 표면형 트랜지스터의 성공에 자극되어서, 실용적인 PN접합형 트랜지스터를 생각해 내게 되었고, 그로 인해 반도체의 시대가 열릴 수 있었습니다.

즉 많은 우수한 연구자가 같은 곳에서 같은 목적을 가지고 모여 새로운 것을 생각하면, 패러다임 시프트가 가능하다고 생각합니다.

새로운 연구체제의 구축

쿠니타케

매니지먼트 드라이브라고 하면, 만들어야 할 기술에 대하여 목표를 정하고 실현 가능하도록 거기에 힘을 집중시키는 것이라고 생각합니다만, 나노기술이나 나노 디바이스는 미국에서도 그런 방향으로 움직이고 있습니까? 와다 선생님이나 마쯔시게 선생님이 잘 알고 계신다고 생각하는데, 소개해 주실 수 있겠습니까?

마쯔시게

대표적인 예의 하나로 DARPA가 있습니다. DARPA는 디펜스 관련의 전략적인 연구분야를 대상으로 자금을 분배하는 곳입니다. 지금까지 다양한 프로젝트에 연구비를 분배하였지만, 최근 나노 일렉트로닉스라고 할까 나노 디바이스에 대해서도 연구비를 지원하고 있습니다. 자세한 금액은 모르지만, 그룹을 조직할 경우에 화학, 전기 공학, 물리를 융합시켜 자금을 지원하는 것이 특징입니다. 지금까지의 연구비 지원과는 달리, DARPA는 합성 그룹과 측량·전자물성 그룹을 조합시키는 등의 방법을 통해 전략적으로 연구비를 분배하고 있습니다.

또한 FORESIGHT라고 하는 나노기술 학회가 있습니다. 이것은 실리콘 밸리에서 매년 개최되고 있으며, 최우수자에게는 파이만상이 수여됩니다. 이것은 노벨상을 수상한 파이만이 분자를 움직이는 이야기를 제안한 것을 기념하기 위한 상입니다. FORESIGHT 연구회에서는 이전에는 공상인지 현실인지 알 수 없는 이야기가 적지 않았지만, 요즘은 실험경과도 포함시키는 등 현실적인 부분이 상당히 많이 첨가되고 있습니다. 과학과 기술이 얼마나 상보적·융합적으로 진전되고 있는지를 반영하는 좋은 예입니다.

최근 쿄토에서 「N2M」이라는 국제회의가 개최되었는데, 이것은 나노과학, 나노기술을 마이크로 머신을 통해서 이루려고 하는 모임입니다. 프랑스의 CNRS라고 하는 연구조직 안에는 마이크로 머신의 기술을 나노영역에 접목시키려는 움직임이 있습니다. CNRS는 프랑스의 각지에 세션이 있어, 거기에서 전문적으로 그것을 다루는 사람들의 그룹을 형성하여 연구를 진척시키고 있습니다. 개개인의 발상은 물론이고 그룹을 통하여 전략적으로 연구를 수행할 필요가 있다는 것의 표시입니다.

일본에서는 이러한 전략마다의 그룹 연구가 아직 시작되지 않고 있다고 할까 인식이 부족한 상태입니다. 여러 가지 면에서 조직화를 시도하고는 있지만, 현실적으로 아직 실현되고 있지 않습니다.

와다

마쯔시게 선생님이 소개한 FORESIGHT가 최근 발표한 보고서에 다음과 같은 내용이 있었습니다. C_{60}의 발견으로 노벨상을 받은 라이스대학의 스몰리를 중심으로 하여 나노테크놀로지·이니시어티브가 결성된 내용입니다. 그는 의회 활동을 통해 나노기술 관련 연구에 미국 의회가 연간 약 5억 달러의 예산을 책정하는 데 성공하였습니다. 저희들도 열심히 하지 않으면, 점점 뒤질 가능성이 없지 않습니다.

쿠니타케

금년 여름에 라이스대학을 방문했을 때, 스몰리를 만났습니다. 나노테크놀로지 센터라는 시설이 새롭게 문을 열었고, 원료 만들기부터 조직적으로 이루어지고 있는 것 같았습니다. 그는 정치적인 능력이 뛰어나며 PR이 능숙하다고 합니다. 달에서 지구까지를 1개의 나노 튜브로 연결해도 나노 튜브는 그 무게를 견뎌낼 수 있을 정도의 강도가 있다는 것을 그린 만화가 어떤 표지에 실려 있는 것을 본 적이 있습니다. 그 정도의 표현을 하지 않고서는 연구비를 지원받기가 쉽지 않을지도 모르겠습니다.

새로운 전자회로

쿠니타케

마지막으로 유연한 전자회로, 그리고 그 장치를 어떻게 만들 수 있을 것인가라고 하는 관점에서 의견을 부탁드립니다. 미토콘드리아 중에는 여러 가지 기능 유니트가 존재하지만, 그것들은 회로로 연결된 것이 아니고, 여기 저기로 움직이다 충돌이 일어났을 때 어떤 현상이 일어나고, 그 연속으로 하나의 회로와 같은 시스템이 만들어진다고 하는 히구찌 선생님의 설명이 있었습니다. 이것은 나노기술로 분자를 일정한 모양으로 배열하는 것과는 다른 발상으로 미래적인 요소가 강한 기술이 될 수 있다고 생각합니다. 그것에 대해서는 어떻게 생각하십니까?

와다

여러 가지 견해가 있다고 생각합니다. 물론 여러 가지 제한이 있습니다. 또한 컴퓨터 아키텍처의 관점에서도 생각할 필요가 있다고 봅니다. 단, 생체 시스템에서는 전자가 1개 들어오면 반드시 1개가 밖으로 나가는 현상이 일어난다는 것을 듣고 놀랐습니다. 잘 응용할 수 있으면 혁신적인 디바이스 원리가 될 수 있을 것으로 생각합니다.

인공 시스템에서는 예를 들면, 실리콘 반도체의 가운데에 전자를 주입하면 성실한 것은 목적지까지 흘러가지만, 그중에는 어디에선가 기름을 팔거나, 술집에 빠져 있는 불성실한 것도 반드시 존재합니다. 그렇게 되면 지금의 단일전자(single electron) 디바이스라고 하는 개념에서 말하는 스위칭은 아마 에러가 많아져 정보처리에 이용이 어려워질 것으로 생각됩니다.

그런데 생체 시스템에서는 1개의 전자가 들어오면 반드시 1개의 전자가 나오는 특징을 가지고 있습니다. 적은 전자로 여러 가지 정보처리나 기능을 실현할 수 있다고 하는 면에서 큰 가능성이 있다고 생각합니다.

쿠니타케

토시마 선생님, 지금의 이야기에 코멘트가 있습니까?

토시마

생체내에는 확실하게 결합하지 않고서도 전자를 움직이는 것이 많이 있습니다. 광합성에서도 어떤 순서에 따라 전자가 이동합니다. 어떤 장소에서 그것이 역행되지 않기 위해서 물질이동을 수반하는 장소가 있습니다. 그것도 일정 범위 안에서만 허용되는데, 고분자로 그러한 장소를 만드는 것은 간단한 일이 아닙니다.

또한 생체는 하나의 시스템에만 의존하지 않고, 몇 개가 평행하게 이용되고 있습니다. 가끔은 게으름 피우는 것도 있지만, 다른 것이 대신 움직여 줄 수 있는 시스템이라면, 이용하는 데는 아무런 문제가 없다고 생각합니다.

마쯔시게

여기서 전자회로의 의미는 예를 들어 1개의 전자가 결정된 회로를 통해서 움직이는 것이라고 생각합니다. 그러나 반드시 그렇지 않아도 좋다고 생각합니다. 광합성에 관한 이야기에도 있었지만, 나노나 Å의 영역이라면 1개의 전자가 존재하는 것만으로도 주위에 영향을 끼칠 수 있습니다. 실제로 전자의 움직임으로부터 발열의 문제도 생각할 수 있고 전계를 이용한 스위칭도 생각할 수 있습니다.

또한 양자상태를 포함하여 이송의 문제도 생각할 수 있습니다. 양자 텔레포테이션이라고 하는, 전자가 움직이지 않아도 동떨어진 장소의 정보가 전달되는 현상입니다. 조금씩 다른 세계에 접어든 듯한 느낌이 들지만, 지금까지 언급한 전자가 1개씩 정확하게 움직인다고 하는 것과는 조금 다른 상황도 존재한다고 생각합니다. 그 좋은 예가 인간의 뇌로 전위의 펄스로 정보가 전달되는 신경계통입니다. 그것이 물질 자체와 어떤 식으로 연결되어 있는지, 그 실체뿐 아니라 위상(位相)을 포함시켜서 작동할 수 있으면 나노 레벨, 분자계에서의 전혀 새로운 전자회로가 달성될 수 있다고 생각합니다.

쿠니타케

지금까지 분자가 만드는 나노과학, 나노 크기의 과학에 관한 흥미로운 이야기를 장래의 가능성을 포함하여 다양한 입장에서 들어보았습니다. 강연을 맡아주신 강사 선생님들에게 다시 한 번 감사드립니다.

강연자 소개

● 아이자와 마스오 (相澤 益男)

토쿄 공업대학 부학장, 동 대학원 생명이공학연구과 교수. 공학박사.
1971년 토쿄 공업대학 대학원 박사졸업. 토쿄 공업대학 조수, 80년 쯔쿠바대학 조수, 86년 토쿄 공업대학 교수, 94~96년, 98~2000년 토쿄 공업대학 생명이공학부장.
일본화학회상, 국제화학센서상, 전기화학회 학술상 등 수상.
저서로 『*Biotechnology Monographs: Electro-nzymology, Coenzyme Regeneration*』(Springer-Verlag), 『바이오센서 이야기』(일본 규격협회), 『생물물리화학』(講談社 사이언티픽) 등.

● 아이다 타쿠조우 (相田 卓三)

토쿄대학 대학원 공학계연구과 교수. 공학박사.
1979년 요코하마 국립대학 공학부 응용화학과 졸업, 81년 동 대학원 공학계연구과 석사졸업, 84년 동 대학원 공학계연구과 박사졸업. 토쿄대학 공학부 조수, 89년 동 강사, 91년 동 조교수, 94년 동 대학원 공학계연구과 조교수를 거쳐, 96년부터 현직.
전문은 고분자화학, 초분자화학, 생체관련화학.
일본화학회 진보상, 고분자학회상, SPACC상, Wiley고분자화학상 등 수상.
저서로 『포르피린 핸드북』(분담집필) 등.

● 아카기 카즈오(赤木 和夫)

쯔쿠바대학 물질공학계 교수. 공학박사.
1980년 쿄토대학 대학원 공학연구과 박사졸업. 일본 학술진흥회 장려연구원, 82년 후쿠이대학 공학부 부속 섬유기능성재료연구소 조수, 84년 쯔쿠바대학 물질공학계 강사, 91년 동 조교수를 거쳐, 98년부터 현직. 87년 2월부터 미국 캘리포니아대학 산타바바라교 물리학과 고분자 유기고체연구소 교환연구원(단기), 89년 8월~90년 7월 미국 코넬대학 화학과 객원연구원, 99년 6월부터 중국 칭다오(靑島)화공학원 객원교수(겸임).
2000년 일본화학회 학술상 수상.
저서로 『광·전자기능 유기재료 핸드북』(분담집필, 朝倉書店), 『액정편람』(분담집필, 丸善), 『*The Polymeric Materials Encyclopedia. Systhesis, Properties and Applications*』(편저, CRC Press), 『*Current Trends in Polymer Science*』(편저, Research Trends), 『*Electrical and Optical Polymer Systems: Fundamentals, Methods and Applications*』(편저, Marcel Dekker) 등.

● 카와카미 유우스케 (川上 雄資)

호쿠리쿠 첨단과학기술대학원대학 재료과학연구과 교수. 공학박사.
1973년 토쿄대학 대학원 공학계연구과 박사졸업. 76년 나고야대학 공학부 조수, 80년 동 강사, 84년 동 조교수를 거쳐, 92년부터 현직. 97년부터 동 대학 보건관리센터 소장을 겸임.
저서로 『*Encyclopedia of Polymer Science and Technology*』(분담집필, John Wiley), 『*Comprehensive Polymer Science*』(분담집필, Pergamon), 『고분자 설계』(분담집필, 일간 공업신문사) 등.

● 카와구찌 하루마 (川口 春馬)

게이오 기주쿠대학 이공학부 교수. 공학박사.
1966년 게이오 기주쿠대학 공학부 졸업, 68년 동 대학원 공학연구과 석사졸업. 카네보(鐘紡) 주식회사, 69년 게이오 기주쿠대학 공학부 조수, 1973년 동 대학원 공학연구과 박사과정 단위취득 퇴학, 77년 게이오 기주쿠대학 공학부 전임강사, 78년 매사추세츠 주립대학 박사연구원, 82년 게이오 기주쿠대학 공학부 조교수를 거쳐, 89년부터 현직. 97년 미립자 첨단기술국제회의 의장, 98년부터 학술 프론티어·게이오 기주쿠대학 대학원 '분자·초분자·초구조체 리서치센터' 디렉터.
저서로 『폴리머 콜로이드』(共立出版), 『*Microspheres, Microcapsules & Liposomes*』(편집·분담집필, Citus Books) 등.

● 키미즈카 노부오(君塚 信夫)

큐슈대학 대학원 공학연구과 교수.
1984년 큐슈대학 대학원 공학연구과 석사졸업, 85년 동 대학원 공학연구과 박사과정 중퇴. 동 공학부 합성화학과 조수, 그 후 마인쯔대학 박사연구원, 92년 큐슈대학 조교수(공학부 응용물질화학과)를 거쳐, 2000년부터 현직.
1993년 고분자 연구장려상, 99년 제1회 카오(花王)

연구장려상 등 수상.
저서로 실험화학강좌 4판 27권 『생물유기』(분담집필, 丸善), 『콜로이드 과학II, 회합 콜로이드와 박막』, 『콜로이드 과학IV, 콜로이드과학 실험법』(분담집필, 東京化學同人) 등.

● 쿠니타케 토요키 (國武 豊喜)

이화학연구소 프론티어 연구시스템 그룹디렉터, 키타큐슈 시립대학 부총장. Ph. D.
1958년 큐슈대학 공학부 응용화학과 졸업, 60년 동 대학 공학연구과 응용화학전공 석사졸업, 62년 펜실베이니아대학 대학원 화학전공 박사졸업. 캘리포니아 공과대학 박사연구원, 63년 큐슈대학 공학부 조교수, 74년 동 교수(99년 3월 퇴임), 92년 동 학부장(94년 3월까지), 99년 키타큐슈 시립대학 국제 환경공학부 설치준비실장, 이화학연구소 프론티어 연구시스템 그룹디렉터.
1978년 고분자학회상, 90년 일본화학회상, 92년 쿠루메시(久留米市) 문화상, 96년 무카이(向井)상, 99년 자수포장, 고분자과학 공적상 등 수상.
저서로 『고분자 촉매』(분담집필, 講談社 사이언티픽), 『생체막 복합체와 합성막의 기능 디자인』(분담집필, 학회출판센터), 『*Comprehensive Supramolecular Chemistry* Vol.9』(분담집필, Elsevier Science Ltd.), 『*Physical Chemistry of Biological Interfaces*』(분담집필, Marcel Dekker, Inc.) 등.

● 사와모토 미쯔오 (澤本 光男)

쿄토대학 대학원 공학연구과 고분자화학전공 교수. 공학박사.
1974년 쿄토대학 공학부 고분자화학과 졸업, 76년 동 대학원 석사과정 고분자화학전공 졸업, 79년 동 대학원 박사과정 고분자화학전공 지도인정 퇴학. 80~81년 미국 애크런대학 고분자과학연구소 객원연구원, 81년 쿄토대학 공학부 고분자화학과 조수, 91년 동 강사, 93년 동 조교수, 94년 동 교수, 96년 쿄토대학 대학원 공학연구과 고분자화학전공 교수. 1995년~Editor, *J. Polym. Sci., Part A: Polymer Chemistry*, 96년~통산성·공업기술원·산업기술심의회 전문위원(산업과학기술개발부회·신재료분과회).
1992년 고분자학회상, 99년 일본화학회 학술상 수상.
저서(분담집필)로 『*Cationic Polymerizations*』(Marcel Dekker, 1996), 『*Catalysis in Precision Polymerization*』(Wiley, 1997), 『*Synthesis of Polymers*』(Wiley-VCH, 1999) 등.

● 타카하시 시게토시 (高橋 成年)

오사카대학 산업과학연구소 교수.
1968년 오사카대학 대학원 이학연구과 박사졸업. 오사카대학 산업과학연구소 조수, 70년 영국 사섹스대학 박사연구원, 81년부터 현직.
저서로 『유기금속 폴리머』(분담집필, 학회출판센터), 『기초 유기금속 화학』(분담집필, 朝倉書店) 등.

● 토시마 나오키 (戸嶋 直樹)

야마구치 토쿄 이과대학 기초공학부 교수. 공학박사.
1962년 오사카대학 공학부 응용화학과 졸업, 67년 동 대학원 공학연구과 응용화학전공 박사졸업. 토쿄대학 공학부 공업화학과 조수, 동 대학 전임강사, 조교수, 교수를 거쳐, 96년부터 현직.
1987년 고분자학회상, 97년 일본화학회 학술상 등 수상.
저서로 『광에너지 교환』(편저, 학회출판센터), 『고분자 착체 촉매』(편저, 학회출판센터), 『고분자 착체』(공저, 共立出版), 『*Polymers for Gas Separation*』(편저, VCH), 『기능고분자재료의 화학』(공저, 朝倉書店) 등.

● 나가사키 유키오 (長崎 幸夫)

토쿄 이과대학 기초공학부 조교수.
1987년 토쿄 이과대학 대학원 공학연구과 공업화학전공 박사졸업. 동 공학부 조수, 89년 동 기초공학부 조수, 91년 미국 매사추세츠대학 객원연구원(92년 8월까지), 93년 토쿄 이과대학 기초공학부 강사를 거쳐, 99년부터 현직.
저서로 『고분자의 합성과 반응(1)』(고분자학회편·고분자 기능재료 시리즈, 共立出版), 『무기 고분자(1)』(梶原 鳴雪, 村上 謙吉 감수, 産業圖書) 등.

● 나카시마 나오토시 (中嶋 直敏)

나가사키대학 공학부 교수. 공학박사.
1980년 큐슈대학 대학원 공학연구과 박사과정(합성화학전공) 단위취득 퇴학. 동 공학부 조수, 82년 동 조교수, 87년 나가사키대학 공학부 조교수를 거쳐, 93년부터 현직.
1986년 일본화학회 진보상, 2000년 고분자학회상 수상.
저서로 『기능성 초분자의 설계와 장래전망』(분담집필, (주)CMC), 『표면기술 편람』(분담집필, 일간공업신문사), 『최신의 분리; 검출법-원리부터 응용까지-』(분담집필, (주) N・T・S) 등.

● 나카하마 세이이치 (中浜 精一)

토쿄 공업대학 대학원 이공학연구과 교수. 공학박사.
1965년 토쿄 공업대학 이공학연구과 화학공학전공 석사졸업. 동 공학부 고분자공학과 조수, 73년 공학박사 『전해중합에 관한 연구』(토쿄 공업대학), 77년 동 공학부조교수, 79~80년 미국 노스캐롤라이나대학 화학과 박사연구원, 84년 동 공학부교수. 98년~2000년 고분자학회 회장.
1988년 고분자학회상 수상.
저서로 『대학원 고분자과학』(講談社 사이언티픽), 『에센셜 고분자과학』 (講談社 사이언티픽) 등.

● 니시데 히로유키 (西出 宏之)

와세다대학 이공학부 교수. 공학박사.
1975년 와세다대학 대학원 이공학연구과 박사졸업. 독일 훔볼트재단 연구원, 78년 와세다대학 이공학부 조수, 82년 동 조교수를 거쳐, 87년부터 현직.
전문은 고분자화학, 기능고분자.
고분자학회상 수상.
저서로 『고분자 착체의 전자기능』(학회출판 센터), 『포르피린・헴의 생명과학』(東京化學同人) 등.

● 하라다 아키라 (原田 明)

오사카대학 대학원 이학연구과 교수. 이학박사.
1977년 오사카대학 대학원 이학연구과 고분자학전공 박사졸업. 78년 IBM연구소(San Jose) 객원연구원, 79년 콜로라도 주립대학 객원연구원, 82년 오사카대학 산업과학연구소 조수, 88년 동 이학부 조수, 90년 스크립스연구소(San Diego) 객원연구원, 94년 오사카대학 이학부 조교수를 거쳐, 98년부터 현직.
1993년 IBM과학상, 98년 오사카 과학상, 99년 고분자학회상 등 수상.
저서로 『*Large Ring Molecules*』(Ed. by S. A. Semlyen, Wiley), 『*Modular Chemistry*』(Ed. By J. Michl, NATO ASI Ser., Kluwer), 『*Synthesis of Polymers*』(Ed. by A. D. Shluter, Wiley-VCH) 등.

● 히구찌 토미히코 (樋口 富彦)

토쿠시마대학 약학부 교수. 이학박사.
1967년 오카야마대학 이학부 생물학과 졸업, 73년 오사카대학 대학원 이학연구과 박사과정 중퇴. 토쿠시마대학 약학부 조수(미생물약품화학), 75년 동 강사, 76년 동 조교수를 거쳐, 94년부터 현직. 81년 3월~82년 6월 미국 Hahnemann의과대학 준교수(겸임).
전문은 생화학, 분자세포생물학, 미생물약품화학, 생체에너지 변환시스템의 분자평행판 콘덴서 모델, 미토콘드리아의 바이오제네시스의 유전자 제어인자, 항생물질에 대한 내성균 MRSA 등에 대한 β-락탐제-감수성 유도약의 창제 등에 관한 연구.
일본 생화학회 장려상 수상.
저서로 『*Handbook of Membrane Channels. Molecular and Cellular Physiology*』(분담집필, Academic Press), 『분자세포생물학 기초 실험법』(편서, 南江堂), 『생체 초분자시스템 생명이해의 요점』(편서, 共立出版) 등.

● 마스하라 히로시 (增原 宏)

오사카대학 대학원 공학연구과 교수. 공학박사.
1966년 토후쿠대학 이학부 화학과 졸업, 71년 오사카대학 대학원 기초공학연구과 박사졸업. 일본학술진흥회 장려연구원을 거쳐, 72년 오사카대학 기초공학부 합성화학과 조수, 84년 쿄토 공예섬유대학 섬유학부 고분자학과 교수, 91년 오사카대학 공학부 응용물리학과 교수, 현재, 동 대학원 공학연구과 응용물리학전공 교수. 88년 10월~94년 3월 신기술사업단 창조과학기술 추진사업 마스하라 극미변환프로젝트 총괄책임자, 98년도부터 과학연구비 특정영역연구 '단일미립자 광과학' 영역대표자. 벨기에 학술원 외국인회원.
전문은 레이저 광화학, 마이크로 광화학. 단일미립자의 광조작, 분광, 광화학, 광압에 의한 분자집합체의 형성, 유기고체의 레이저 유기 형태변화 등에 관한 연구.
1984년 광화학협회상, 93년 모에헤네시・루이뷔톤 국제과학상(프랑스) 『예술을 위한 과학』 다빈치상, 94년 일본화학회 학술상, 오사카 과학상 등 수상.
저서로 『마이크로 화학』(化學同人), 『*Micro-chemistry: Spectroscopy and Chemistry in Small Domains*』(Elsevier), 『*Organic Mesoscopic Chemistry*』(Blackwell) 등.

● 마쯔시게 카즈미 (松重 和美)

쿄토대학 대학원 공학연구과 교수. Ph. D., 공학박사.
1970년 큐슈대학 이학부 물리학과 졸업, 72년 동 공학연구과 응용물리학전공 석사졸업, 75년 미국 Case Western Reserve대학 대학원 공학연구과 Macromoleculr Science전공 Ph. D.과정 졸업. 큐슈대학 공학부조수, 81년 동 응용역학연구소 조교수, 83년 동 공학부 조교수, 90년 동 응용물리학교실 교수, 93년 쿄토대학 공학부 교수를 거쳐, 96년부터 현직. 응용물리학회 유기분자・바이오일렉트로닉스 분과회 간사장 등을 역임.
전문은 유기 전자재료, 강유전체 물리, 나노 물성평가 등. 최근에는 전자・분자공학, 물리・화학 등 기존의 학문을 융합한 분자 나노 일렉트로닉스에 대해서 폭넓은 연구활동을 전개하고 있다.
고분자학회상 수상.
저서로 『*Ultrasonic Spectroscopy for Polymeric Materials*』(분담집필, Springer-Verlag Berlin Heiderberg), 『유기・무기 하이브리드 재료』(분담집필, 기술정보협회) 등.

● 무라야마 테츠오 (村山 徹郎)

미츠비시 화학(주) 요코하마 종합연구소 특별 연구원. 이학박사.
1965년 토쿄대학 이학부 화학과 졸업, 70년 동 대학원 이학계연구과 박사졸업. 미츠비시 화학 입사, 90년 동사 요코하마 종합연구소 광전연구소장, 97년 동사 요코하마 종합연구소 무라야마 연구실.
전문은 전자사진용 유기 감광체(OPC), 기능성 색소 등의 유기 광기능재료의 개발.
저서로 『전자사진기술의 기초와 응용』(분담집필, 코로나), 『파인 이미징과 하드카피』(분담집필, 코로나) 등.

● 야시마 에이지 (八島 榮次)

나고야대학 대학원 공학연구과 교수. 공학박사.
1982년 오사카대학 기초공학부 합성화학과 졸업, 86년 동 대학원 기초공학연구과 박사과정 중퇴. 카고시마대학 공학부 조수, 88년 9월~89년 8월 매사추세츠대학 박사연구원, 91년 나고야대학 공학부 조수, 92년 동 강사, 95년 동 조교수를 거쳐, 98년부터 현직. 같은 해 10월부터 과학기술진흥사업단 선구적 연구21 '형태와 기능' 연구원을 겸임.
전문은 고분자 합성, 유기 입체화학.
저서로 『고순도화 기술대계, 응용편, 고순도물질 제조 프로세스』(분담집필, 후지・테크노시스템), 『최신의 분리・정제・검출법-원리부터 응용까지』(분담집필, N・T・S), 『첨단재료 제어공학, 화학공학의 진보33』(분담집필, 槇書店) 등.

● 와다 야스오 (和田 恭雄)

(주)히타치제작소 기초연구소 주임연구원. 공학박사.
1971년 토쿄대학 대학원 공학계연구과 석사졸업. (주)히타치제작소 중앙연구소 입소, 4K비트로부터 4M비트까지의 초LSI디바이스・재료기술의 연구개발에 종사. 79~80년 미국 매사추세츠 공과대학 객원연구원, 89~91년 과학기술진흥사업단 출향, 초전도 디바이스의 연구에 종사. 91년부터 (주)히타치제작소 기초연구소에서 나노 스케일 디바이스・재료의 연구.
전문은 반도체 디바이스・재료, 초전도 디바이스, 나노 스케일 디바이스・재료.
저서로 『MOSLSI 제조기술』(공저, 日経BP), 『*Advances in Quantum Flux Parametron Computer Design*』(공동편집, World Scientific), 『경이의 머티리얼-초박미(超薄微)』(공저, 일본화학회), 『화학편람 응용화학편』(공동편집, 일본화학회) 등.